智能制造类产教融合人才培养系列教材

智能制造数字化建模与产品设计

郑维明　胡小康　李　亢　沈利群　编

机械工业出版社

本书作为智能制造类产教融合人才培养系列教材，以西门子公司工业软件旗舰产品 NX 为支撑，详细描述了数字孪生［也称数字化双胞胎（Digital Twin）］为下游分析和制造活动提供的设计研发平台。该软件工具提供了一个包含机械、电子、电气、自动化及行业应用的统一模型解决方案，将目前复杂产品研发所需的所有学科综合在一起，通过无缝地集成多个设计领域，使用户能进行更多次研发迭代，并利用最新的设计方法来确保产品的数字化价值，并更快地将较佳设计及产品推向市场。

本书将机械设计基础知识、三维几何建模技术、装配和工程制图等内容有机地整合，内容安排循序渐进，从基本体入手，逐步介绍组合体、零件的构形原理与建模方法，到装配环境建模和零件装配，再到机械零部件三维模型向二维工程图的转换。在全书各章节中，以 NX 软件为平台，提供了典型零部件构形设计、零件（装配）图绘制的思路和操作步骤，将理论基础教学与主流 CAD 软件应用有机地融为一体。

本书分为 6 章，内容包括绪论、基本体的构形与建模、组合体的构形设计与建模、构形设计与建模、装配和工程制图，对 NX 相关功能进行了详细介绍，并提供了详实的案例，以备学习人员实际演练；同时运用了"互联网+"形式，在重要知识点嵌入二维码，方便读者理解相关知识，进行更深入的学习。

本书可作为高等职业院校和职业本科院校机械、汽车及其相关专业的教学用书，还可作为企业人员解决数字化改造、智能化提升中技术问题的自学用书。

为便于教学，本书配套有电子课件，操作视频，案例模型等教学资源，凡选用本书作为授课教材的教师可登录 www.cmpedu.com 注册后免费下载。

图书在版编目（CIP）数据

智能制造数字化建模与产品设计/郑维明等编. —北京：机械工业出版社，2020. 9
（2025. 1 重印）
智能制造类产教融合人才培养系列教材
ISBN 978-7-111-66488-8

Ⅰ.①智…　Ⅱ.①郑…　Ⅲ.①产品设计-系统建模-高等学校-教材　Ⅳ.①TB472

中国版本图书馆 CIP 数据核字（2020）第 169574 号

机械工业出版社（北京市百万庄大街 22 号　邮政编码 100037）
策划编辑：黎　艳　责任编辑：黎　艳
责任校对：王明欣　封面设计：张　静
责任印制：常天培
北京机工印刷厂有限公司印刷
2025 年 1 月第 1 版第 4 次印刷
184mm×260mm · 22. 5 印张 · 554 千字
标准书号：ISBN 978-7-111-66488-8
定价：69. 00 元

电话服务　　　　　　　　网络服务
客服电话：010-88361066　　机　工　官　网：www.cmpbook.com
　　　　　010-88379833　　机　工　官　博：weibo.com/cmp1952
　　　　　010-68326294　　金　书　网：www.golden-book.com
封底无防伪标均为盗版　　机工教育服务网：www.cmpedu.com

西门子智能制造产教融合研究项目课题组推荐用书

编写委员会

郑维明　　胡小康　　李　亢　　沈利群　　方志刚

刘其荣　　李大平　　卢敏聪　　赵丹丽　　柏丽娟

冯春晟　　吴志合　　蔡　昊　　李文姬　　李凤旭

熊　文　　张　英

编 写 说 明

为贯彻中央深改委第十四次会议精神，加快推进新一代信息技术和制造业融合发展，顺应新一轮科技革命和产业变革趋势，以智能制造为主攻方向，加快工业互联网创新发展，加快制造业生产方式和企业形态根本性变革，同时，更好提高社会服务能力，西门子智能制造产教融合课题研究项目近日启动，为各级政府及相关部门的产业决策和人才发展提供智力支持。

该项目重点研究产教融合模式下的学科专业与教学课程建设，以数字化技术为核心，为创新型产业人才培养体系的建设提供支持，面向不同培养对象和阶段的教学课程资源研究多种人才培养模式；以智能制造、工业互联网等"新职业"技能需求为导向，研究"虚实融合"的人才实训创新模式，开展机电一体化技术、机械制造与自动化、模具设计与制造、物联网应用技术等专业的学生培养；并开展数字化双胞胎、人工智能、工业互联网、5G、区块链、边缘计算等领域的人才培养服务研究。

西门子智能制造产教融合研究项目课题组组建了教材编写委员会和专家指导组，在专家和出版社编辑的指导下有计划、有步骤、保质量完成教材的编写工作。

本套教材在编写过程中，得到了所有参与西门子智能制造产教融合课题研究项目的学校领导和教师的积极参与，得到了企业专家和课程专家的全力帮助，在此一并表示感谢。

希望本套教材能为我国数字化高端产业和产业高端需要的高素质技术技能人才的培养提供有益的服务与支撑，也恳请广大教师、专家批评指正，以利进一步完善。

西门子智能制造产教融合研究项目课题组　郑维明

2020 年 8 月

前言 PREFACE

计算机辅助设计（Computer Aided Design，CAD）是指运用计算机软件辅助产品设计，模拟三维实体建模，展现新开发商品的外形、结构、色彩、质感等特色的过程。随着技术的不断发展，计算机辅助设计不只适用于工业制造领域，还被广泛运用于平面印刷出版等领域。在工程和产品设计中，计算机可以帮助设计人员承担计算、信息存储和制图等工作。在设计中通常要用计算机对不同方案进行大量的计算、分析和比较，通过多次迭代选定最优方案；设计人员通常用草图表达设计意图，实现三维数字化建模，其间所有计算和建模工作均由计算机完成；计算机可以进行三维数字化模型的编辑、放大、缩小、平移和旋转等有关的图形数据加工工作；产品的各种设计信息，包括三维数字模型、二维电子图样或者电子文档等，都能存放在计算机或者产品数据管理系统中，实现版本可控，并能实现快速检索和依据权限的管理。

计算机辅助设计的广泛应用改变了工程设计人员进行产品设计的方法和手段，产品设计由"二维构形、二维设计"向"三维构形、三维设计"方向发展，人们更多地直接通过构建三维模型来进行产品设计。

西门子公司工业软件旗舰产品 NX 为设计人员提供了构建产品的全面数字化双胞胎，即为下游分析和制造活动的下一代设计研发平台。该软件工具提供了一个包含机械、电子、电气、自动化及行业应用的统一模型解决方案，将目前复杂产品研发所需的所有学科综合在一起，通过无缝地集成多个设计领域，NX 使专家和非专家都能进行更多次研发迭代，利用最新的设计方法来确保产品的数字化的价值，更快地将较佳设计及产品推向市场。

NX 允许所有的工程师团队成员在跨学科的单一系统中协同工作和共享信息，消除了协同障碍。NX 平台提供了一个完整的解决方案，可以让上、下游利用同样的数据模型，而不必在另一个系统中重新创建数据。借助涵盖机械、电子、电气以及工厂自动化的解决方案，可以为特定行业加快产品研发速度，通过构建数字双胞胎在竞争中获得优势。

本书将机械设计基础知识、三维几何建模技术、装配和工程制图等内容有机地整合，内容安排循序渐进，从基本体入手，逐步介绍组合体、零件的构形原理与建模方法，到装配环境建模和零件装配，再

NX 设计研发平台图

到机械零部件三维模型向二维工程图的转换。在全书各章节中，以
NX 软件为平台，提供典型零部件构形设计、零件（装配）图绘制的
思路和操作步骤，将理论基础教学与主流 CAD 软件应用有机地融为
一体，是学习 NX 软件的必备宝典。

　　由于编者水平有限，书中难免有不妥之处，敬请广大读者批评
指正。

编　者

二维码索引 Index

（续）

序号	名称	二维码	页码
9	表达式驱动模型		90
10	【案例4-2】参数化建模		91
11	【案例4-3】部件族操作		94
12	【案例4-13】标准轴的三维建模		133
13	【案例4-14】联轴器的三维建模		139
14	【案例4-15】制动盘的三维建模		142
15	【案例4-16】铰链座的三维建模		149
16	【案例4-18】压缩机基座的三维建模		161

CONTENTS

第1章
CHAPTER 1

绪论

1.1 本课程的研究对象、任务及学习方法

图样是工程界用来准确表达物体形状、大小和有关技术要求的技术文件。在机械工程技术中，将表达机器及其零件的机械图统称为机械工程图样。工程图样能准确而详细地表达工程对象的形状、大小和技术要求，在机械设计、制造时都需要机械工程图样，设计者通过图样表达设计思想，制造者依据图样进行加工制作、检验和调试，使用者借助图样了解结构性能等。因此，图样是产品设计、生产、使用全过程信息的集合。同时，在国内和国际企业间进行工程技术交流以及在传递技术信息时，工程图样也是不可缺少的工具，是工程界的技术语言。

如今，信息时代对工程图学又赋予了新的任务。随着计算机科学和技术的发展，计算机绘图技术推动了工程设计方法（从人工设计到计算机辅助设计）和工程绘图工具（从尺规到计算机）的发展，改变着工程师和科学家的思维方式和工作程序。

在计算机绘图技术出现以前，工程图样的绘制全部由人工完成，这种图样习惯上称为蓝图。随着计算机的问世及广泛应用，促进了现代图形技术的形成与发展，计算机绘图技术逐渐取代了传统的人工制图，它将传统的图样数字化，用数据文件定义产品并建立完备的数据库；同时设计和计算相结合，设计结果实时显示，产生了全新的图形处理技术；采用新的图形处理技术，设计和修改都可以在 CAD 系统中完成，不仅修改方便迅速，还可以充分利用以前的设计成果，减少重复的部分和标准件绘制的麻烦；设计的结果可以存储在存储器中，以数据文件的形式保存，需要时可以直接调用，而图形的复制仅仅是文件的拷贝而已。

现在的很多 CAD 系统都支持三维造型的功能，且目前越来越多地采用三维设计。工作对象越复杂，采用三维设计的优越性就越突出。设计人员可以直接在屏幕上看到设计的三维立体效果，通过旋转等操作可以在各个方向进行观察，并进行动态的修改。这是手工绘图无法实现的。

1.1.1 本课程的研究内容

本课程是工科院校机械相关专业重要的技术基础课程之一，研究内容涵盖了三维机械建模与二维机械工程图，主要包括机械零部件三维模型的构形设计方法、二维机械工程图的投影法生成及读图方法。

1.1.2　本课程的任务

本课程的主要目的是培养机械相关专业学生用图形表达设计思想的能力、工程实践能力以及创新设计能力，具备这些能力也是 21 世纪科技创新人才必备的基本素质之一。

本课程的主要任务是：

1）培养学生空间构思能力和创造性的三维形体设计能力，为机械设计相关课程的学习奠定基础。

2）学习投影理论，培养学生绘制和阅读二维机械工程图样的基本能力。

3）培养学生熟练地查阅机械制图中的常用标准的能力，培养贯彻、执行国家标准的意识。

4）培养学生的自学能力、独立分析问题和解决问题的能力，以及认真负责的工作态度和耐心细致、一丝不苟的工作作风。

1.1.3　本课程的学习方法

要学好本课程，只有认真学习构形方法和投影理论，在掌握基本方法和基本理论的基础上，由浅入深地通过一系列的建模、绘图和读图实践，不断地分析和想象空间形体与图样上图形之间的对应关系，逐步提高空间想象能力和分析能力，掌握构形规律和正投影的基本作图方法。因此，必须做到：

1. 空间想象和空间思维与构形过程和投影分析紧密结合

在学习过程中，必须随时进行空间想象和空间思维，并与构形过程和投影分析紧密结合。一方面，运用 NX 软件建立三维实体建模，培养对三维形状与相关位置的空间逻辑思维能力和形象思维能力；另一方面，对视图中不易看懂的难点部分，借助三维实体建模，仔细观察其具体形状，进一步理解它们在二维视图中的投影画法。

2. 理论联系实际，掌握正确的方法和必要的技能

本课程实践性极强，在掌握基本概念和理论的基础上，还必须用较多的时间完成一系列的建模和绘图实践及适量的手工绘图作业。在这一过程中学会和掌握运用理论去分析和解决实际问题的正确方法和步骤，掌握运用 NX 软件进行三维建模以及从三维模型上获取二维视图的技巧和方法。

3. 加强标准化意识和对国家标准的学习

国家标准对投影法、图样画法、尺寸标注、图纸幅面及格式、比例、字体、图线、三维实体模型等很多方面都作了规定，每个学习者都必须从开始学习本课程时就树立标准化意识，认真学习并坚决执行国家标准的各项规定，保证自己所绘制的图样正确、规范。

4. 与工程实际相结合

本课程是服务于工程实际的工具课，因此，在学习中必须注意学习和积累相关工程实践知识，如机械设计知识、机械零件结构知识和机械制造工艺知识等，这些知识的积累对建立符合工程实践的三维模型和机械工程图样，包括阅读零件图和装配图都是很有帮助的。

5. 具有认真负责的工作态度和严谨细致的工作作风

由于图样在生产建设中起着很重要的作用,绘图和读图错误,都会带来损失,所以在学习过程中,应培养学生认真负责的工作态度和严谨细致的工作作风。

1.2 Siemens NX 软件

1.2.1 NX 软件简介

Siemens PLM Software 是全球领先的产品生命周期管理(PLM)和制造运营管理(MOM)软件、系统与服务提供商,拥有超过 1500 万套已发售软件,全球客户数量达 140000 多家。公司总部位于美国德克萨斯州普莱诺市。Siemens PLM Software 与企业客户充分合作,为其提供领先的行业软件解决方案,帮助其通过革命性创新获得可持续性竞争优势。

Siemens NX 软件是一款既灵活又功能强大的集成式解决方案,支持用户实现数字孪生的价值,支持产品开发中从概念设计到工程和制造的各个方面,为用户提供了一套集成的工具集,用于协调不同学科、保持数据完整性和设计意图以及简化整个流程。NX Design 是功能灵活而又颇具创新性的产品开发解决方案,其特性、性能和功能都有助用户以前所未有的速度将产品推向市场。NX Design 使用户能够增加虚拟产品模型的使用,减少昂贵的物理原型,从而交付"一次性满足市场需求"的产品,从而能带来市场收益、降低开发成本并提高产品质量。

目前全球各行业都有大量专业设计师、设计单位的科研人员使用 NX 软件进行设计和研究,并且多所大学、职业院校和教育机构也使用 NX 软件进行教学,它是当前工程设计、绘图的主流软件之一。作为未来的工程技术人员,了解和掌握一种主流三维设计软件的功能、操作和应用是十分必要的。本书将 NX 软件中建模模块、制图模块和装配建模模块等融入到工程图学的教学过程中。

1.2.2 NX 软件特点

NX 是一个交互的计算机辅助设计、计算机辅助制造和计算机辅助工程(CAD/CAN/CAE)集成系统,如图 1-1 所示。

NX 软件覆盖了从机械工程、电子工程、自动化和工业流程等数字孪生的全部领域。其功能涵盖了整个产品开发过程,包括产品概念设计、造型设计、结构设计、性能仿真、工装设计到加工制造。NX CAD 功能包括现代制造企业中常用到的工程设计和制图能力;NX CAM 功能利用 NX CAD 完成的零件设计模型,为现代机床提供 NC 编程;NX CAE 功能提供产品、部件和零件的性能仿真能力。

NX 软件的特点与优势如下:

1)提供高效的产品建模环境。

2)提供创成式设计和验证。

3)提供工业化增材制造。

4）提供无缝集成的机电一体化设计。

5）提供协同设计与管理。

6）提供集成化仿真与制造。

1.2.3 NX CAD 建模简介

1. 装配设计

运用强大的 CAD 装配设计工具，创建和管理任何尺寸或复杂的装配模型，如图 1-2 所示；支持自顶向下和自底向上技术，可以管理和导航装配模型，让用户的团队具有较好组织性。系统具有以下特点：

1）处理复杂的装配设计能力。

2）为参数化装配提供控制结构和约束，简化设计更改并加速配置、选项和变量的建模能力。

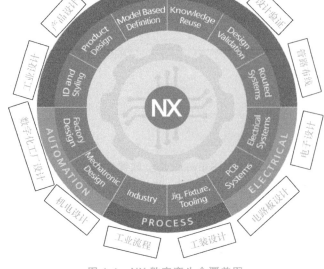

图 1-1 NX 数字孪生全覆盖图

3）允许在产品的真实环境中进行设计。

4）支持全数字模型来验证设计，能够识别并解决问题。

2. 特征建模

NX 具有很强的拓展能力、通用性和灵活性，能够更快、更经济地设计下一代产品。它将参数线框、曲面、实体建模与同步技术的直接建模功能结合在一个单一的建模解决方案中，将特性建模技术与同步技术紧密结合，可以为用户提供创建所需产品设计的最快方法，如图 1-3 所示。

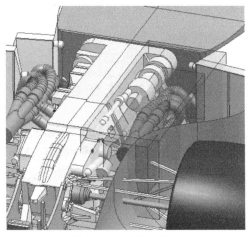

图 1-2 装配设计示例

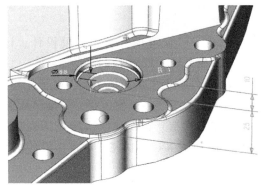

图 1-3 特征建模示例

3. 自由形状建模

NX 软件的自由形状建模为用户提供了快速探索替代设计概念的能力和创造的灵活性。

作为一个通用、集成的工具，NX 集合了 2D、3D、曲线、曲面、实体和同步建模技术，用于快速而方便地创建、评估和编辑自由形状。

凭借先进的自由形状建模、自由形状分析、渲染和可视化工具，NX 软件提供了专用工业设计系统的所有功能，并提供与 NX 设计、仿真和制造的无缝集成，能够加速产品开发，如图 1-4 所示。

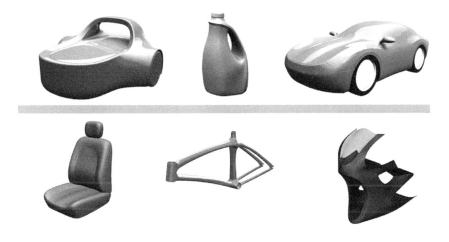

图 1-4　自由形状建模示例

4. 钣金建模

NX 基于材料性能和制造工艺的行业知识，使用熟悉的专业术语和工作流程，协助用户高效地创建钣金类零部件。

NX 钣金设计工具结合了材料性能和弯曲信息，使模型既可以表示成形的组件，又可以表示平展的形状。用户可以快速地将实体模型转换为钣金件，并创建封装其他组件的钣金件。用户可以利用 NX 高级钣金提供的功能创建更加复杂多样的钣金件。钣金建模流程如图 1-5 所示。

5. 基于模板的设计

重用设计信息和过程知识可以帮助用户降低设计成本，增加创新点和提高产品设计的效率，实现产品设计流程的标准化。用户可以从现有的设计中快速创建模板，并很容易地将它们用于新的设计。使用简单的拖放工具，用户可以快速、轻松地创建控制模板的设计输入和工程操作的自定义接口。

使用 NX 产品模板，用户可以实现比设计建模

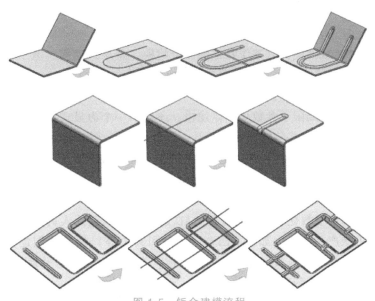

图 1-5　钣金建模流程

更多的自动化，可以将产品和制造信息、绘图、运动分析、结构模拟和验证检查合并到模板中，实现工程流程的自动化和标准化，如图 1-6 所示。

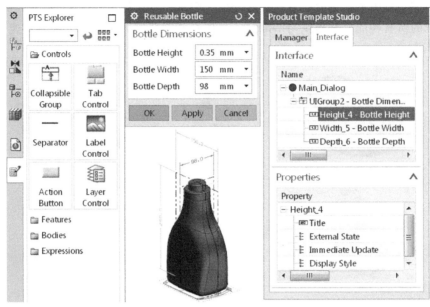

图 1-6　基于模板的设计示例

1.3　NX 建模概念与过程

1.3.1　NX 实体建模概念

1. NX 复合建模

NX 软件建模是基于特征的复合建模，是显式建模、基于特征的参数化建模、基于约束建模以及同步建模几种建模技术的有效结合。

1）传统的显式建模。

NX 不局限于参数化实体建模，还包括一个为显式定义线框、曲面和实体几何体的完整系统。通过这些传统的建模工具，设计人员能够用一系列不受限制的操作来处理二维或三维几何体，包括曲线和样条定义，扫掠、旋转和放样后的实体，求和、求减和求交实体的布尔操作，通过曲线或点网络的精密曲面建模。

2）基于特征的参数化建模。

利用参数化、基于特征的 CAD 建模功能，设计人员能够从一个基础形状开始应用共用的机械产品特征（如孔、凸台、切口和圆角等）快速地创建实体模型。基于特征的建模方法将根据设计人员选择的特征参数值，在模型元件中自动地执行细节操作。

3）基于约束的建模。

基于约束的建模是在建立模型几何体的时候定义约束，包括尺寸约束（如草图尺寸）

或几何约束（如等长或相切）。

4）同步建模。

从 NX 6.0 开始，NX 提供了独特的同步建模功能，使设计人员能够改动模型，而不用考虑这些模型来自哪里；也不用考虑创建这些模型所使用的技术；也不用考虑是原生的 NX 参数化、非参数化模型，还是从其他 CAD 系统导入的模型。利用直接处理任何模型的能力，NX 节约了在重新构造或转换几何模型上的时间。使用同步建模，设计人员能够继续使用参数化特征，却不再受特征历史的限制。

2．NX 的建模模式

1）基于历史的建模模式。

此模式利用显示在部件导航器中的有时序的特征线性树来建立与编辑模型。这是传统的基于历史的特征建模模式，也是在 NX 中进行设计的主要模式。此模式对创新产品中的部件设计是有用的；对利用基于植入草图及特征内的设计意图、预定义的参数和用建模时序去修改设计的部件也是有用的。

2）独立于历史的建模模式。

此模式是一种没有线性历史的设计方法，设计改变仅强调修改模型的当前状态，并用同步关系维护存在于模型中的几何条件。在几何构建或修改期，特征操作历史不被储存，对线性特征建立时间表没有依赖。

独立于历史的建模模式不但提供给用户基于历史的建模模式，还提供另一种全新的建模模式，可使用户在一个更简单、更开放的环境中快速设计与修改模型。

3）设计意图与建模思路

设计意图由下列两方面组成：

① 设计考虑：在实际部件上的几何需求，包括决定部件细节配置的工程和设计规则。

② 潜在的改变区域：称为设计改变或迭代，它们影响部件配置。

设计意图决定建模策略的选用，体现在以下方面：

① 零件的潜在改变区：决定零件建模的关键设计变量与关联变量。

② 装配件组件间的关联性：形状与位置，决定部件间相关建模技术的选用。

③ 设计数据的重用。

1.3.2　NX 建模过程

NX 基于特征的建模过程能仿真零件的加工过程：首先建立毛坯，再进行粗加工，最后进行精加工。因此，建议一般的建模顺序应遵循加工顺序，这将有助于降低模型更新故障。

1．创建模型的实体毛坯

1）由一体素特征形成：NX 的设计特征功能提供了基于 WCS 直接生成解析形状的块、柱、锥、球等体素特征的能力，是创建实体毛坯的一种方法；

2）由一草图特征扫掠形成：利用草图模块去绘制一草图，并标注曲线外形尺寸，然后利用拉伸或旋转体功能进行扫掠去创建一实体毛坯。

2．仿真粗加工过程，创建模型的实体粗略结构

1）NX 的设计特征功能提供了在实体毛坯上生成各种类型的孔、型腔、凸台与凸垫等特征的能力，以仿真在实体毛坯上移除或添加材料的加工过程，来创建模型的实体粗略结构；

2）NX 的体素特征也可相关于已存实体创建，然后通过布尔运算来仿真在实体毛坯上移除或添加材料的加工过程，是创建模型的实体粗略结构的另一种方法。

3. 仿真精加工过程，完成模型的实体精细结构

NX 的细节特征功能提供了在实体上创建边缘倒圆、边缘倒角、面倒圆、拔模与体拔模等特征的能力；NX 的偏置与比例功能提供了片体增厚与实体挖空操作。最后完成模型的实体精细结构设计。

1.3.3 主模型概念

NX 的主模型一般指设计人员创建的零件模型，从建立一零件部件的几何体开始，NX 系统可建立全三维部件模型。此模型可以永久地被保存，保存的部件可以后续为 CAE 分析提供几何模型，产生全尺寸的工程图，为 NC 加工和制造工作流过程生成指令等。

工艺室、结构分析室、绘图员、总装车间的工程人员进行的后续操作所采用的模型均是对零件主模型的"引用"，对零件主模型只有"读"的权力没有"写"的权力，如图 1-7 所示。

例如，NX 工程图文件与主模型部件保持相关性，实现零件模型数据与制图数据的关联与分离。制图需要建立两个部件文件：一个为主模型部件文件，即零件模型；另一个为用于制图的非主模型部件文件，该文件没有几何参数，只是引用主模型文件的数据。采用主模型方法的实质就是应用装配的思想，通过制图文件（如 jd_cover_dwg.prt）与零件模型（如 jd_cover.prt）建立装配结构，虚拟指向零件模型，如图 1-8 所示。

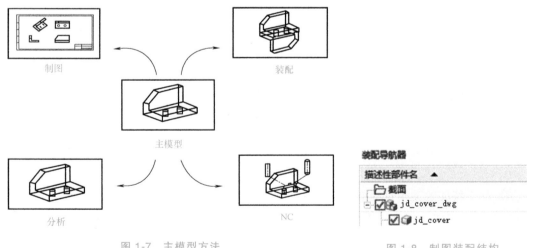

图 1-7　主模型方法　　　　　　　　　图 1-8　制图装配结构

NX 装配件文件也与主模型部件保持相关性。因此，如果主模型被更改，则整个装配也随之更新。主模型方法支持并行工程，当设计人员在模型上工作时，制图员可以同时进行制图，工艺师可以同时编程。

下面以轴类零件为例，介绍在 NX 上基于二维工程图样创建三维模型，及从三维模型生成二维工程图样的方法和过程。

【案例】 轴类零件主模型

根据轴的零件图（图1-9）创建轴的三维模型，再根据创建的三维模型生成符合国标的零件二维工程图样。

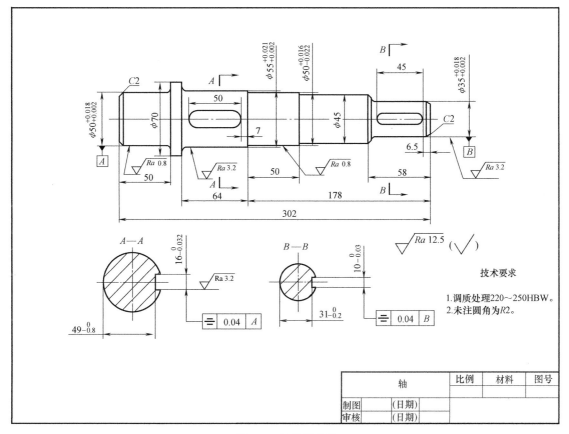

图 1-9 轴的零件图

操作步骤：

1）新建 NX 文件，选择"模型"模板，单位为 mm，文件名为 axis.prt。

2）确认后进入"建模"模块。

3）创建零件毛坯。

① 选择"插入"→任务环境中的草图，选择基准坐标系的 YC-ZC 为草图平面。在草图环境中，创建图 1-10 所示草图轮廓线，合理添加约束。

② 选择"插入"→"设计特征"→"拉伸"

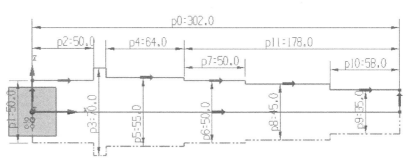

图 1-10 草图

命令，选择完成的草图，旋转360°，生成轴毛坯体，如图1-11所示。

4）粗加工操作。

① 对键槽设置安放表面及定位基准，创建图1-12所示的辅助基准平面。

图1-11　轴毛坯体

图1-12　辅助基准平面

② 根据实际尺寸创建键槽，如图1-13所示。

5）精加工操作。

选择图1-14所示边缘，作$R1$mm的边缘倒圆。选择图1-15所示边缘，作$C2$的边缘倒角。

6）完成轴零件模型的创建。轴的三维模型如图1-16所示。

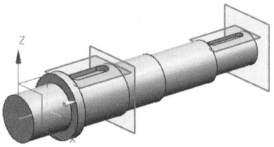

图1-13　创建键槽

图1-14　倒圆

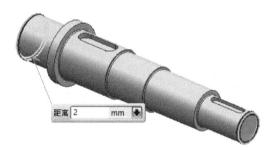

图1-15　倒角

图1-16　轴的三维模型

7）应用主模型方法创建工程图。新建 NX 文件，在"新建"对话框中选择"图纸"，模板选择"空白"，单位为英寸，文件名为 axis_dwg.prt，如图 1-17 所示。

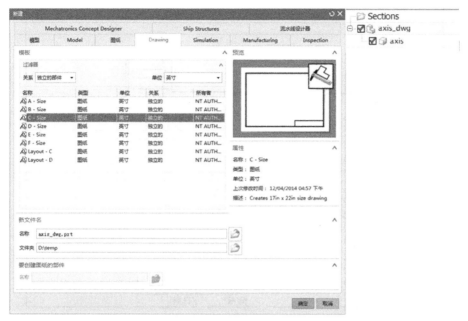

图 1-17　新建制图文件

8）根据实际需要修改首选项的相关参数。

9）插入合适大小的图纸页。应用制图模块，插入对应图幅大小的图框，如图 1-18 所示。

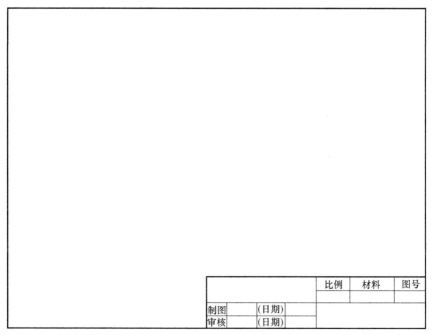

图 1-18　插入图框

10）添加视图，如图 1-19 所示。

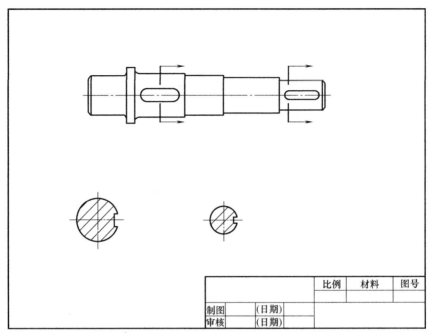

		比例	材料	图号
制图	（日期）			
审核	（日期）			

图 1-19　添加视图

11）添加尺寸标注、几何公差、表面粗糙度符号及文本注释等，完成工程图的创建，如图 1-9 所示。

第2章

CHAPTER 2

基本体的构形与建模

在 CAD 软件中针对基本体的建模方法一般可以分为以下两种：

第一种是以基本体素作为基础，通过交、并、差等布尔运算，生成相对复杂的基本体。一般当模型相对简单时，作为基于草图建模的一种补充，用户可以选择基本体素作为创建模型的基础特征，构建基本体。

第二种是以草图为基础，以拉伸、回转、扫掠等方式创建模型的基础特征，构建基本体。根据需要，也可将多个基本体通过交、并、差等布尔运算，生成更为复杂的基本体。

本章主要介绍基本体的概念、构形及在 NX 软件中的特征创建方法，包括基于基本体素、草图并通过拉伸扫描方式创建三维模型的基本概念及操作方法，同时介绍常用曲线曲面的基本概念和构形。

2.1 基本体的概念和构形

2.1.1 基本体的概念

基本体一般指单一且形状相对简单的几何体，它们是构成复杂形体的基本单元。在很多 CAD 软件中，将基本体及曲面的构建称为基础特征的构建。用户可以使用基本体素及拉伸、回转、扫掠等造型方法来创建基础特征。基础特征创建的体按照其表面的几何形状不同，可分为平面立体和曲面立体两大类。表面全部为平面的立体称为平面立体，如棱柱、棱锥等，如图 2-1 所示。表面由曲面或由曲面和平面组成的立体称为曲面立体，如圆柱、圆锥、圆球和圆环等，如图 2-2 所示。

2.1.2 基础特征的创建

1）可以使用四种基本体素作为基础特征：块（长方体），圆柱，圆锥，球，如图 2-3 所示。

2）通过旋转、移动、沿引导线扫掠截面几何对象操作来创建扫掠特征作为基础特征。

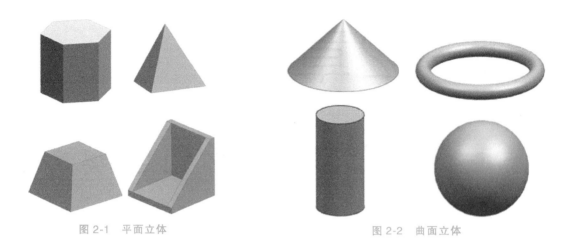

图 2-1　平面立体　　　　　　　　　　图 2-2　曲面立体

截面几何对象可以是线、草图、边或者面。

1. 旋转法

旋转法是指任一平面图形（截面）绕指定的轴旋转构建基础特征的方法。指定的轴是旋转轴，如图 2-4 所示。

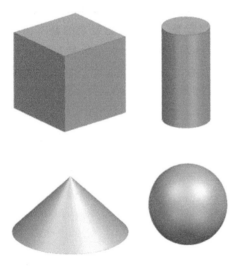

图 2-3　基本体素

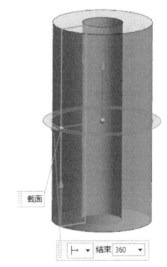

图 2-4　旋转截面线创建基础特征

2. 移动法

移动法是指由任一平面图形（截面）沿引导线方向移动来创建基础特征的方法。引导线可以是直线或者曲线。

（1）平移法创建基础特征　如图 2-5 所示，将六边形沿指定方向平移一段距离形成的体称为六棱柱。棱柱由上下两个底面和几个侧棱组成。侧棱面与侧棱面间的交线称为侧棱线。侧棱线与底面垂直的棱柱称为直棱柱。

（2）导向法创建基础特征　图 2-6 所示为由两个同心圆沿着一曲线扫掠形成体。图 2-7 所示为由一平面图形沿一曲线扫掠形成体。图 2-8 所示为选择已有体表面沿引导线扫掠形成体。

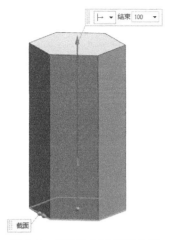

图 2-5　平移法创建基础特征

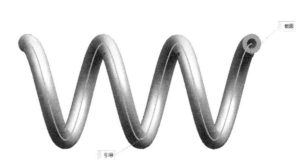

图 2-6　两个同心圆扫掠创建基础特征

图 2-7　平面图形扫掠创建基础特征

图 2-8　由已有体表面扫掠创建基础特征

2.1.3　常用曲线曲面

1. 曲线的分类

除了简单的直线，机械建模中常用的曲线可按照形状分类，也可以按照数学定义分类。通常可以把常见的曲线简单分成二维曲线和三维曲线两类。

1）二维曲线：也称平面曲线，曲线位于某一平面上，草图、圆弧、抛物线、艺术样条等命令可以创建二维曲线。

2）三维曲线：曲线无法完全位于某一平面上，如螺旋线。艺术样条、螺旋线、相交曲线、投影等命令都可以创建三维曲线。

2. 曲面的形成

曲面可以看作是一条线（直线或曲线）运动的轨迹。这条运动的直线或曲线称为母线，曲面上的任一位置的母线称为素线。母线运动时受到的约束称为运动的约束条件，其中控制母线运动的线和面分别称为导线和导面。

如图 2-9 所示的曲面，是由母线 MN 沿着导线 AB 移动而形成的曲面。

3. 曲面的分类

根据不同的分类标准，曲面有不同的分类方法，以下是两种常见的分类方法。

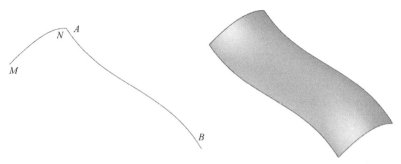

图 2-9　曲面的形成

（1）按照母线运动方式分类

1）回转面：由任意形式的母线绕一固定轴线旋转而形成的曲面。

2）非回转面：由任意形式的母线根据其他约束条件运动而形成的曲面。

（2）按照母线形状分类

1）直纹曲面：由直线运动而形成的曲面，如圆柱面、圆锥面等。

2）双曲曲面：由曲线运动而成的曲面，如球面、环面等。

通常工程上常见的曲面有以下几类：

1）回转面：如图 2-10 所示，通常可由旋转、扫掠等命令生成。

2）直纹曲面：如圆柱、圆锥等，可由体素特征的相关命令生成，也可由拉伸、旋转、扫掠等命令生成。

3）圆纹曲面：由圆运动而形成的曲面，例如球可由球这个命令生成，也可由旋转、扫掠等命令生成。

4）螺纹面：由任意形式的母线沿螺纹线运动而形成的曲面，如图 2-11 所示，可由扫掠等命令生成。

图 2-10　回转面

5）复杂曲面：不能按照简单规则形成的曲面，如图 2-12 所示，可以通过曲线网格、艺术曲面等命令生成。

图 2-11　螺纹面　　　　　　图 2-12　复杂曲面

2.2 体素特征建立基本体

体素特征是基本的几何解析形状，包括长方体（或者块）、圆柱、圆锥和球。建立体素特征时，可以指定其类型、尺寸、空间位置和方向，体素特征是参数化的，可以进行编辑。虽然 NX 允许使用多个体素特征，但在实体建模时建议使用单个体素特征作为根特征。

NX 中体素特征可以通过"块""圆柱""圆锥"和"球"四个命令来创建（如果找不到相应命令，可从资源条的"角色"选项卡中进入"高级角色"模式，其他命令类似）。如图 2-13 所示。

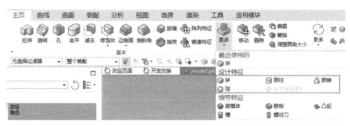

图 2-13 体素特征命令

2.2.1 块（长方体）

在"建模"应用模块中，可以通过下面路径选择"块"（长方体） 命令，"块"对话框如图 2-14 所示。

（1）功能区 选择"主页"选项卡→"基本"→"更多"→"设计特征"→"块"（长方体）命令。

（2）菜单 选择"插入"→"设计特征"→"块"（长方体）命令。

有三种方法可以创建"块"（长方体）：

1）原点和边长：给定定位点位置和长方体的长、宽、高，如图 2-15a 所示。

2）两点和高度：给定长方体底面两个 2D 对角点位置和长方体高度，如图 2-15b 所示。

3）两个对角点：给定长方体两个 3D 对角点位置，如图 2-15c 所示。

用这一命令创建的长方体的边与 WCS 的轴平行。

图 2-14 "块"对话框

2.2.2 圆柱

在"建模"应用模块中，可以通过下面路径选择"圆柱" 命令，"圆柱"对话框如

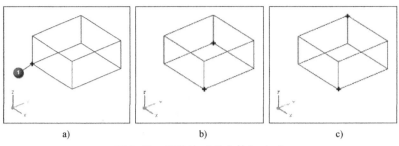

a)   b)   c)

图 2-15 创建块（长方体）方式

图 2-16 所示。

（1）功能区 选择"主页"选项卡→"基本"→"更多"→"设计特征"→"圆柱"命令。

（2）菜单 选择"插入"→"设计特征"→"圆柱"命令。

有两种方法可以创建圆柱：

（1）轴、直径和高度 给定圆柱的轴方向、直径和高度，如图 2-17a 所示。

（2）圆弧和高度 选择已有的圆弧和给定圆柱高度，如图 2-17b 所示。

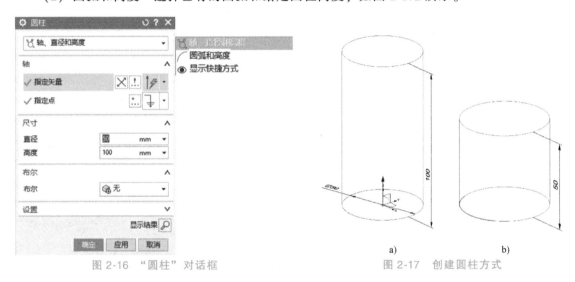

图 2-16 "圆柱"对话框   图 2-17 创建圆柱方式

2.2.3 圆锥

在"建模"应用模块中，可以通过下面路径选择"圆锥"![icon]命令，"圆锥"对话框如图 2-18 所示。

（1）功能区 选择"主页"选项卡→"基本"→"更多"→"设计特征"→"圆锥"命令。

（2）菜单 选择"插入"→"设计特征"→"圆锥"命令。

有五种方法可以创建圆锥或者圆台：

1）直径和高度：给定底部直径、顶部直径和高度。

2）直径和半角：给定底部直径、顶部直径和半角。

3）给定底部直径、高度和半角。

4）给定顶部直径、高度和半角。

5）两个共轴的圆弧：给定共轴的基圆弧和顶圆弧，如果选择的圆弧不共轴，则顶圆弧投射到平行于基圆弧平面的面上，直到两个圆弧是同轴的。

圆锥各参数含义如图 2-19 所示。

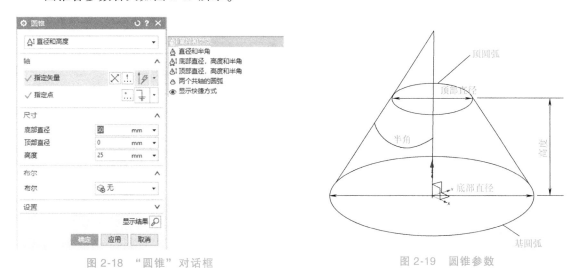

图 2-18 "圆锥"对话框   图 2-19 圆锥参数

当顶部直径为 0 时生成圆锥，当顶部直径大于 0 时生成圆台。

2.2.4 球

在"建模"应用模块中，可以通过下面路径选择"球" 🔵 命令，"球"对话框如图 2-20 所示。

（1）功能区 选择"主页"选项卡→"基本"→"更多"→"设计特征"→"球"命令。

（2）菜单 选择"插入"→"设计特征"→"球"命令。

有两种方法可以创建球：

1）中心点和直径：给定球心位置和球的直径，如图 2-21a 所示。

2）圆弧：给定一段圆弧，这个圆弧不一定是完整的圆，球的球心和直径由所给定的圆弧决定，如图 2-21b 所示。

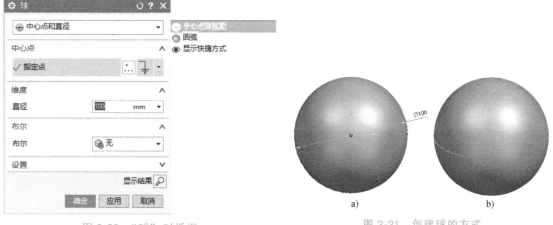

图 2-20 "球"对话框   图 2-21 创建球的方式

【案例 2-1】 创建体素特征

操作步骤：

1) 打开文件 2-22. prt，实体模型如图 2-22 所示。确认后进入"建模" 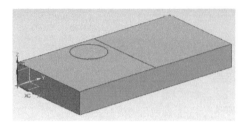 应用模块。

2) 进入"长方体" 命令，选择"两点和高度"类型，选择两点如图 2-23a 所示，高度设为 10mm，布尔类型选择"合并"，生成实体如图 2-23b 所示。

3) 进入"球" 命令，选择"圆弧"类型，选择如图 2-24a 所示的圆弧，布尔类型选择"减去"，生成实体如图 2-24b 所示。

图 2-22　实体模型

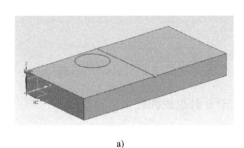
a)

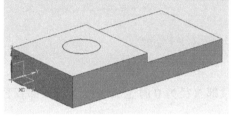
b)

图 2-23　创建长方体（布尔合并）

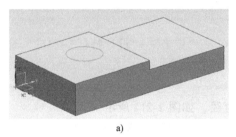
a)

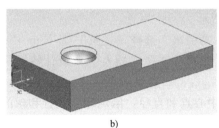
b)

图 2-24　创建球（布尔减去）

4) 进入"圆柱" 命令，选择"轴、直径和高度"类型，如图 2-25a 所示，在平面上选择一个点作为轴的原点，选择 ZC 轴作为轴的方向，直径设为 50mm，高度设为 10mm，生成实体如图 2-25b 所示。

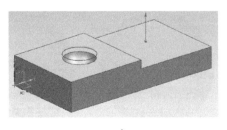
a)

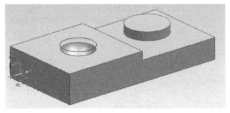
b)

图 2-25　创建圆柱

5）进入"圆锥" 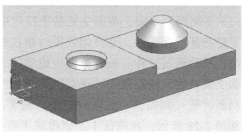 命令，选择"直径和高度"类型，选择如图 2-26a 所示的轴的原点和方向，底部直径设为 50mm、顶部直径设为 20mm、高度设为 15mm，生成实体如图 2-26b所示。

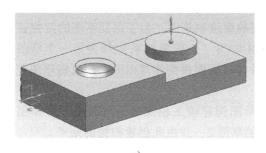

图 2-26　创建圆锥

2.3　草图

草图是一组在指定平面或路径上的二维曲线和点。可以通过几何约束和尺寸约束的形式建立设计需求的标准。可以基于草图，创建与之相关的下游特征，如果草图发生了改变，这些相关的特征也会随着改变。

草图可以用于以下几个方面：

1）作为设计的轮廓或特定截面。

2）作为扫掠、拉伸或者旋转等特征的截面线，用草图生成实体或片体。

3）创建大规模的 2D 概念布局。

4）用于构造运动路径或者间隙圆弧。

2.3.1　创建草图

创建草图的前提是在"建模"模块，通过以下几种途径进入草图环境：

1）在菜单选择"插入"→"草图"命令。

2）在"主页"选项卡单击"草图"或"草图曲线"命令。

3）在已创建的基准面或平面上右击选择"草图"命令，进入草图环境。

1. 创建草图常用的步骤

1）选择对象来自动判断草图坐标系（或者手动选择草图平面、草图参考方向和草图原点）。

2）根据需要设置自动判断约束和自动判断尺寸选项。

3）创建草图几何图形。根据设置，草图自动创建几何约束和尺寸约束。

4）添加、修改或删除约束。

5）根据设计意图修改尺寸参数。

6）退出草图任务环境。

2. 草图类型

草图类型包括基于平面和基于路径两类。要将草图特征创建在平面对象上（如基准平面或面），可以将草图类型设置为基于平面创建草图，如图 2-27 所示。图中草图 1 是基于基准 CSYS 平面绘制草图，草图 2 是基于拉伸草图的面绘制草图。为了保证草图的定位正确以及与下游特征的相关性，在开始建模时建议使用 WCS（工作坐标系）作为第一个草图的放置平面，然后通过拉伸、旋转草图生成实体或片体。后面再创建草图时，建议将草图创建在实体面上或者相关基准面上，从而得到相关性。

当新特征（如扫掠、变化的扫掠）需要用草图构建输入轮廓时，可以基于路径创建草图。如图 2-28 所示，在路径 1 上创建基于路径的草图 2，并由此创建扫掠的结果。

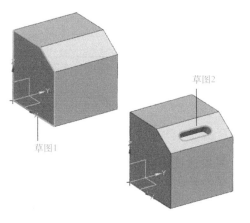

图 2-27　在平面上创建草图

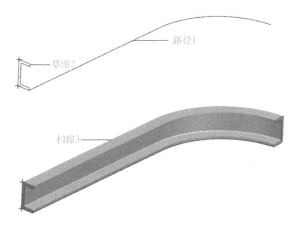

图 2-28　基于路径创建草图

2.3.2　草图曲线

在草图环境中，通常会利用草图曲线进行草图绘制。常用的曲线命令可以在"插入"菜单中找到，主要分为三大类，例如"曲线"（图 2-29a）"来自曲线集的曲线"（图 2-29b）及"配方曲线"（图 2-29c）。除了创建草图曲线的命令，还有一些常用命令用于编辑草图曲线，例如"修剪"、"延伸"及"拐角"等。

在绘制草图的过程中，需要注意以下几个知识点。

1. 锁定约束

在创建草图曲线的过程中，系统会与已有的曲线自动判断出

图 2-29　草图曲线

一些位置关系并显示一个约束符号在线的附近，可以用 MB2（鼠标中键）锁定约束。例如，在创建一条直线的过程中，与一条已有直线垂直，此时在线的附近会出现一个"垂直" ⊥ 的约束符号，用户可以通过单击 MB2 进行锁定，锁定后无论怎么移动光标，要创建的线始终与已有的直线保持垂直，如图 2-30 所示。

2. 辅助对准线

在绘制草图曲线的过程中，辅助对准线可以帮助用户对准曲线的控制点，包括端点、中点、弧或圆的圆心等。同时会显示两种类型的辅助对准线，如图 2-31 所示，1 表示对齐中点；2 表示保持垂直约束。

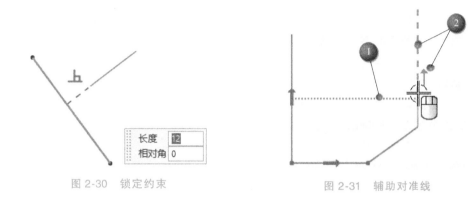

图 2-30　锁定约束　　　　　　图 2-31　辅助对准线

3. 对齐角

对齐角的作用是在允许的范围内捕捉一条直线使其呈水平或者垂直方向。默认情况下对齐角的度数为 3°，也就是说，当一条正在创建的直线与水平（或者垂直）方向之间的夹角不超过 ±3° 时，这条直线会自动捕捉到水平（或者垂直）方向。对齐角可以在"草图首选项"→"会话设置"中进行设置，设置范围为 0°～20°，如图 2-32 所示。

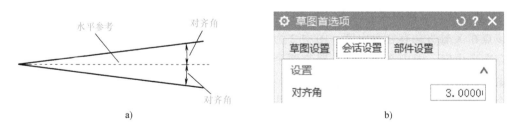

a)　　　　　　　　　　　　　b)

图 2-32　对齐角

4. 捕捉点

捕捉点可以在创建草图线时帮助用户快速精准地捕捉到想要的控制点。例如端点、中点、线上的点等。当需要捕捉某种类型点（如中点、端点）时，注意激活正确的捕捉点图标，如图 2-33 所示。

图 2-33　启用捕捉点

2.3.3 草图约束

在绘制草图时，用户可以通过创建尺寸约束和几何约束来精确控制草图中的对象，达到设计意图。

尺寸约束（又称驱动尺寸）是建立在草图对象上的，它既可以用于控制单个对象的尺寸，如圆弧半径、直线长度，也可以控制两个草图对象间的关系，如两点之间的距离。尺寸约束会在图形界面中显示，它由尺寸名称、尺寸数值、延长线和尺寸箭头组成。尺寸约束还可以用于驱动尺寸，在改变草图中尺寸的同时，相关草图对象的形状尺寸会随着更新，而由这些草图对象生成的实体模型也会做出相应变化。

几何约束可以确定草图对象的几何特性（如使一条直线呈水平方向）或确定两个或更多的草图对象间的关系类型（如多边形的各边相等）。与尺寸约束不同的是，几何约束是不可编辑的，也没有可编辑的值。

1. 控制点

草图求解器分析点称为控制点。控制这些点的位置可以控制草图曲线。如对一条线段来说，它是由两个端点来控制的。

不同类型的草图曲线是由不同的草图点控制的：

1）直线的控制点为它的起点和终点。

2）圆弧的控制点为它的圆心和圆弧的起点和终点。

3）圆的控制点是它的圆心和圆周上一点。

4）艺术样条的控制点是它的起点、终点和中间的定义点。

2. 自由度箭头

当草图系统通过已存在的尺寸约束和几何约束解算出草图曲线不能被全约束时，这些没被约束的地方就存在自由度箭头。自由度箭头仅在添加尺寸约束和几何约束的时候显示，默认颜色为黄色，这些箭头呈水平或者垂直发射状态（个别情况为旋转箭头，如椭圆中心 ）出现在草图没被约束的地方。如图2-34所示，图中1为一个水平方向的自由度箭头，表示该点在X轴方向存在自由度；图中2为一个竖直方向的自由度箭头，表示该点在Y轴方向存在自由度；图中3为水平、竖直两个自由度箭头，表示该点在X轴和Y轴方向都存在自由度。当用户给草图对象添加约束后，自由度箭头会随之减少。添加一个约束可能会移除多个自由度箭头。当自由度箭头全部消失时，表示草图被全约束。

3. 自动标注尺寸/自动判断约束及设置

"连续自动标注尺寸" "创建自动判断约束"

 "自动判断约束和尺寸" 命令可以通过下面路径找到：

（1）功能区 选择"主页"选项卡→"约束"→约束工具下拉菜单。

（2）菜单 选择"工具"→"约束"命令。

"连续自动标注尺寸"命令可在每次操作后自动对

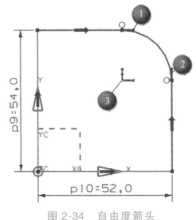

图2-34　自由度箭头

草图曲线标注尺寸，可以完全约束草图。拖动草图曲线时，自动标注的尺寸会更新，即自动标注的尺寸会移除草图的自由度，但不会永久锁定尺寸值。如果添加一个与自动尺寸标注冲突的约束，则会删除自动尺寸标注。可将自动尺寸标注转换成驱动尺寸标注。

　　"创建自动判断约束"命令在创建曲线过程中对草图曲线自动判断约束，并将自动判断出来的约束添加到相应的曲线上。自动判断出何种约束，由"自动判断约束和尺寸"命令来设置确定。"自动判断约束和尺寸"命令用于控制在曲线构造期间对哪些约束或尺寸进行自动判断。它可为几何约束、尺寸约束以及使用捕捉点选项时识别约束设置自动判断约束。图 2-35 所示为"自动判断约束和尺寸"对话框。

图 2-35　"自动判断约束和尺寸"对话框

4. 尺寸约束

尺寸约束命令可以通过下面路径找到：

（1）功能区　选择"主页"选项卡→"量纲"选项。

（2）菜单　选择"插入"→"尺寸"命令。

不同类型的尺寸约束，如图 2-36 所示。一般地，应用"快速"选项就可以满足添加各类尺寸约束的需求，除非有特别的要求才指定特定的尺寸类型。

草图环境中另一种快速添加尺寸的方法为选择草图对象后移动鼠标指针，系统会自动判断可能添加何种尺寸约束，使用此方法可以选择点、草图点、草图曲线上的点、草图曲线、基准面和基准轴。

在草图中，启动"快速尺寸"对话框进行尺寸标注，如图 2-37 所示，然后选择相应的几何对象添加"尺寸约束"。

图 2-36　尺寸约束类型

1）"测量方法"下拉菜单：创建尺寸约束过程中，通过选择、设置尺寸测量方法，创建不同的尺寸。例如水平、竖直、斜角、径向等。

2）创建"参考尺寸" ☑ 参考：如果该选项处于选中状态，将会添加一个"参考尺寸"而非"尺寸约束"，如图 2-38 所示。"参考尺寸"只起显示作用，并且不能被编辑。

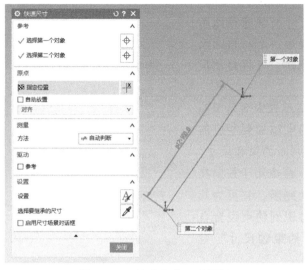

图 2-37 "快速尺寸"对话框

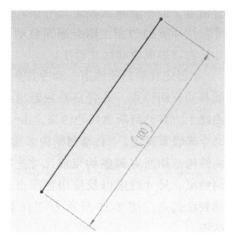

图 2-38 参考尺寸

3)"设置"对话框 ：单击该图标，将弹出"尺寸设置"对话框。通过此对话框控制尺寸的字体高度、尺寸箭头样式、公差类型等参数。

4）在"角度尺寸"对话框中的创建"内错角"：当约束两个线性对象之间的角度时，单击该图标可以创建可能存在的不同角度值。如图 2-39 所示，同样选择两直线，约束的角度互为补角。

5. 几何约束

"几何约束" 命令可以通过下面路径找到：

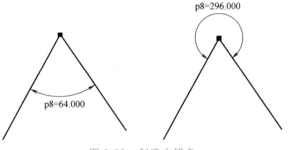

图 2-39 创建内错角

（1）功能区 选择"主页"选项卡→"约束"选项。

（2）菜单 选择"插入"→"几何约束"命令。

单击"几何约束"图标将启动"创建几何约束"对话框。首先选择想要创建的几何约束类型，然后选择草图对象。此时几何约束已经被创建在所选的草图对象上。要注意的是，相同的约束是不能创建在同一个选定对象上的，用户可以在同一个对象上创建多个不重复和不矛盾的约束，可以用草图外部的对象创建约束，如基准面、面的边等。

与创建尺寸约束一样，草图环境中另一种快速添加几何约束的方法为选择草图对象后移动鼠标指针，系统会自动判断可能添加何种几何约束，选择并添加需要的几何约束。这种方法创建几何约束时，选择同一对象不同位置，系统自动判断的几何约束是不同的。例如，对于一个圆，如果在圆心的位置选择圆，则系统判断选择的是圆心而不是圆弧，仅会出现与圆心相关的约束。如果靠近直线端点的位置选择，则系统判断选择的是端点而不是整条直线，仅会出现于端点相关的约束。

图 2-40 所示列出了几何约束类型及它们的图标。

下面介绍几个常用几何约束的定义。

重合：约束两个或多个选定的顶点或点，使之重合。

共线：约束两条或多条选定的直线，使之共线。

同心：约束两条或多条选定的曲线，使之同心。

等长：约束两条或多条选定的直线，使之等长。

等半径：约束两个或多个选定的圆弧，使之半径相等。

水平：约束一条或多条选定的曲线，使之水平。

竖直：约束一条或多条选定的曲线，使之竖直。

中点：约束一个选定的顶点或点，使之与一条线或圆弧的中点对齐。

平行：约束两条或多条选定的曲线，使之相互平行。

垂直（正交）：约束两条选定的曲线，使之相互垂直。

点在曲线上：约束一个选定的顶点或点，使之位于一条曲线上。

相切：约束两条选定的曲线，使之相切。

图 2-40　几何约束类型

6. 草图约束浏览器

"草图约束浏览器"可以通过下面路径找到：

（1）功能区　选择"主页"选项卡→"约束"→"约束工具"下拉菜单→"草图约束浏览器"选项。

（2）菜单　选择"工具"→"约束"→"草图约束浏览器"选项。

如图 2-41 所示，"草图约束浏览器"选项可以查询草图对象并报告其关联约束、尺寸以及外部引用信息，用户可以通过选择草图对象（一个或多个）或者活动草图中所有的对象在浏览器中显示相关的几何约束。在浏览器窗口中选择对象，在草图中将会高亮显示，可以根据选择的对象调整视图，也可以移除一个或多个对象。

7. 草图的约束状态

在创建草图过程中，状态栏会显示当前草图的约束状态。一个草图可能是处于完全约束状态，欠约束状态或者过约束状态，其中有一种全约束的状态是通过"自动尺寸"功能完成的，对于这种情况，在状态栏会显示出草图是被几个自动尺寸完全约束。当草图处于欠约束状态时，在状态栏中会指出当前草图还需要几个约束。每添加一个约束，草图求解器会及时对草图进行求解并更新。NX 允许对欠约束、过约束以及被自动尺寸全约束的草图进行移动、旋转等操作。

1）完全约束：为了能够完全捕捉到草图的设计意图，最好将草图处于完全约束状态。

2）欠约束：如果一个草图处于欠约束状态说明没有足够的条件控制每个草图点，自由度箭头会在欠约束的草图点显示出来，这些点仍旧可以移动或作为转动中心。

3）过约束：如果一个草图有过多的约束，那么草图处于过约束状态，这时约束冲突的相关对象包括尺寸和约束会显示成过约束对象的颜色。

4）冲突约束：在草图中，添加的约束可能会与其他约束存在冲突，冲突的尺寸约束和几何约束预示着草图求解器对当前草图提供的约束是不可解的。为了让其可解，需要增加或

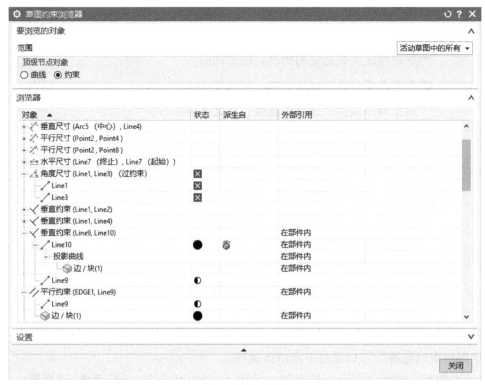

图 2-41 “草图约束浏览器”对话框

者删除约束。

【案例 2-2】 草图约束

创建图 2-42 所示草图，要求草图被完全约束。

操作步骤：

1）新建 NX 文件，选择“模型”模板，单位为 mm，单击“确认”后进入“建模”模块。

2）选择“插入”→“草图”，选择基准坐标系的 YC-ZC 作为草图平面，单击 MB2 进入草图环境。

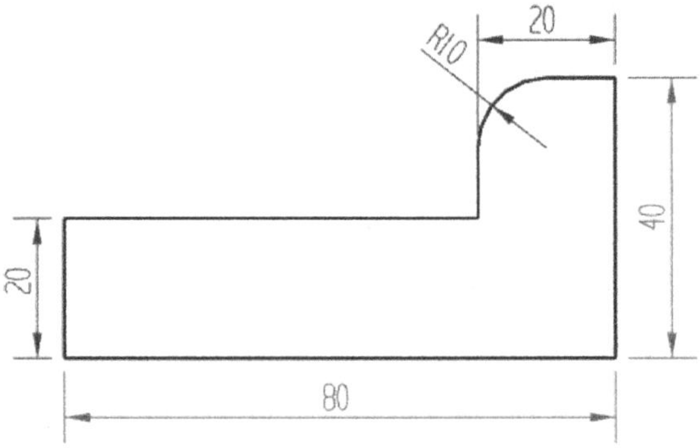

图 2-42 草图示意图

【案例 2-2】
草图约束

3）进入草图后，自动执行“轮廓线”命令。如图 2-43 所示，绘制出封闭的轮廓线。注意所有直线均为水平或者竖直状态。

4）单击“几何约束”图标，选择“共线”约束。选择图 2-44 所示右侧直线作为要约束的对象，选择竖直基准轴作为要约束到的对象。

5）继续添加几何约束。依次选择图 2-45 所示下侧直线作为要约束的对象，选择水平基

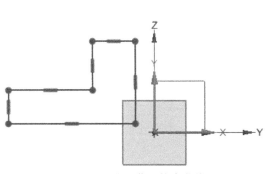

图 2-43　绘制草图轮廓曲线

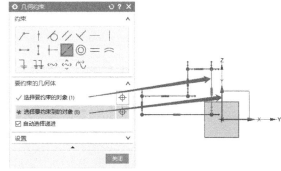

图 2-44　添加几何约束 1

准轴作为要约束到的对象。通过以上两个"共线"的几何约束，可以将草图曲线右下角的顶点约束在草图原点。

　　6）单击"圆角"图标 圆角创建圆角。依次选择图 2-46 所示的两条直线，创建大致半径的圆角。

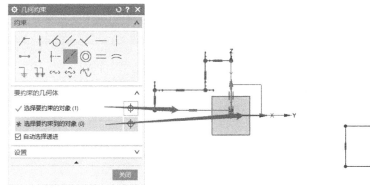

图 2-45　添加几何约束 2

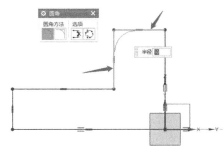

图 2-46　创建圆角

　　7）单击"快速尺寸"图标 ，添加尺寸约束。首先添加大范围的尺寸，如图 2-47 所示选择相应的线段添加 80mm 和 40mm 的尺寸约束。

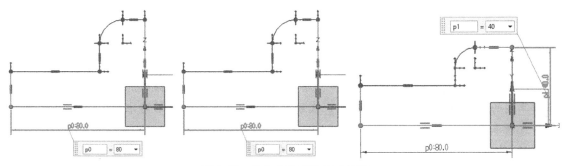

图 2-47　添加大范围的尺寸约束

　　8）继续添加尺寸约束，如图 2-48 所示。

　　9）此时系统会提示"草图已完全约束"。

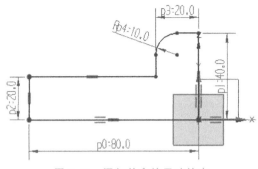

图 2-48　添加其余的尺寸约束

10）单击 图标，保存文件并退出。

【案例 2-3】　创建草图

前面的章节介绍了创建草图的基本方法，下面以图 2-49 所示为例，进行草图实例的讲解。

【案例 2-3】
草图约束

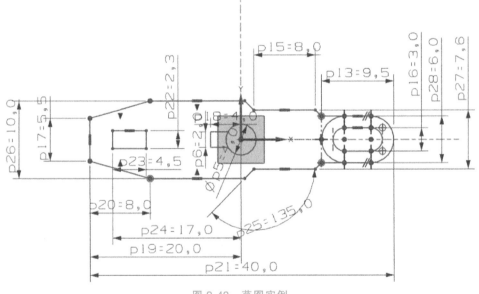

图 2-49　草图实例

1）将 XY 平面作为放置面创建草图，如图 2-50 所示。

2）打开"创建自动判断约束"和"连续自动标注尺寸"，根据图例使用"轮廓"命令画出草图的大致轮廓，如图 2-51 所示。在绘制过程中适当使用辅助对准线，使得轮廓草图绘得更精准。

3）使用"设为对称"命令创建出关于 X 轴对称约束，如图 2-52 所示。

4）选择两条直线并且创建平行约束，如图 2-53 所示。

5）用同样的方法使下面两条直线平行，如图 2-54 所示。

6）启动"快速尺寸"对话框进行尺寸标注，如图 2-55 所示。

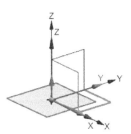

图 2-50 创建草图平面

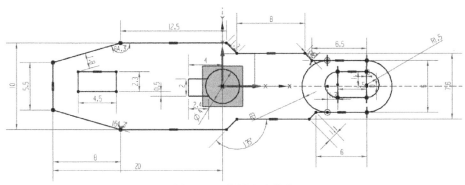

图 2-51 草图大致轮廓

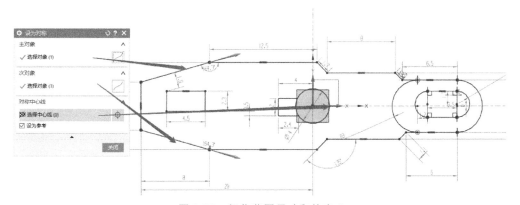

图 2-52 细化草图尺寸和约束 1

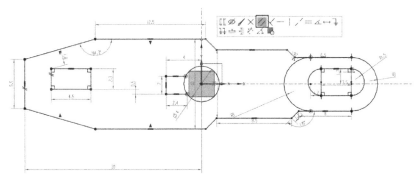

图 2-53 细化草图尺寸和约束 2

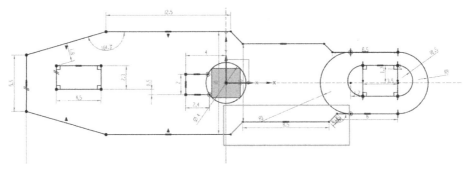

图 2-54　细化草图尺寸和约束 3

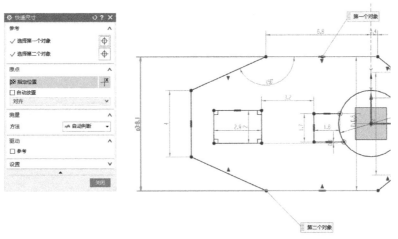

图 2-55　细化草图尺寸和约束 4

7）同样的方法对其余草图对象进行尺寸标注，如图 2-56 所示。

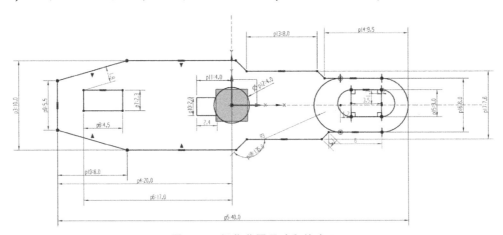

图 2-56　细化草图尺寸和约束 5

8）创建"中点"约束，如图 2-57 所示。

9）创建"点在曲线上"约束，如图 2-58 所示。

10）创建一条直线并将其转换为参考线，如图 2-59 所示。

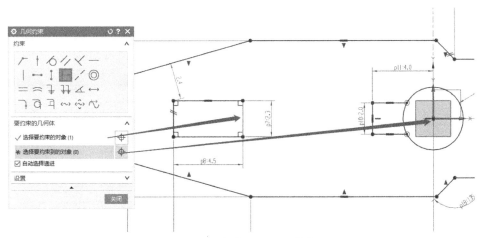

图 2-57　细化草图尺寸和约束 6

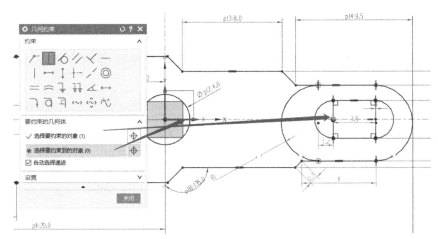

图 2-58　细化草图尺寸和约束 7

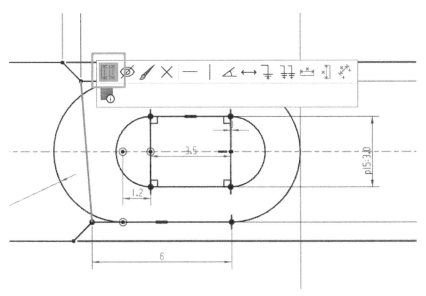

图 2-59　细化草图尺寸和约束 8

11）创建"竖直"约束，如图 2-60 所示。

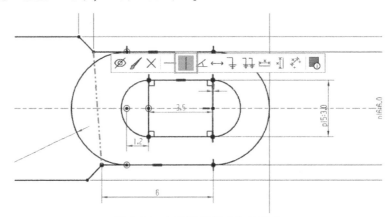

图 2-60　细化草图尺寸和约束 9

12）创建"同心"约束，如图 2-61 所示。

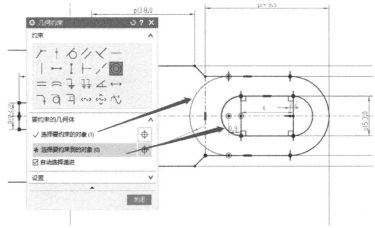

图 2-61　细化草图尺寸和约束 10

13）创建"相切"约束，如图 2-62 所示。

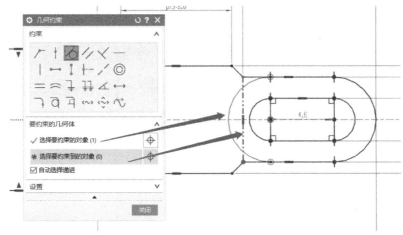

图 2-62　细化草图尺寸和约束 11

14）最终完成草图，实现草图全约束，如图 2-63 所示。

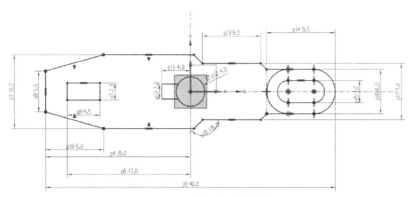

图 2-63　草图完成全约束

15）单击"完成"退出草图，进行下游特征的创建。

2.4　扫描特征建立基本体

扫描特征（Swept Feature）是构成零件毛坯的基础。此类特征可以将截面线沿着指定的方向或轨迹扫描生成三维模型。

用于扫描的截面线可以是一组，也可以是多组，可以是曲线、线串、草图和曲线特征，也可以是面的边或片体的边。扫描特征是参数化的特征，它与截面线、拉伸方向、旋转轴、引导线、修剪面/基准面和与扫描结果发生布尔运算的体相关联。

NX 中扫描特征可以通过"拉伸""旋转""沿引导线扫掠"和"管"等命令来创建（如果找不到相应命令，可从资源条的"角色"选项卡中进入"高级角色"模式，其他命令类似）。扫描特征命令如图 2-64 所示。

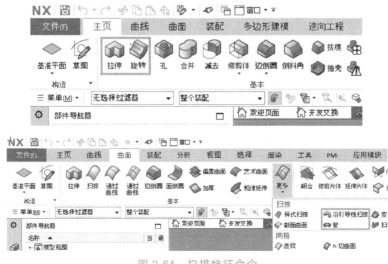

图 2-64　扫描特征命令

2.4.1 拉伸

在"建模"应用模块中，可以通过下面路径选择"拉伸" 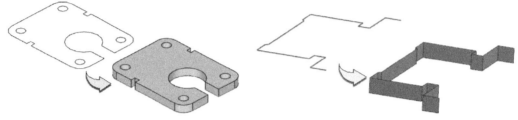 命令。

（1）功能区　选择"主页"选项卡→"基本"→"拉伸"命令。

（2）菜单　选择"插入"→"设计特征"→"拉伸"命令。

单击"拉伸" 命令，选择截面线并按指定方向将它们拉伸一段线性距离，当截面线是闭合曲线时，将会创建实体；当截面线是非闭合曲线时，将会创建片体，如图2-65所示。

图 2-65　拉伸示例

"拉伸"命令对话框如图2-66所示。

1. 创建拉伸特征的基本步骤

1）选择"曲线" 或"绘制截面" 命令。如果选择拉伸的对象为曲线、草图或者面的边，系统调用"曲线"命令，将选择的线串作为拉伸截面线。如果选择平面或者基准面，则系统调用"绘制截面"命令并进入草图任务环境，以便在草图任务环境内绘制截面曲线，此草图是拉伸特征的内部草图，用户可以将它改为外部草图。

2）选择拉伸方向。系统会根据截面线提供一个自动判断的矢量作为拉伸方向，如果截面线在同一平面上，系统提供的拉伸方向是此平面的法向方向。用户也可以通过从"指定矢量选项"列表 或"矢量"对话框 中选择创建矢量的方法，然后选择该类型支持的面、曲线或边。单击 图标可以将矢量方向反向。

3）选择布尔运算及布尔运算的目标体，拉伸提供的布尔运算的选项包括合并、减去、相交和自动判断。只有模型空间里已经存在其他实体或片体时，才可以选择合并、减去或相交等布尔操作。

4）输入拉伸参数，包括起始值、结束值以及偏置、拔模等参数。

图 2-66　"拉伸"对话框

5）选择生成的拉伸体类型，包括实体和片体。

2. 限制

限制选项用来定义截面线拉伸的开始位置和结束位置。开始与结束的限制选项如下：

1）值：确定拉伸特征的起点与终点数值。沿着指定的拉伸方向的值为正，反方向的值为负。

2）对称值：截面线的两边拥有相同的拉伸值。

3）直至下一个：将截面线沿拉伸方向延伸到下一个体。

4）直至选定对象：将截面线延伸到选定的面、基准平面或体。

5）直至延伸部分：当选择的限制面与拉伸的截面线并不完全相交时，将延伸限制面直至与拉伸截面线相交。

6）贯通：沿指定方向拉伸截面线，使其完全穿过该方向所有的可选体。

3. 拔模

拔模可将拔模角度添加到拉伸体的一个或多个侧面上。拔模选项如下：

1）从起始限制：创建从拉伸起始限制开始的拔模，如图 2-67a 所示。

2）从截面：创建从拉伸截面开始的拔模，如图 2-67b 所示。

3）从截面-不对称角：创建一个从拉伸截面开始，在该截面的两侧都可以指定拔模角的拔模，两侧拔模角可以不同。该选项只有同时拉伸截面线的两侧时可用，如图 2-67c 所示。

4）从截面-对称角：从拉伸截面开始，截面线两侧以相同角度进行拔模，如图 2-67d 所示。

5）从截面匹配的终止处：从拉伸截面开始，在该截面的拉伸双方向进行拔模，终止限制处的形状与开始限制处的形状相匹配，并且开始限制处的拔模角将更改，以保持形状与终止限制处一致，如图 2-67e 所示。

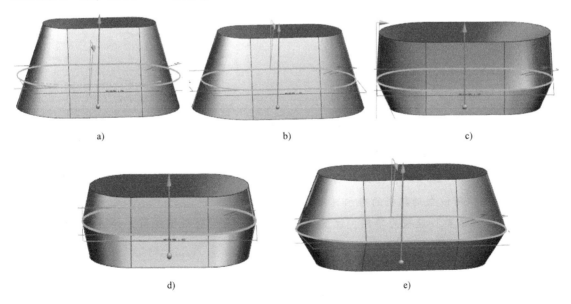

图 2-67　拔模类型

4. 偏置

偏置选项可以为拉伸特征指定一个或两个偏置值。图 2-68a 所示为单侧偏置，适用于填充孔与创建凸台。图 2-68b 所示为双侧偏置，可以赋两个偏置值。图 2-68c 所示为对称偏置，从截面相对的两侧偏置值相同。

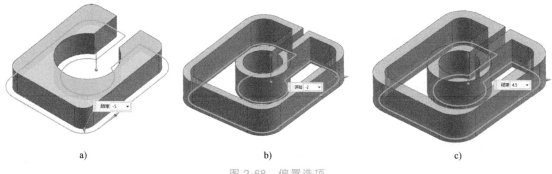

a)   b)   c)

图 2-68 偏置选项

【案例 2-4】 拉伸体操作

操作步骤：

1) 打开文件 des14_extrude_edges_1. prt，如图 2-69 所示，确认后系统进入"建模"模块。

2) 单击"插入"→"设计特征"→"拉伸" 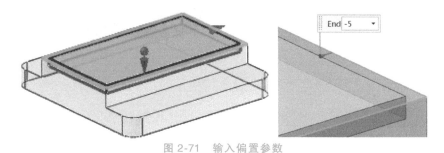 命令，或输入快捷键 X，将截面线的"曲线规则"改为"面的边"，然后选择实体的顶面，如图 2-70 所示。

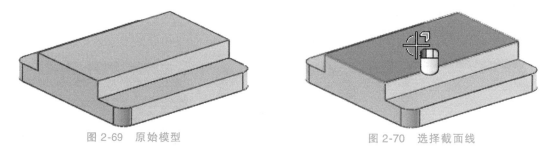

图 2-69 原始模型   图 2-70 选择截面线

3) 系统自动判断的方向是已选择顶面的法向方向，并指向实体外部。单击"反向"图标，拉伸方向将指向实体内部。设置限制值，开始值为 0，结束值为 8。

4) 在"布尔"选项中，选择"自动判断"。本实例中因为拉伸方向是指向实体内部，所以自动判断的布尔选项是"减去"。

5) 选择"偏置"选项为单侧，设置偏置值为 -5，再调整视图视角，如图 2-71 所示。

图 2-71 输入偏置参数

6) 单击"应用"按钮，拉伸结果如图 2-72 所示。

2.4.2　旋转

在"建模"应用模块中，可以通过下面路径选择"旋转"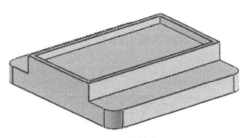命令。

（1）功能区　选择"主页"选项卡→"基本"→"旋转"命令。

（2）菜单　选择"插入"→"设计特征"→"旋转"命令。

图 2-72　拉伸结果

单击"旋转"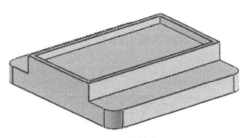命令，可将截面线绕某一轴以非零角度旋转建立实体或者片体，如图 2-73 所示。

"旋转"对话框如图 2-74 所示。

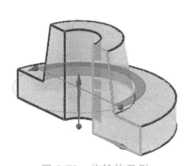

图 2-73　旋转体示例

图 2-74　"旋转"对话框

旋转以下对象时可以获取实体：

1）一个封闭的截面线串，且体类型设置为实体。

2）一个非封闭截面，且旋转角度为 360°，体类型设置为实体。

3）带偏置值的非封闭的截面。

回转以下对象时可以获取片体：

1）一个封闭截面，且体类型设置为片体。

2）一个非封闭的截面，且角度小于 360°，没有偏置。

【案例 2-5】　旋转体操作

操作步骤：

1）打开文件 des13_revolve_1.prt，如图 2-75 所示。确认后系统进入"建模"模块。

2）单击"插入"→"设计特征"→"旋转" 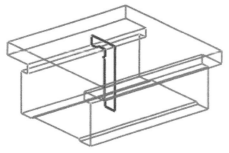命令。将截面线的"曲线规则"改为"特征曲线"，选择草图 CENTER_BORE，图 2-76 所示曲线将被选作截面线。

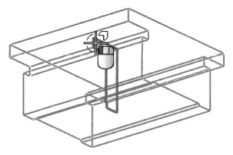

图 2-75　原始模型与截面线　　　　　　　　图 2-76　选择截面线

3）模型中基准坐标系的 Z 轴为旋转的中心轴，输入开始角为 0°，结束角为 360°，此时截面线绕轴旋转的方向按照右手定则。因为旋转角度为 360°，所以得到完整的旋转体，如图 2-77 所示。

4）在"布尔"选项中，选择"减去"　减去　。

5）单击"应用"按钮，结束旋转操作。旋转结果如图 2-78 所示。

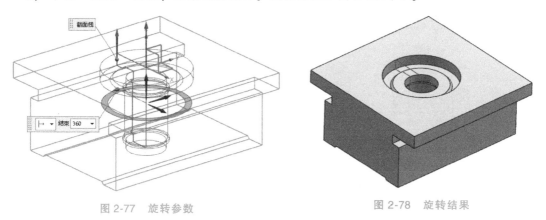

图 2-77　旋转参数　　　　　　　　　　　　图 2-78　旋转结果

2.4.3　沿引导线扫掠

在"建模"应用模块中，可以通过下面路径选择"沿引导线扫掠" 命令。

（1）功能区　选择"曲面"选项卡→"基本"→"更多"→"扫掠"→"沿引导线扫掠"命令。

（2）菜单　选择"插入"→"扫掠"→"沿引导线扫掠"命令。

单击"沿引导线扫掠" 命令，可以通过沿一条引导线扫掠一个截面来创建实体或片体，"沿引导线扫掠"对话框如图 2-79 所示。引导线可以是草图、曲线或面的边，并且可以包含尖角。

如果引导线或截面线是一个闭合线串时，沿引导线扫掠的结果都会是一个实体，如图 2-80 所示。

图 2-79　"沿引导线扫掠"对话框

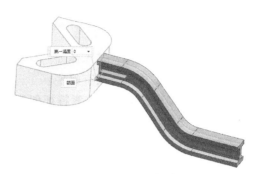

图 2-80　沿引导线扫掠实例

沿引导线扫掠

2.4.4　管

在"建模"应用模块中，可以通过下面路径选择"管"命令。

（1）功能区　选择"曲面"选项卡→"基本"→"更多"→"扫掠"→"管"命令。

（2）菜单　选择"插入"→"扫掠"→"管"命令。

单击"管"命令，将一个圆形横截面沿一个曲线串扫掠来创建一个实体，圆形横截面尺寸由用户定义的外径值和内径值组成。可以使用此命令来创建线束、导线、电缆或管道组件等模型。"管"对话框和创建管实例如图 2-81 所示，图中实例内径为 6mm，外径为 10mm，所以可以得到一个管状实体。

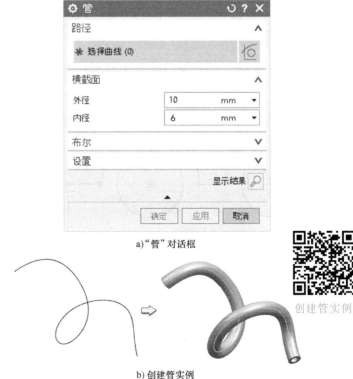

a)"管"对话框

b) 创建管实例

创建管实例

图 2-81　创建管

2.5 习题

2-1 什么是基本体？基本体如何分类？列举常见的基本体。

2-2 基本体的构形方法有哪些？

2-3 在 NX 中，有哪些体素特征创建类型？如何创建？

2-4 简述创建草图特征的基本步骤。

2-5 什么是草图约束？列举常用的草图约束类型。

2-6 NX 扫描特征有哪些？分别与哪些对象相关联？

2-7 创建以下尺寸的草图。

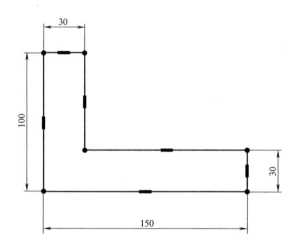

练习图（1）

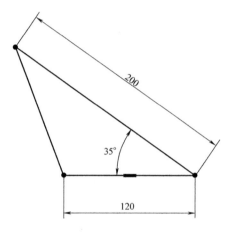

练习图（2）

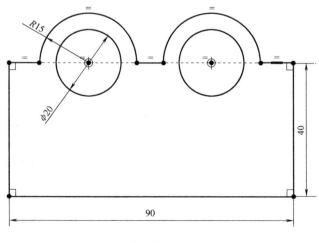

练习图（3）

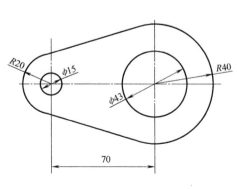

练习图（4）

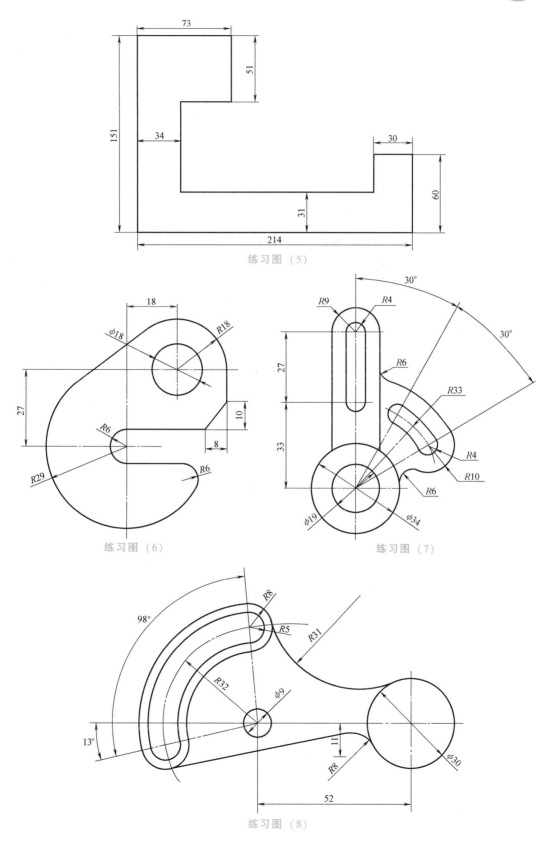

练习图（5）

练习图（6）

练习图（7）

练习图（8）

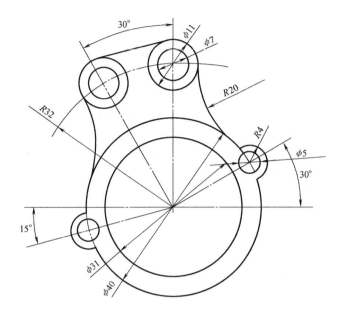

练习图（9）

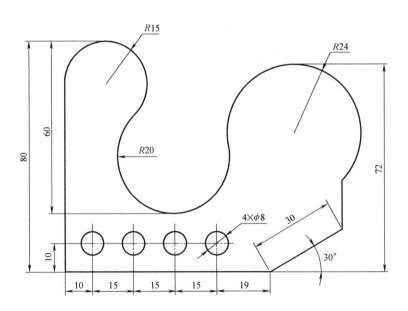

练习图（10）

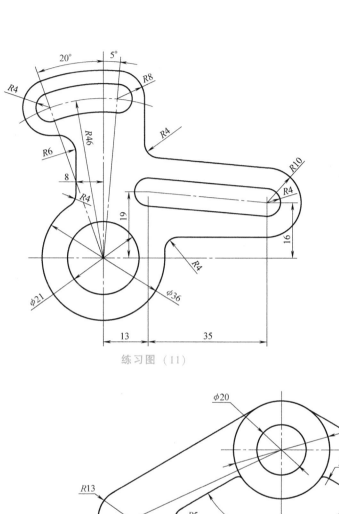

练习图 (11)

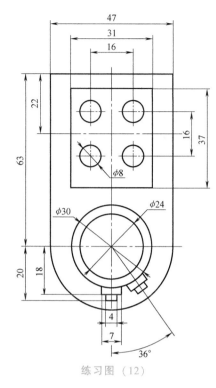

练习图 (12)

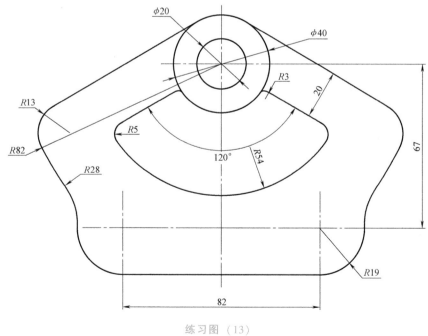

练习图 (13)

第3章
CHAPTER 3

组合体的构形设计与建模 ◀

工程上常见的几何形体，很少是单一的基本形体。按照其几何形状特点来分析，都可看成是由一些基本体（平面立体、曲面立体）按照某种方式构成的。通常把由两个或两个以上的基本体，按照一定的方式组合而成的形体称为组合体。为了正确地表达它们，本章将介绍组合体的组合方式与表面连接关系、形体分析方法、构形设计方法以及尺寸标注等知识。

3.1 组合体的组合方式与表面连接关系

3.1.1 组合体的组合方式

组合体中各种基本体之间的组合方式主要有叠加式、切割式和复合式。复合式就是综合运用叠加、切割的复合方式来组合。

1. 叠加式组合体

叠加式是将若干基本体的表面重叠或相切、相交而构成一个整体的组合方式。工程中又可细分为简单叠加和相交叠加，如图3-1所示。

a) 简单叠加   b) 相交叠加

图 3-1 叠加式组合体

既然叠加式是把各组成部分相互堆积起来，当各组成部分互相叠加时，它们贴合处的两表面之间一般会出现不同的情况，这些内容将在后面详细介绍。

2. 切割式组合体

切割式是基于一个基本体，借助平面或曲面切割，去除掉若干部分的组合方式。例如，在原基本体上进行截切或穿孔，形成一个新的形体。因此，切割式往往也被称为挖切式，如图3-2所示。

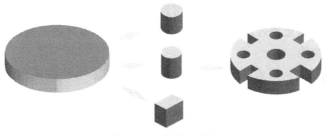

图3-2　切割式组合体

3. 复合式组合体

实际工程中单一的叠加式或切割式组合体并不是最常见的，常见的是既有叠加又有切割的复合式，即综合运用叠加、切割方式形成新的形体。这种组合方式相对比较复杂，形成的组合体接近于实际产品零件的主要几何形体，并且能体现产品零件的某些功能。需要注意的是，组合体是一个整体。所谓"叠加""切割"只是形体分析的具体体现，不能因此增加组合体本身不存在的轮廓线；在许多情况下，同一组合体既可以按"叠加"进行分析，也可以按"切割"进行分析，还可以视为"复合式"进行分析，如图3-3所示。

3.1.2　组合体相邻表面的连接关系

无论以何种方式构成的组合体，组成组合体的各基本体的表面相对位置不同时，其过渡关系也不同，形体间的相邻表面可以分为两表面平齐、两表面不平齐、两表面相切和两表面相交四种连接关系，如图3-4所示。

（1）两表面平齐　平齐是相叠加的两个基本体某一相邻表面共面，并且两

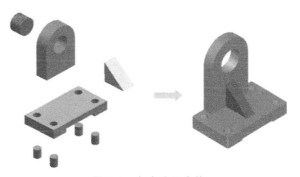

图3-3　复合式组合体

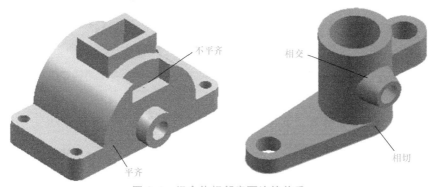

图3-4　组合体相邻表面连接关系

表面之间没有分界线。例如，组合体零件的底板和支座两部分宽度相等，叠加时，前后端面是对齐的，即为同一平面，在端面的连接处没有分界线。所以在正面投影中，贴合处也不画出分界线。

（2）两表面不平齐　不平齐是相叠加的两个基本体某一相邻表面不共面，因此两表面之间会有分界线。例如，组合体零件的底板和支座两部分的宽度不等，前后端面是互相错开的，此时在端面的连接处有分界线。在正面投影中，贴合处也必须画出分界线。

（3）两表面相切　相切是相组合的基本体的某个平面与曲面或某个曲面与曲面相切，两表面光滑过渡，无交线。例如，组合体零件的支板与圆柱叠加，邻接表面相切，相切处没有交线。

（4）两表面相交　相交是相组合的基本体的某两个表面相交时，不是光滑过渡，它们之间产生明显的转折，从而产生交线。因此，在相交处也必须画出交线。在作图时应画出交线的投影（截交线或相贯线）。例如，组合体零件的支板与圆柱叠加，邻接表面相交，相交处有交线。

3.1.3　布尔操作

在 NX 软件中基本体的组合可以通过布尔操作来实现。布尔操作命令包括：

　求和：将两个或多个实体合并成一体。目标体和工具体必须相交或者共面才能生成一个实体。

　求差：从一个实体中减去一个或多个实体。

　求交：创建一个体，它包含有两个不同实体的共有部分。

【案例 3-1】　求和操作

完成图 3-5 所示底板与圆柱体的求和操作。

操作步骤：

1）打开文件 des14_bracket_Boolean.prt，如图 3-5 所示。确认后系统已经进入"建模"模块。

2）单击"主页"选项卡→"合并"　命令，单击"合并"对话框（图 3-6）右上角的"重置"图标　。

3）选择中心体为目标体，选择图 3-7 所示高亮的实体。

4）选择 6 个小圆柱体作为工具体，即图 3-8 所示高亮的六个实体。

【案例 3-1】
求和操作

图 3-5　底板与圆柱体

图 3-6　"合并"对话框

图 3-7　选择目标体

5）单击"确认"，完成合并操作，在底盘部分建立了六个小凸台，如图3-9所示。

图3-8　选择工具体

图3-9　合并操作

6）同样可以进行"减去"和"求交"操作，结果分别如图3-10和图3-11所示。

图3-10　减去操作

图3-11　求交操作

3.2　组合体的形体分析

3.2.1　形体分析法

　　将组合体按照其组成方式分解为若干基本形体，以便分析各基本形体的形状、相对位置和表面连接关系的方法称为形体分析法。形体分析法的实质是将组合体化整为零，即将一个复杂的问题分解为若干个简单问题。形体分析法就是假想把组合体分解成若干基本体并确定各部分的形状、相对位置、组合方式以及相邻表面之间关系，从而形成组合体的整体概念的方法，如图3-12所示。

　　如图3-13所示的轴承座可以分解成凸台、圆筒、支承板、肋板和底板五个

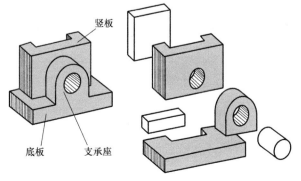

竖板

底板　　支承座

图3-12　组合体分解一

部分。每部分分别又可以由不同的基本体通过叠加、切割或者综合的方式形成。

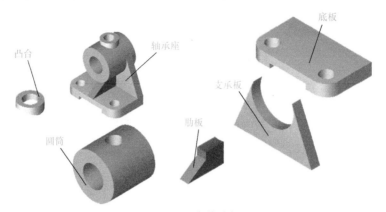

图 3-13　组合体分解二

3.2.2　CSG 体素构造法

CSG（Constructive Solid Geometry）体素构造法是将复杂的实体看成由若干最简单的基本实体，经过一些有序的布尔运算而构造出来的。这些最简单的基本实体就是第 2 章讨论过的基本体素。

CSG 体素构造法也是一种新的构形思维方式，它是借助计算机进行实体造型的一种构形方法。其实质上是利用集合运算，即运用并（∪）、交（∩）、差（−）等运算方式，描述基本体的组合形式的一种方法，从而将组合体定义为若干较简单的基本体的有序集合运算，如图 3-14 所示。

a) 并(∪)运算　　　　　b) 交(∩)运算　　　　　c) 差(−)运算

图 3-14　集合运算

以图 3-15 所示轴套零件为例，说明利用 CSG 体素构造法分析、建立组合体模型的过程。

首先通过基本体素或者拉伸形成两个初始基本体，如图 3-16 所示。接着，两个初始基本体通过交运算，得到第一步组合体，如图 3-17 所示；然后，第一步组合体和第三个基本体通过并运算，得到第二步组合体，如图 3-18 所示；最后，第二步组合体和第四个基本体通过差运算，得到最终轴套零件实体，如图 3-19 所示。

图 3-15　轴套零件模型

图 3-16　初始基本体

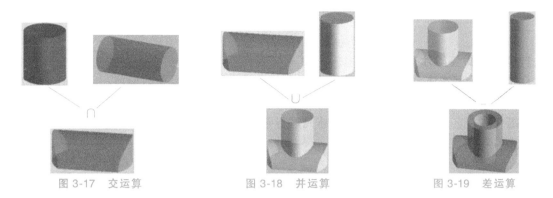

图 3-17　交运算　　　　　　　图 3-18　并运算　　　　　　　图 3-19　差运算

　　回顾一下以上建立组合体模型时所用到的集合运算步骤和过程，就可以形成一个树状结构，如图 3-20 所示。从图中可以看到，这个树状结构清晰地展现了零件模型的构造过程和相关信息。其中，树的叶结点（或终结点）是一些基本体（如立方体、圆柱体、圆锥体、扫略体、回转体等），而中间结点（枝节点）为集合运算的结点，根结点即为最终的零件组合体，我们将这样一种记录零件组合体集合运算及其过程的树结构称为 CSG 树。

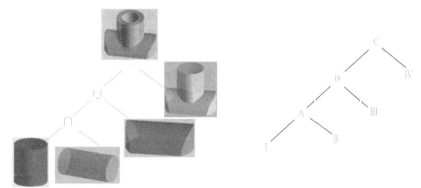

图 3-20　轴套的 CSG 树

　　如图 3-21 所示的机座，由底座（圆柱体）、长方体、三角形板、圆柱体等经过并（∪）运算和差（−）运算叠加在一起，然后做差（−）运算挖去圆柱阶梯孔形成中间形体，并在中间形体上再做差（−）运算切出圆柱孔而形成的。

　　从以上两个实例可以看出，复杂的零件组合体一般都可以由简单的基本体经过一系列的集合运算而得到，零件组合体的构形过程也可以通过 CSG 树结构来描述。这种描述方法符合三维实体的构形过程，可以形象而直观地反映设计者的构形过程，也可以满足计算机建模的要求，对零件组合体的三维实体建模很有帮助。

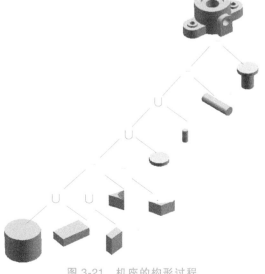

图 3-21　机座的构形过程

3.2.3 复杂组合体的分析

1. 简单组合体的分析

首先由两个基本体叠加,然后分别在两个基本体上切割所需要的形体。对于简单组合体,可用形体分析法直接分析它的组成、形成过程以及各基本体的相互关系。图 3-22 所示为简单组合体,它是由两个基本的棱柱体先进行叠加,然后分别在两个基本棱柱体上切割去除部分几何形体而形成的。

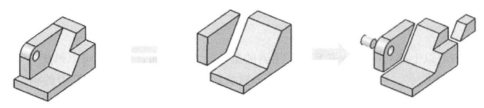

图 3-22　简单组合体的分析

2. 复杂组合体的分析

由若干个简单组合体组合而成的,具有某种功能的复杂组合体。它的分析过程是首先将复杂组合体分解成若干个带有某种功能的简单组合体,然后在此基础上再对简单组合体进行分析。如图 3-23 所示的复杂组合体端盖、泵体,均可分解成工作形体和安装形体这样功能性的、相对简单的组合体,再对简单组合体分别进行构形分析。

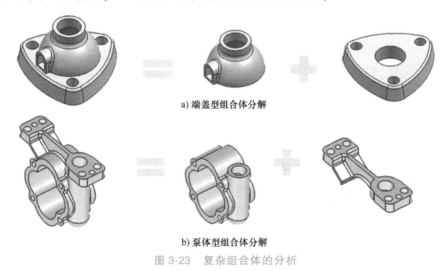

a) 端盖型组合体分解

b) 泵体型组合体分解

图 3-23　复杂组合体的分析

3.3　组合体的构形设计

在产品设计的时候,根据功能要求,应构思由哪些几何基本形体来实现,还要构思采用哪一种组合和相对位置来满足功能要求。这样一个构思组合体的形状、大小并表达出来的过程称为组合体的构形设计。

组合体的构形设计把空间想象、形体构思与表达三者有机地结合起来。这不仅能促进构形和表达能力的提高，还能发展空间想象能力，同时在构形设计中还有利于发挥设计人员的创造性。另外，在设计时还应该考虑更多的问题，例如安装空间、和其他零件的协调等。

3.3.1　组合体的构形原则

任何一个产品其设计过程都可分为三个阶段，即产品概念设计、产品结构设计和产品工艺设计。

1）产品概念设计是由分析用户需求到生成概念产品的一系列有序的、可组织的、有目标的设计活动。构形设计在这个阶段主要以功能分析为核心，基于用户的需求寻求最佳的构形概念。

2）产品结构设计是针对产品内部结构、机械部分的设计。一个好的产品首先要实用，因此，产品设计首先考虑的是功能，其次才是形状。构形设计是产品结构设计中的重要组成部分。

3）产品工艺设计主要是将概念设计和结构设计的模型进一步转化为工程上可制造的模型，以实现产品模型的可加工性，最终生产出真正高质量的零件、部件成品。构形设计对工艺方案的选择和工艺设计的过程都有着根本的影响。

组合体的构形设计是零件构形设计的基础。组合体构形一般遵循以下原则：

1）以几何体构形为主，形状和大小必须满足功能要求。

一般地，各种形体的形成都是有规律的，其形成的原因与用途有关，主要由三部分结构组成，即工作部分、安装部分和连接部分。组合体构形设计一方面应该尽可能体现工程产品或零部件的结构形状和功能，另一方面又不强调必须工程化。如图3-24所示的组合体，基本表现了一部卡车的外形，但并不是所有细节都完全表达出来。

图 3-24　粗略表达卡车外形的组合体

2）组成各部分的基本形体尽可能简单，但是各形体间相互协调、造型美观，构形设计力求新颖、多样。

构成一个组合体所使用的基本体类型、组合方式和相对位置应尽可能多样化，并力求打破常规，构想出与众不同的新颖方案，如图3-25所示，同一功能性的零件，可以有多种方案构思，做到既保证了基本的功能性，同时又可体现出设计的多样性和新颖性，并兼顾美观性和协调性。

3）在满足功能要求的前提下，零件结构应该力求简单，并且确保构成实体和便于成型。

a. 两立体之间不能以点接触、线接触和面连接的情况。如图3-26所示。接触线 L 不能把两个体构

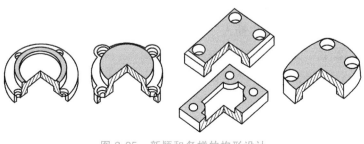

图 3-25　新颖和多样的构形设计

成一个实体，连接面 P 没有厚度，不是体，这些都是构形设计中需要避免的。

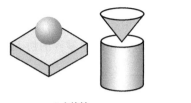
a) 点接触

b) 线接触

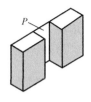
c) 面连接

图 3-26　不能出现点接触、线接触和面连接

b. 构形应简洁、和谐、美观，一般使用平面立体和扫掠体来构形。无特殊需要时，不使用复杂曲面立体，这样有利于制造。

c. 封闭的内腔不便于成形，一般不要采用，如图 3-27 所示。

3.3.2　仿真粗加工的设计特征与基准特征

NX 提供了一系列的命令，用于建立和编辑组合体模型，主要包括仿真粗加工的设计特征与基准特征。

图 3-27　封闭内腔

1. 仿真粗加工的设计特征

NX 的设计特征功能提供了在毛坯上生成各种类型的孔、槽、腔体、凸台、凸垫等特征的能力，以仿真在毛坯上移除或添加材料的加工，从而创建模型的实体粗略结构。

（1）仿真粗加工的设计特征命令

1）向毛坯添加材料，如凸台（圆柱凸台、圆锥台）、垫块（矩形凸垫、通用凸垫），可以使用"凸起"和"拉伸"命令实现。

① 在"建模"应用模块中，可以通过下面路径选择"凸起" 命令。

a. 功能区：选择"主页"选项卡→"基本"→"更多"→"细节特征"→"凸起"命令。

b. 菜单：选择"插入"→"设计特征"→"凸起"命令。

② 在"建模"应用模块中，可以通过下面路径选择"拉伸" 命令。

a. 功能区：选择"主页"选项卡→"基本"→"拉伸"命令。

b. 菜单：选择"插入"→"设计特征"→"拉伸"命令。

2）由毛坯减去材料，如孔、腔体、键槽、槽，可以用"孔""凸起""拉伸"和"槽"命令实现。

① 在"建模"应用模块中，可以通过下面路径选择"孔" 命令。

a. 功能区：选择"主页"选项卡→"基本"→"孔"命令。

b. 菜单：选择"插入"→"设计特征"→"孔"命令。

② 在"建模"应用模块中，可以通过下面路径选择"槽" 命令。

a. 功能区：选择"主页"选项卡→"基本"→"更多"→"细节特征"→"槽"命令。

b. 菜单：选择"插入"→"设计特征"→"槽"命令。

3）用户定义特征：可添加或减去材料。

在"建模"应用模块中，可以通过下面路径选择"用户定义特征" 命令。

a. 功能区：选择"主页"选项卡→"基本"→"更多"→"特征工具"→"用户定义"命令。

b. 菜单：选择"工具"→"用户定义特征"命令。

仿真粗加工的设计特征如图 3-28 所示。

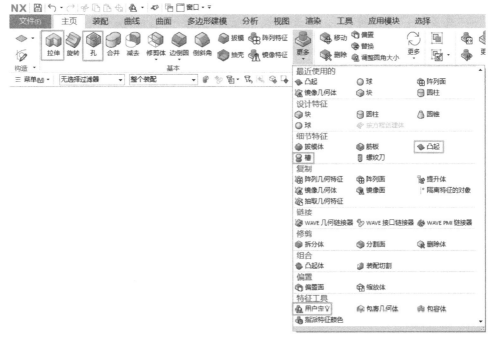

图 3-28　仿真粗加工的设计特征

（2）通用概念　在运用仿真粗加工的相关命令设计时，通常需要使用草图来定义添加或者去除材料的形状及定位、选择安放表面、定义设计特征的长度方向等。

① 安放表面：指定义设计特征的放置表面。建立此类设计特征时，需要选择一个适当的安放表面，其中孔、拉伸一般使用草图平面，槽的安放表面必须为圆柱形或者锥形，凸起的安放表面可为曲面。

② 水平参考：指定义设计特征的长度方向，在创建草图时定义。

③ 定位尺寸：指定义设计特征在放置表面上的位置。

若在楔形块上建立键槽，可以使用拉伸命令来实现，选择上表面作为草图平面，其长边为水平参考，如图 3-29 所示。图 3-30 所示为键槽的定位尺寸。

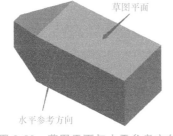

图 3-29　草图平面与水平参考方向

图 3-30　键槽定位尺寸

【案例 3-2】 创建仿真粗加工模型

运用仿真粗加工的一些设计特征建立图 3-31 所示的组合体模型。

操作步骤：

1）建立底板。选择"主页"选项卡→
"基本"→"更多"→"设计特征"，单击"长
方体" 命令，选择原点和边长的方式，
在图形窗口中指定原点，并输入长 60mm、
宽 100mm、高 20mm，建立图 3-32 所示的长
方体。

【案例 3-2】创建
仿真粗加工模型

图 3-31 组合体模型

2）建立矩形凸垫。选择"主页"选项
卡→"基本"，单击"拉伸" 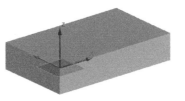 命令，选择底板的上表面作为草图放置平面，进入"草图"
模块创建矩形，其三边与长方体的边共线，如图 3-33 所示，创建水平尺寸并编辑为"40"，
完成草图；在"拉伸"对话框中定义拉伸参数，如图 3-34 所示，单击"确定"，结果如
图 3-35 所示。

图 3-32 长方体

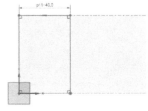

图 3-33 定义草图

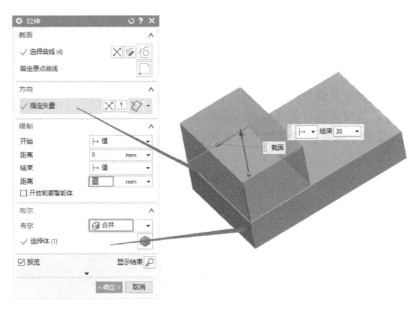

图 3-34 定义拉伸参数

3）建立矩形腔体。单击"拉伸" 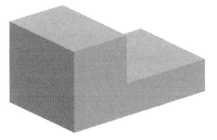命令，再单击"绘制截面" 命令，选择凸垫的上表面作为草图放置平面，选择如图3-36所示方向作为水平参考方向，选择边的端点作为草图原点，单击"确定"进入草图环境，创建草图及尺寸，完成草图；在"拉伸"对话框中输入参数，如图3-37所示，单击"确定"，建立矩形腔体如图3-38所示。

图 3-35 矩形凸垫

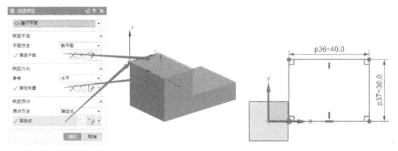

图 3-36 定义草图

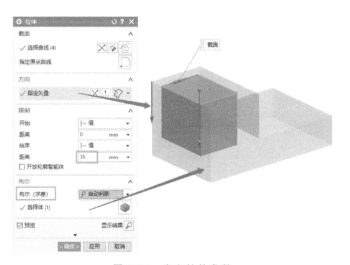

图 3-37 定义拉伸参数

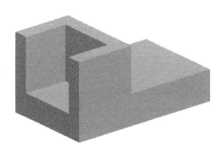

图 3-38 矩形腔体

4）建立凸起部分。单击"主页"选项卡→"基本"→"更多"→"细节特征"→"凸起" 命令，如图3-39a所示选择矩形腔体的侧面作为草图放置平面，创建草图，选择点到直线的垂直距离及定义凸台圆心到边的距离，定位尺寸如图3-39b所示，最后单击"完成"退出草图。然后进入"凸起"对话框，如图3-40所示，建立凸起部分如图3-41所示。

5）创建孔。单击"主页"选项卡→"基本"→"孔" 命令，打开"孔"对话框，选择凸台上表面的中心作为孔中心，并在对话框中输入孔的直径10mm和深度30mm，如图3-42所示，单击"确定"钻孔完成，如图3-43所示。

6）建立凸台并创建孔。在腔体的另一侧面，建立同样的凸台并创建孔，如图3-44所示。可以使用"用户自定义特征"功能，选择"工具"→"用户定义特征" →"向导"→

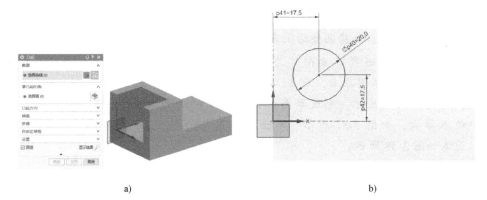

a)

b)

图 3-39　定义草图

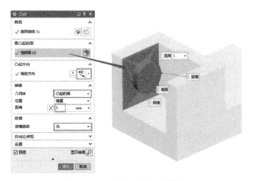

图 3-40　"凸起"对话框

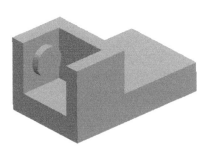

图 3-41　建立凸起部分

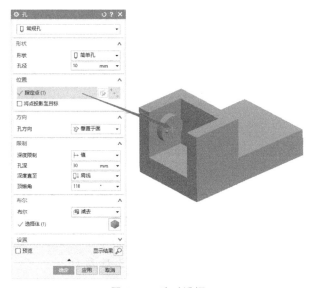

图 3-42　孔对话框

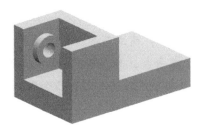

图 3-43　创建孔

定义名称及部件名字→"下一步"→选择需要定义的特征，这里添加"草图"，选择"凸起和孔"→"下一步"→添加一些用户可编辑的表达式，单击"完成"，再选择"工具"→"用户定义特征"→"插入"命令，选择"参考"，单击"确认"，操作过程如图 3-44 所示。

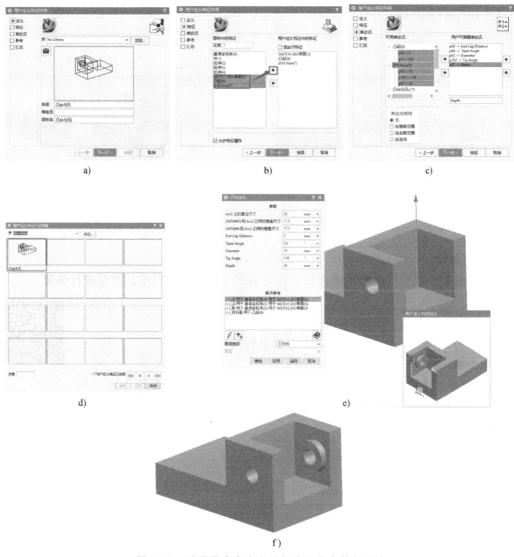

a)　　　　　　　　　　　　b)　　　　　　　　　　　　c)

d)　　　　　　　　　　　　　　　e)

f)

图 3-44　采用用户自定义特征建立凸台并创建孔

7）建立键槽。单击"拉伸" 命令，再单击"绘制截面" 命令，选择底板的上表面作为草图放置平面，创建图 3-45 所示的草图，完成草图；在"拉伸"对话框中输入参数，单击"确定"，如图 3-46 所示。

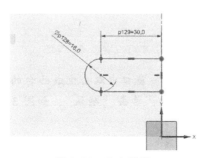

图 3-45　定义草图

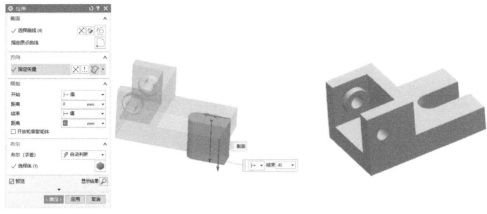

图 3-46　建立键槽

2. 模型编辑

在建模过程中，可以对特征的参数、放置表面、位置、孔和槽的类型进行编辑。

【案例 3-3】　模型编辑

【案例 3-3】
模型编辑

以图 3-31 所示组合体模型为例，介绍模型的编辑方法。

操作步骤：

1）编辑特征参数：在"部件导航器"窗口中双击生成矩形腔体的"拉伸"特征。修改拉伸结束距离为 40mm，单击"确认"，如图 3-47a 所示。随之模型更新，如图 3-47b 所示。

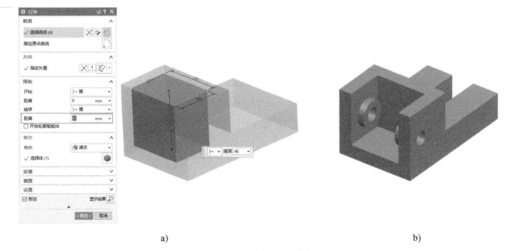

a)　　　　　　　　　　　　　　　　　　　　b)

图 3-47　编辑特征参数

2）重新附着：在"部件导航器"窗口中双击生成凸台的"凸起"特征，如图 3-48a 所示。重新选择外侧面作为要凸起的面，单击"确认"，如图 3-48b 所示。随之模型更新，如图 3-48c 所示。

3）更改类型：在"部件导航器"窗口中双击"孔"特征，打开"孔"话框。在孔类

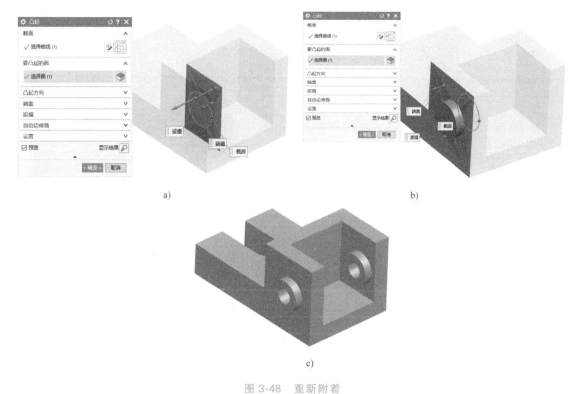

图 3-48　重新附着

型下拉菜单中选择"钻形孔"，如图 3-49a 所示；在形状组中选择需要的标准、大小并修改孔径，如图 3-49b 所示，单击"确认"，更新模型。

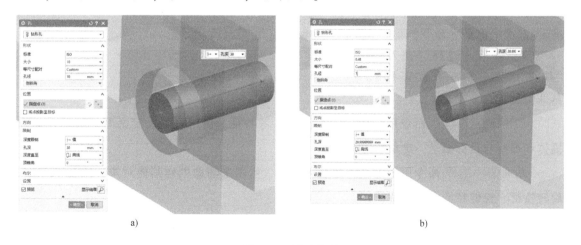

图 3-49　更改类型

4）编辑定位尺寸：在"部件导航器"窗口中选择"凸起"特征，单击右键→"编辑草图"，进入"草图"模块。双击水平尺寸 17.5mm，在尺寸对话框中将其改为 20mm，如图 3-50a 所示；单击"确认"，再单击"完成"退出草图环境，模型随之更新，如图 3-50b 所示。

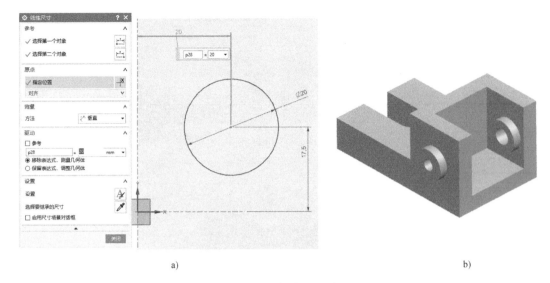

a)   b)

图 3-50　编辑定位尺寸

3. 基准特征

在三维建模过程中，基准特征作为重要的辅助设计工具，可以作为三维模型设计时的参考或基准，用来确定实体特征、草图、曲面等的空间位置。基准特征包括"基准平面""基准轴"和"基准坐标系"。基准特征如图 3-51 所示。

可以通过下面路径选择基准特征命令：

（1）功能区　选择"主页"选项卡→"构造"→"基准平面/基准轴/基准坐标系"命令。

（2）菜单　选择"插入"→"基准/点"→"基准平面/基准轴/基准坐标系"命令。

图 3-51　基准特征

"基准平面"　◆　命令用于建立一平面的参考特征，可用来辅助定义其他特征，如扫描体和那些与目标面呈一定角度的特征。

"基准轴"　✎　命令用于定义线性参考对象，可用来辅助创建其他对象，如基准平面、旋转特征、拉伸特征和阵列特征。

"基准坐标系"　⊥　命令用于建立一组由下列参考对象组成的坐标系：坐标系；原点；三个基准平面；三个基准轴。这些参考对象可以用来关联其定义下游特征的位置和方向。

基准特征可以是相对的或是固定的。相对基准特征是关联到其他已存在的对象上，是相关参数化的特征，可以在对话框上勾选"关联"选项来创建。固定基准特征是固定在它建立的位置上，与其他对象不相关，可以在对话框上不勾选"关联"选项来创建。虽然基准特征并不是实际三维模型的一部分，但它在建模中有着广泛的应用，可以辅助设计者更好地完成设计任务。

【案例3-4】　基准特征的应用

通过基准特征定位建立组合体模型。

操作步骤：

1）打开文件3_52.prt，实体模型如图3-52所示。确认后进入"建模"  应用模块。

2）创建基准坐标系。

选择"基准坐标系" 命令，选择圆柱顶面的中心，创建图3-53所示的基准坐标系。

3）创建球体。

选择"球" 命令，以步骤2）中新建的基准坐标系原点为中心点，布尔运算合并生成球体，直径为50mm，如图3-54所示。

图3-52　实体模型

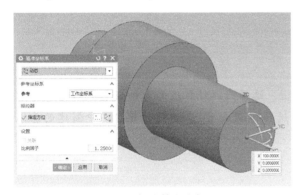

图3-53　创建基准坐标系

图3-54　创建球体

4）创建基准面。

选择"基准平面" 命令，选择"点和方向"类型，选择球表面上的任意点，勾选"偏置"选项，偏置距离设置为10mm，创建图3-55所示的基准平面。

5）创建草图。

选择"草图" 命令，在步骤4）中新建的基准平面上创建图3-56所示的草图。

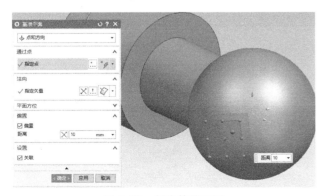

图3-55　创建基准平面

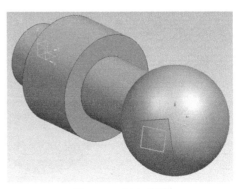

图3-56　创建草图

6）创建凸起特征。

选择"凸起" 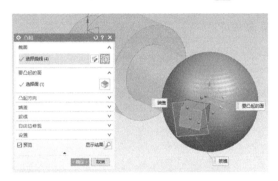命令，选择草图作为截面曲线，选择球面作为要凸起的面，创建图 3-57 所示的凸起特征。

7）创建基准轴。

选择"基准轴" 命令，选择"交点"类型，选择图 3-58 所示凸起特征上的两个面来创建基准轴，单击"反向"图标 改变轴方向。

图 3-57　创建凸起特征

图 3-58　创建基准轴

8）创建孔。

选择"孔" 命令，选择"常规孔"类型，选择凸起特征顶面上的任意点作为孔的位置，设置孔径为 5mm，孔深为 10mm，孔方向选择"沿矢量"，选择步骤 7）中创建的基准轴作为方向，创建的孔如图 3-59 所示。

3.3.3　组合体的构形设计

1. 以叠加为主的组合体构形

这类组合体由多个基本体通过叠加方式构成。不同的基本体可以组成不同的组合体，相同的几个基本体通过改变其相对位置，也可组成不同的组合体。因此，叠加型组合体的构形设计关键在于确认各基本体的结构形状、叠加次序和它们的相互位置关系，进而确定它们的表面连接关系，正确建立其三维模型。

现以轴承座为例说明此类组合体的构形过程。应用形体分析法，将轴承座分解为五部分：底板 1、圆筒 2、支撑板 3、肋板 4 和凸台 5，如图 3-60 所示，并分析它们的连接方式。

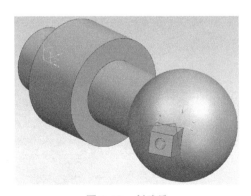

图 3-59　创建孔

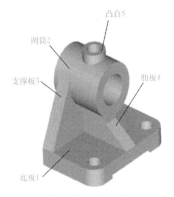

图 3-60　轴承座

对于叠加型组合体，首先多次运用叠加运算建立轴承座的主体结构；然后，分别在主体结构的底板、圆筒和凸台上创建孔；再在底板切出两个圆角，最终建立轴承座的三维模型。图 3-61 所示为轴承座的构形设计过程，图 3-62 所示为轴承座的 CSG 树。

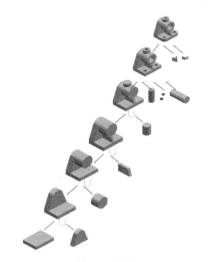 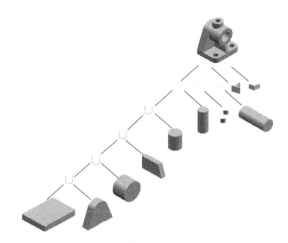

图 3-61　轴承座的构形设计过程　　　　　图 3-62　轴承座的 CSG 树

2. 以切割为主的组合体构形

这类组合体可看成是由基本体通过切口、开槽、穿孔等方式形成的，将一个基本体挖切一次即可得到一个新的表面，该表面可以是平面、曲面、斜面，可凹、可凸、可挖空等，变换切割方式和切割面间的相互关系，即可生成多种组合体。

该类型组合体的构形设计的关键是根据设计表面及交线（截交线和相贯线）的形状，想象出所要切割的基本体的形状，进而建立其主体模型，然后在主体模型上创建孔、切倒角、开槽等，最终形成所需的模型。

现以支架为例说明此类组合体的构形过程。该组合体的原始形状是长方体，图 3-63 所示为支架的构形设计过程。图 3-64 所示为支架的 CSG 树。

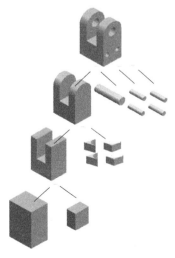 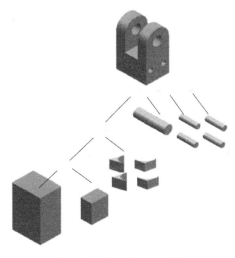

图 3-63　支架的构形设计过程　　　　　图 3-64　支架的 CSG 树

3. 复合式的组合体构形设计

同时运用叠加式和切割式的构形方法构成组合体，称为复合式的组合体构形设计，这是构成组合体最常见的方式。

运用复合式的组合体构形设计，即叠加式和切割式构形相结合的方式构成轴承盖模型。图 3-65 所示为其 CSG 树。

4. 通过 NX 软件建立组合体模型

以轴承座套为例，下面介绍在 NX 软件创建组合体模型的方法和过程。

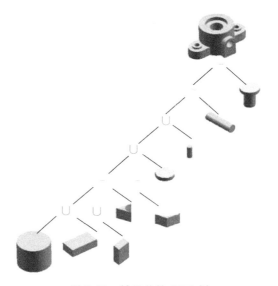

图 3-65　轴承盖的 CSG 树

【案例 3-5】　创建轴承座套模型

形体分析：轴承座套由底板、直立圆柱腔体、凸台三个部分组成，如图 3-66 所示。该轴承座套可以采用以叠加为主的构形方法，先建立底板，将其与圆柱腔体和凸台进行叠加运算，形成轴承座套的主体结构，再在上面创建孔，最终生成轴承座套模型。其 CSG 树如图 3-67 所示。

图 3-66　轴承座套模型

【案例 3-5】
创建轴承座
套模型

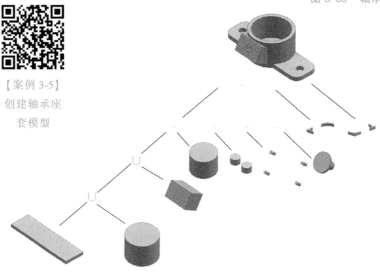

图 3-67　轴承座套的 CSG 树

操作步骤：

1）建立底板。根据其形状特点，可以用截面曲线拉伸而成。

① 单击"草图" ✐ 命令，重置"草图"对话框，使草图坐标系与工作坐标系重合，单

击"确定"。

② 在草图中绘制一个"矩形" ▭，矩形长 350mm，高 100mm，并在 X 轴和 Y 轴方向对称，可以通过矩形的四条边的中点绘制两条线并将其转换为"参考线"，然后添加约束，使参考线与草图坐标系的 X 轴和 Y 轴共线，如图 3-68 所示。

③ 选择"拉伸"命令，弹出"拉伸"对话框，如图 3-69 所示，在"曲线规则"中选择"特征曲线"，选择新创建的草图。输入拉伸起始值为 0，拉伸终止值为 15mm，并选择 ZC 轴方向为拉伸方向，从而建立底板。

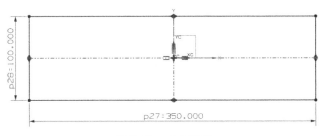

图 3-68　建立矩形

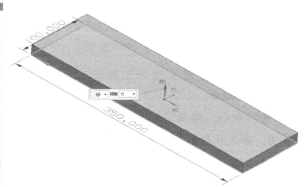

图 3-69　底板模型

2）建立直立圆柱，可以使用体素特征中的"圆柱体" 命令来创建。

选择"圆柱体" 命令，弹出"圆柱体"对话框，重置对话框，输入高度值为 100mm，直径为 160mm，并选择 ZC 轴方向为圆柱体的矢量方向，工作坐标系的原点为圆柱体底面圆心。"布尔"选项选择"合并" 合并，选择底板合并，如图 3-70 所示。

3）建立凸台。

① 为了建立凸台，首先在已有模型上建立一

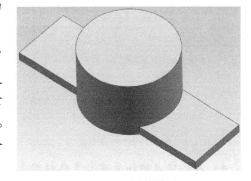

图 3-70　圆筒模型

个新的基准坐标系。选择"主页"选项卡→"构造"→"基准坐标系" 命令，选择"偏置坐标系"，参考项为"选定坐标系"，选择基准坐标系（0）；选择坐标系偏置项为"先旋转"，偏置选项为"笛卡尔坐标"，Y＝10mm，Z＝125mm，旋转角度 X＝60°，单击"确定"，如图 3-71 所示。

② 单击"草图" 命令，重置"草图"对话框，指定坐标系中选择新建基准坐标系的

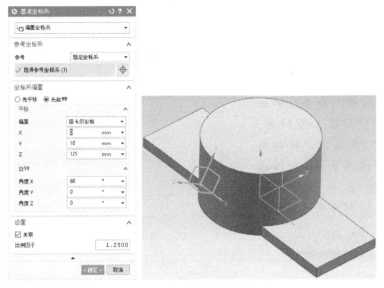

图 3-71　建立新的基准坐标系

XY 平面，单击"确定"，创建图 3-72 所示矩形，矩形长 100mm，高 60mm，并在新基准坐标系的 X 轴和 Y 轴方向对称。

③ 选择"拉伸"命令，弹出"拉伸"对话框，在"曲线规则"中选择"特征曲线"，选择新创建的草图。输入拉伸起始值为 0，拉伸结束选项为"直至选定" →|直至选定|，选择圆柱面，"布尔"选项选择"合并"，单击"确定"，如图 3-73 所示。

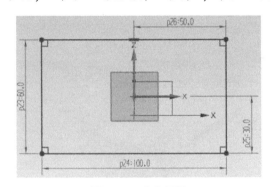

图 3-72　建立矩形

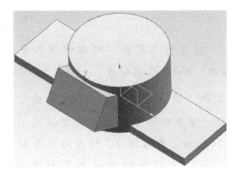

图 3-73　建立凸台

4）在已建立的轴承座套主体结构上创建孔。

① 选择"主页"选项卡→"基本"→"孔"命令，打开"孔"对话框，选择"常规孔"→"简单孔"，在对话框中输入孔直径为 135mm，孔深度为 87mm，顶锥角为 0°，选择圆柱体的上表面作为安放面，指定位置点为上圆柱面中心点，如图 3-74 所示。

② 创建底座安装孔，选择"常规孔"→"简单孔"命令，在对话框中输入孔直径为 26mm，孔深度为"贯通体"，单击"位置"→"绘制截面" |⑥|命令，

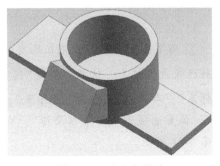

图 3-74　建立大圆孔

绘制孔的位置点，如图 3-75a 所示，创建孔的结果如图 3-75b 所示。

③ 创建凸台安装孔，第一个孔为"沉头孔" ⬚沉头，沉头直径为 25mm，沉头深度为 3mm，孔径 10mm，孔位置为基准坐标系（1）的原点，孔的深度设置为"直至下一个" ⬚直至下一个，如图 3-76 所示。

创建第二组凸台安装孔，孔的类型为"简单孔"，孔径为 6mm，孔深为 12mm，顶锥角为 0°。单击"位置"→"绘制截面" ⬚命令来绘制孔的四个阵列位置点，阵列值 X 轴方向为 76mm，Y 轴方向为 36mm。位置点和打孔结果如图 3-77 所示。

5）创建底座边倒圆。单击"主页"选项卡→"基本"→"边倒圆"命令，打开"边倒圆"对话框，重置对话框。选择底座上与 Z 轴方向平行的四条边，设置半径为 30mm，单击"确定"，结果如图 3-78 所示。

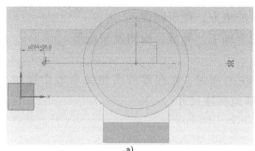

a)

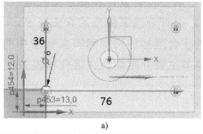

a)

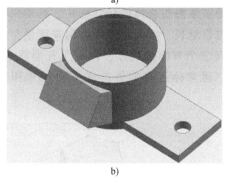

b)

图 3-75　创建底座安装孔

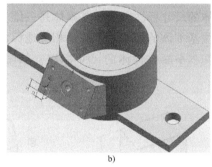

b)

图 3-77　创建凸台阵列安装孔

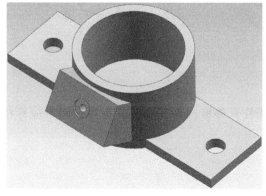

图 3-76　创建凸台沉头安装孔

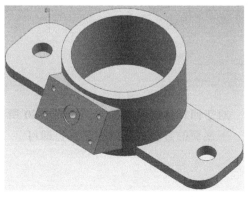

图 3-78　创建底座边倒圆

3.4　组合体的尺寸标注

组合体模型不仅反映了产品零件的三维实体形状，也包含了真实的尺寸大小及位置关系等信息。为了有利于工程表达与交流，展现组合体的几何尺寸和组合体各部分的相对位置关系，常常需要在组合体模型上标注尺寸，这也是表达形体的重要手段之一。在组合体模型上标注尺寸的基本要求如下：

1）将确定组合体各部分形状大小及相对位置的尺寸标注完全，不遗漏、不重复。

2）尺寸布置要整齐、清晰，尽量注写在明显的地方，便于阅读。

3）既要符合设计和制造工艺等要求，又要利于加工、测量、检测及装配等。

4）要符合国家标准的有关规定。

关于合理标注尺寸和国家标准中有关尺寸标注的规定，将在零件图相关章节中详细介绍。本节主要介绍如何在组合体模型上完整、清晰地标注尺寸。

3.4.1　基本体的尺寸标注

基本体的尺寸是组合体尺寸的重要组成部分。为了掌握组合体的尺寸标注，必须先熟悉基本体的尺寸标注方法。基本体是三维实体，一般需要沿长、宽和高三个方向来度量，因此在标注基本体的尺寸时，也要相应地标出长、宽和高三个方向的尺寸，以确定其形状大小。对于基本平面拉伸体的尺寸标注，如图 3-79 所示，通常标注拉伸体的底平面尺寸和高度尺寸。

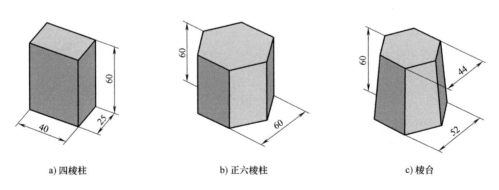

a) 四棱柱　　　　　　　　　b) 正六棱柱　　　　　　　　　c) 棱台

图 3-79　拉伸体的尺寸标注

对于回转体的尺寸标注，如图 3-80 所示，圆柱只要标注直径和高度即可；圆台应标注上、下底面的直径；圆球标注直径即可。

3.4.2　尺寸种类

组合体模型的尺寸标注一般包括以下三类尺寸：

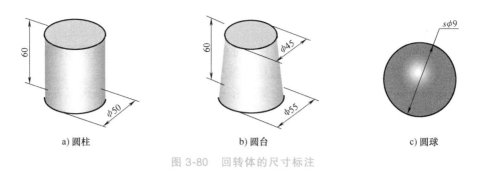

a) 圆柱　　　　　　　　b) 圆台　　　　　　　　c) 圆球

图 3-80　回转体的尺寸标注

（1）定形尺寸　确定各基本体或简单体形状和大小的尺寸称为定形尺寸，如图 3-81 和图 3-82 所示直径、半径和长、宽、高等尺寸。

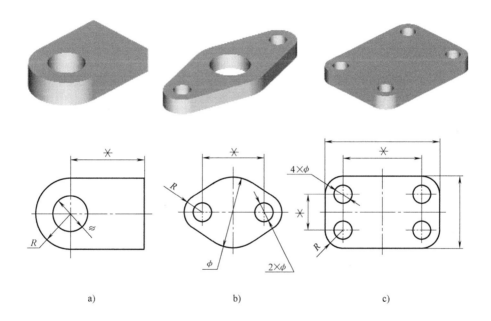

a)　　　　　　　　　　b)　　　　　　　　　　c)

图 3-81　尺寸标注示例之一

（2）定位尺寸　确定各基本体或简单体之间相对位置的尺寸称为定位尺寸，如图 3-81 和图 3-82 中带 "∗" 号的尺寸，包括孔中心和某边的距离，或者两个孔中心之间距离等尺寸。

（3）总体尺寸　表示物体长、宽、高三个方向的最大尺寸称为总体尺寸，如图 3-82 中带 "△" 号的尺寸。需要注意的是，在标注总体尺寸时，当遇到图形的一端为圆或圆弧时，往往不标注总体尺寸。

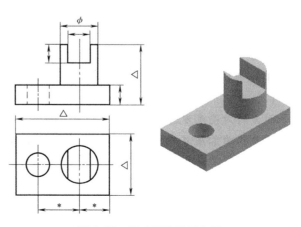

图 3-82　尺寸标注示例之二

— 71 —

3.4.3 尺寸基准

尺寸基准是指尺寸的起始位置，是度量尺寸的起点，简称基准。通常选择某主要基本体的底面、端（侧）面、对称平面以及回转体的轴线作为尺寸基准。

组合体在长、宽、高三个方向上至少都要有一个尺寸基准，有基准面或者基准线，如图3-83所示。基准面包括长度基准，如左右对称面或左（右）端面；宽度基准，如前后对称面或后端面；高度基准，如上下对称面或底平面。基准线则包括对称中心线和回转轴线。

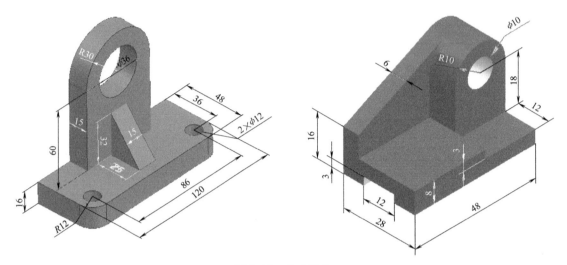

图 3-83　尺寸标注

3.4.4 标注尺寸的方法和步骤

组合体由基本体组合而成，在标注尺寸时也需要应用形体分析法，将其分解成几个基本体，再进行尺寸标注。因此，组合体的尺寸标注过程，一般包括以个步骤：首先按形体分析法将组合体分解为若干基本体；再考虑各基本体的定形尺寸；接着选定长、宽、高三个方向的尺寸基准；然后逐个标注各基本体的定形尺寸和定位尺寸；最后在此基础上标注组合体的总体尺寸。

下面以轴承座为例，说明标注组合体尺寸的方法和步骤。

（1）标注定形尺寸　轴承座由底座、套筒、支承板和肋板四部分组成。标注尺寸时，应逐个注出各部分的定形尺寸，包括套筒、支承板、肋板、底板和两个圆柱孔的定形尺寸。如图3-84所示。

（2）标注定位尺寸　给各个基本体标注定位尺寸前，首先要确定尺寸基准。选择底板底平面 B 作为高度方向尺寸基准，选择底板后侧面 A 作为宽度方向尺寸基准，选择对称平面 C 分别作为长度方向尺寸基准。然后相对于这些基准，分别为各基本体标注定位尺寸。长度方向对称于基准 C，所以，长度方向定位尺寸不必注出。如图3-85所示。

（3）标注总体尺寸　确定组合体总长、总宽、总高的尺寸，包括轴承座总长、总宽和套筒中心高。组合体的总体尺寸也是底座的定形尺寸，不必重复标出。由于轴承座顶面为圆柱面，标出套筒中心高即可。如图3-86所示。

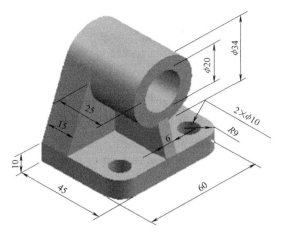

图 3-84　轴承座的定形尺寸

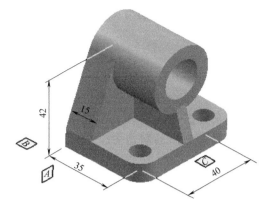

图 3-85　轴承座的尺寸基准和定位尺寸

（4）检查修改所有尺寸　对已标注的尺寸按照正确、完整、清晰的要求进行检查，如有不妥，则作适当调整修改。

3.4.5　尺寸标注的建议和注意事项

为了确保组合体尺寸标注的完整性、清晰性、合理性和正确性，建议考虑以下几点建议：

1）根据组合体的整体形状，做好分析和规划，确定组合体由哪些基本体组成，分别标注每个基本体的定形尺寸和定位尺寸。

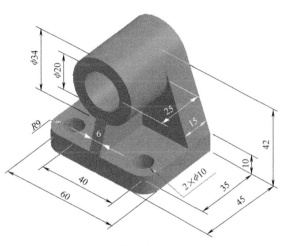

图 3-86　轴承座的总体尺寸

2）结合组合体的形体特点，选择合适的尺寸基准。通常选择形体的对称平面、底面、端面、轴线等作为尺寸基准。

3）遵循严密和有序的方式标注尺寸，可避免遗漏和重复的尺寸标注。

4）同一基本体的定形尺寸以及有联系的定位尺寸应尽量集中标注，并且尺寸尽量标注在图形之外，必要时也可标注在图形内。

5）尺寸线、尺寸界线与轮廓线应尽量避免相交，因此在同一方向上的尺寸应尽可能做到小尺寸标注在内，大尺寸标注在外面。

6）标注尺寸要排列整齐，同一方向上几个连续尺寸应尽量标注在同一条尺寸线上，使尺寸标注较为整齐。

7）在标注尺寸时，有时会出现不能兼顾以上各点的情况，必须在保证尺寸完整、清晰的前提下，根据具体情况，统筹安排，合理布置。

同时，在标注组合体尺寸时，还需要注意以下几点事项：

1）当组合体出现交线时，不可直接标注交线的尺寸，而应该标注产生交线的形体或截面的定形、定位尺寸。

2）确定回转体的位置时，应确定其轴线位置，而不应确定其轮廓线位置。

3）考虑到零件加工等因素，视图中不应出现封闭尺寸链。

4）当以对称平面为尺寸基准时，应标注完整的尺寸，而不能只标注一半。

3.4.6　使用 NX 标注组合体尺寸

PMI（Product & Manufacturing Information）应用提供了在 3D 模型中标注产品信息的一种机制，可标注几何公差、3D 注释（文字）、表面粗糙度以及材料规格等信息，将所有与设计意图、工装、制造和检测相关的信息在单一的资源中存档，从而将设计信息正确传递到产品制造中。PMI 应用模块如图 3-87 所示。在菜单中也可以找到对应的 PMI 功能组。

图 3-87　PMI 应用模块

【案例 3-6】标注支座模型尺寸

以图 3-88 所示支座为例，介绍在 NX 软件利用 PMI 标注尺寸的方法和过程。

操作步骤：

1）打开文件 3_88. prt。

2）通过形体分析可知支座由底板、直立圆柱腔体和凸台三个部分组成。

3）选择基准。以底板的底面为高度基准，以直立空心圆柱轴线为长度基准，以前后对称面为宽度基准，如图 3-89 所示。

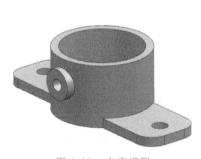

图 3-88　支座模型

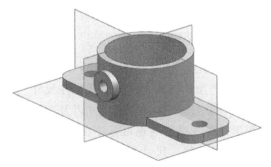

图 3-89　选择主要尺寸基准

4）逐个注出各基本体的定形尺寸和定位尺寸。

图 3-90a 所示为标注直立空心圆柱及与其相交空心圆柱（凸台）的定形、定位尺寸，其中"60""90"为定位尺寸。图 3-90b 所示为标注底板的定形、定位尺寸。

5）标注总体尺寸。

组合体的总体尺寸有时也会是较大基本体中的定形尺寸，组合体总高 100mm 是直立圆筒的定形尺寸，不必重复标注。对已标注的尺寸，按正确、完整、清晰的要求进行检查，如有不妥，则作适当调整和修改。支架的全部尺寸标注如图 3-91 所示。

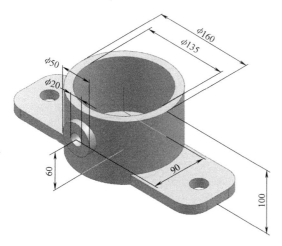

a) 模型定形、定位尺寸

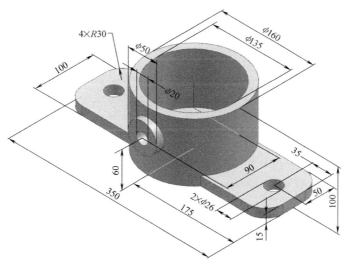

b) 底板定形、定位尺寸

图 3-90　标注定形尺寸和定位尺寸

图 3-91　支架的全部尺寸

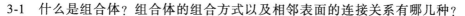

3.5　习题

3-1　什么是组合体？组合体的组合方式以及相邻表面的连接关系有哪几种？

3-2　什么是形体分析法？说明它在组合体建模和尺寸标注中的作用。

3-3　何为 CSG 表示法？

3-4　组合体构形应考虑哪些原则？

3-5　尺寸标注的基本要求是什么？

3-6　何谓尺寸基准？

3-7 尺寸标注应注意哪些问题？

3-8 建立下列组合体模型。

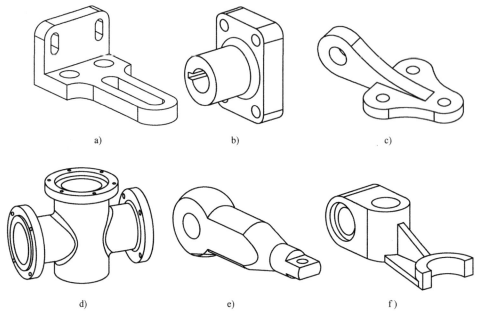

a)   b)   c)

d)   e)   f)

练习图（1）

3-9 采用 CSG 树表示下列组合体的构成，并在 NX 上建立组合体模型。

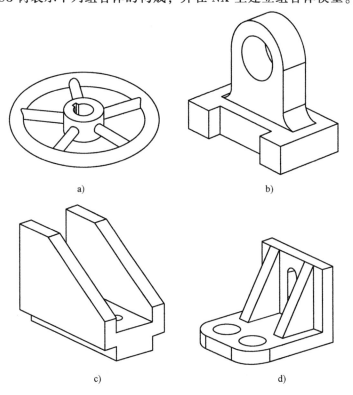

a)   b)

c)   d)

练习图（2）

3-10 建立下列组合体模型，并标注尺寸。

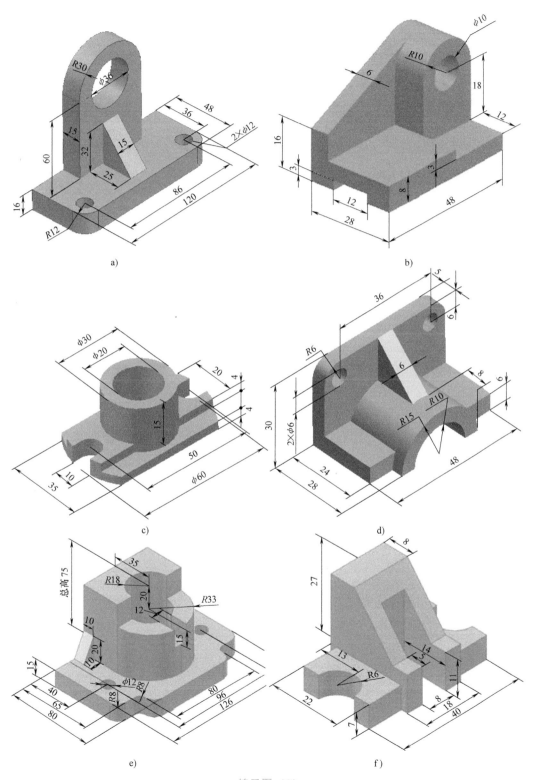

a)

b)

c)

d)

e)

f)

练习图（3）

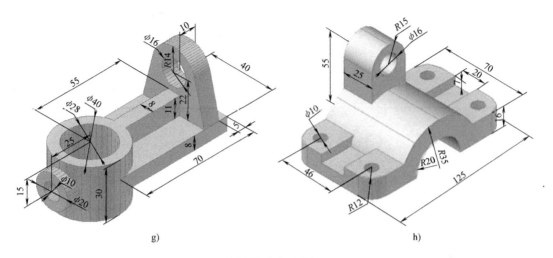

g)

h)

练习图（3）（续）

第4章
CHAPTER 4

构形设计与建模

本章介绍产品的机械零件的构形设计方法、设计准则以及制造工艺的一些基础知识；还将介绍利用 NX 软件正确建立产品零件模型的常用方法。

4.1 构形设计

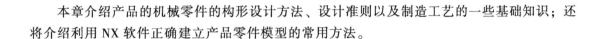

在第 3 章中讨论了组合体的构形设计，突出的是几何构形。但是，真实产品的机械零件（简称零件）与组合体是不完全相同的。

零件是组成机器的最小加工单元。零件具备一定的实际功能，同时要考虑设计、加工、安装、使用等因素。零件的最大特点在于，它不是孤立存在的，它一定是某机器部件里的一个组成单元，零件的各部分结构形状是有功用的，这些结构形状是由零件在机器中的作用、与其他零件的连接关系和制造工艺上的要求决定的。

根据零件在机器中的作用、装配连接关系以及工艺要求，对一个零件的几何形状、尺寸、工艺结构等进行分析和造型的过程称为零件构形设计。零件不能单纯从几何角度去构形，要考虑零件在机器中的地位和作用。因此，进行零件构形设计时必须了解以下几点：

1）零件的形状与其加工过程、加工方法有何关系。

2）零件之间通常有哪些装配关系。

3）零件在使用、维护中要考虑哪些因素等。

在零件设计的实际过程中，除了考虑上述问题外，还应考虑强度、刚度和经济性等问题。

4.1.1 产品构形设计概述

在产品设计中，将根据对产品的功能要求，决定产品的外形、各部分的配置及总体结构的过程称为构形设计。产品进入商品市场，首先给人以直觉印象的就是外观形状和色调。所以产品的构形设计是一个与商品价值密切相关的重要问题。

1. 构形设计应满足的基本要求

（1）实用 这是构形设计首先应达到的基本要求。产品的各部分功能都必须有确定的结构来实现，总功能要符合设计要求，使产品性能稳定可靠，技术先进，使用方便；另外，构形应适于功能表达，不论在整体或者局部，结构的形状和尺寸都应有利于功能的实现。

（2）经济性 即制造过程中使用最少的财力、物力、人力和时间而得到最大的经济效益，使产品经济实惠。

（3）简单明确 应使可见的、不同的功能环节或零部件数减少到最低限度，重要的功能操作部件和监视部件、仪表的布置方式和位置一目了然，使操作者操作简单、方便、动作明确。

（4）美观 产品构形在满足实用性、经济性的前提下，应保证产品有较高的美学水平，满足时代的审美要求。

2. 产品构形的形态变化方法

随着时代的发展，人们对产品形态的审美爱好发生了变化，例如机械式手表、缝纫机等在不改变功能原理和结构关系的前提下，主要进行形态变化而形成新产品。

（1）基本结构单元的不同组合使产品产生构形变化 按基本结构单元的空间排列方式以及个别基本结构单元的数量与大小产生一定的变化，其构形形态即可产生多种变化，形成各种不同形态的产品。以汽车为例，可将基本结构单元分为发动机、驾驶室、客货空间和车轮。按上面所说的变化，可形成轿车、小客货车、小三轮、大客车、双层客车、双节客车等。

（2）形态变化法 零部件的接触表面承担一定功能的称为功能表面。通过功能表面及自由表面的变化可使产品产生构形变化。对于选定的功能表面，可以变化的参数有四个：数量、位置、形状及大小。例如小轿车不同车头的构形，就是在保证有前照灯、前向灯、进风口、保险杠等的基本要求下，仅改变几何形状与尺寸，便形成多种款式的前脸构形。

3. 合理构形的一般原则

（1）与满足功能要求有关的构形原则 为了简化产品和零部件结构，在构形设计中可使一个零件或部件同时承担几个功能，这样可以减少零部件数目，简化加工和装配，并能减轻产品重量和体积。具体做法是将运动情况相同、位置相近、实现不同功能的零件组合在一起，形成模块结构。采用模块化结构也是简化装配的有效途径。使用典型模块，不经加工或修配就能组合成不同规格、不同用途的产品，可以在更大范围内减少零件数量，降低加工成本。

（2）与满足强度要求有关的原则

1）等强度原则是为了充分利用材料而采取的原则，它要求零件构形时应合理选择其剖面，力求使零件受力均匀。例如在齿轮传动设计中，调整啮合参数，可使该对齿轮轮齿的弯曲或齿面接触强度接近相等。

2）力流传递最短原则。一般零部件构形时，应尽量使力流传递路线最短。因为零件受力后必有变形，力流传递路线越短，零件上承载区越小；力流传递路线越长，零件承载区域也就越大。为减少各处的变形或保持有足够的强度，只有放大尺寸，这样将使零部件体积和重量增加。例如直拉杆两端受拉力，力流路线最短；当将杆做成弓形结构两端受拉力时力流路线长，有附加弯矩产生，当强度相同时，杆件变形、宽度尺寸及重量均较大，设计时应尽量避免。

（3）稳定性原则　对于静止的或只做缓慢运动且外观看来较重的产品，应该在布置上力求使其重心得到稳固的支承。根据力学原理，稳定的基本条件是物体重心必须在物体的支撑面以内，其重心越低、越靠近支撑面的中心部分其稳定性越大。为了增强产品的稳定性，可使构形体底部较大、向上逐渐减少，这样可降低重心，以获得稳定性，在心理上易形成安稳、宏伟的视觉效果。对于某些产品视觉稳定性差或需加强视觉稳定的构形对象，可以利用色彩对比，增强下部色彩的浓度（或暗度），达到增加下部重量感的方法来加强稳定性。

（4）运动特性　对一些特殊的产品，如汽车、摩托车等具有较高运动速度的产品，既要求构形中体现很强的稳定性，又必须表现出稳定中的运动特性。因此构形中在形体的线型和色彩装饰等方面都注意加强视觉感。例如，轿车的车身构形，除了常采用长条梯形以增加稳定性外，还常采用具有动感的曲线、曲面形成所谓的流线形来反映运动特性，而且在水平方向的腰线上，表现出各种动态线，以增强高速感。

4.1.2　零件构形设计要求

零件的构形设计过程中，必须满足设计要求和工艺要求。由设计要求确定零件的主体结构，由工艺要求确定零件的局部结构。零件的内部结构和外部形状以及各相邻结构间应相互协调。

1. 满足设计要求的构形

从设计要求方面看，零件在机器（或部件）中，可以起到支承、容纳、传动、配合、连接、安装、定位、密封和防松等功能，这是决定零件主体结构的依据。零件的合理构形是指在满足设计性能要求的前提下，尽可能使零件形状简单、便于制造、结构紧凑、重量轻和成本低。

零件根据其作用及结构，通常分为轴类、轮盘类、箱体类、叉架类和标准件等。尽管零件的作用和结构多种多样，但大体上分成三大组成部分，如图4-1所示。

（1）工作部分　工作部分使零件满足一定的功能要求。这部分是为实现零件的主要功能而设计的主要结构部分，在机械产品工作运行的过程中，这部分应具有良好的工作性能。工作部分形状通常取决于其内部所包容的零件的形状和运动情况。对于这类零件，内腔形状（工作部分）是主要的。工作部分的构形原则是"由内定外"。先对内部形状进行构形，外部形状基本上与内部形状相仿。这样构形使得结构紧凑，可达到良好的效果。

（2）安装部分　安装部分指与其他零件连接和安装。装配体内部零件间的装配称为连接，而装配体对外连接称为安装。安装部分通常做成安装板、底座、凸台等形式。安装部分构形时应保证零件在工作时安全可靠，要考虑被连接的零件。这一部分常常包含多个需要和其他零件连接的部分，并且分布在不同的安装位置。

（3）连接部分　连接部分用于把零件上的工作部分与安装部分连接起来。所以这部分的形状取决于工作部分和安装部分的形状。当工作部分离安装部分较远时，常需要连接和支承部分，连接和支承部分的构形应使相邻结构间相互协调。有时连接部分可能发生变形或退化，与其他部分重合。例如，对于大部分箱体零件，其箱体的外形就可看作是连接部分。

构形时一般考虑的顺序是先工作部分，再安装部分，最后连接部分。

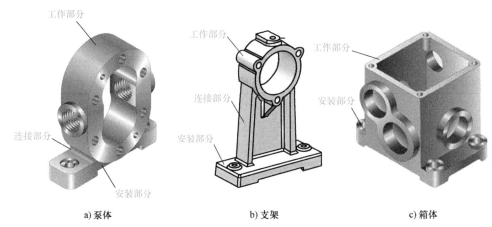

a) 泵体   b) 支架   c) 箱体

图 4-1 泵体、支架、箱体类零件的总体构成

2. 满足工艺要求的构形

零件的构形除需满足上述设计要求以外，从工艺要求方面来看，为了使零件的毛坯制造、加工、测量以及装配和调整工作能更顺利、方便地进行，应设计出铸造圆角、拔模斜度、倒角、退刀槽等结构，这是确定零件局部结构的依据。下面介绍一些常见工艺对零件结构的要求，作为零件构形设计时的参考。

（1）与铸造工艺相关的零件构形

1）铸件圆角。铸件表面相交处应有圆角，以免铸件冷却时产生缩孔或裂纹，同时防止脱模时砂型落砂，如图 4-2 所示。

2）起模斜度。为了在铸造时便于将木模从砂型中取出，铸件在内外壁沿起模方向应有斜度，称为起模斜度，如图 4-3 所示。

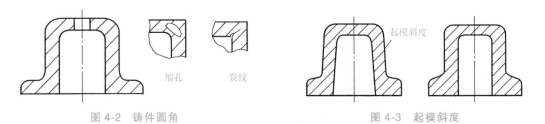

缩孔   裂纹   起模斜度

图 4-2 铸件圆角   图 4-3 起模斜度

3）铸件壁厚均匀。用铸造方法制造零件的毛坯时，为了避免浇注后零件各部分因冷却速度不同而产生残缺、缩孔或裂纹，规定铸件壁厚不能小于某个极限值，且各处壁厚应尽量保持相同或逐渐过渡，如图 4-4 所示。

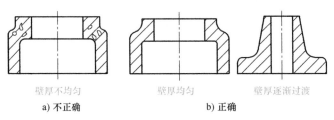

壁厚不均匀   壁厚均匀   壁厚逐渐过渡

a) 不正确   b) 正确

图 4-4 铸件壁厚

4）铸件各部分形状应尽量简化。为了便于制模、造型、清理、去除浇冒口和机械加工，铸件外形应尽可能平直，尽量减少分型面；同时为了避免厚薄悬殊的截面，需要的时候可以添加工艺孔，如图4-5所示。

（2）与机械加工相关的零件构形

1）倒角。为了去除零件上因机械加工产生的毛刺，也为了便于零件装配，一般在零件端部做出倒角，如图4-6所示。

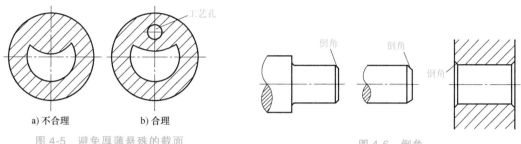

图 4-5 避免厚薄悬殊的截面　　　　　　　图 4-6 倒角

2）退刀槽和砂轮越程槽。为了在切削加工时便于退刀，不致使刀具损坏，常在待加工表面的末端预先加工出退刀槽和砂轮越程槽。砂轮越程槽与退刀槽的结构是一样的，为磨削方便而开的槽称为砂轮越程槽，为车削方便而开的槽称为退刀槽，如图4-7所示。

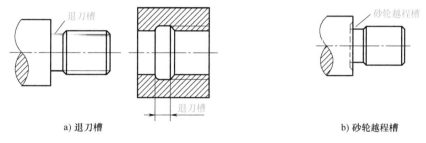

a) 退刀槽　　　　　　　　　　　　　　b) 砂轮越程槽

图 4-7 退刀槽和砂轮越程槽

3）钻孔端面。钻孔是指用钻头在零件实体上加工出孔的操作。为了避免钻孔偏斜或者钻头折断，需要预留钻孔端面，如图4-8所示。

4）凸台、凹坑和凹腔。为了减少机械加工量及保证两表面接触良好，零件上与其他零件接触的表面一般都要加工。因此，在零件上常有凸台、凹坑和凹腔结构，如图4-9所示。

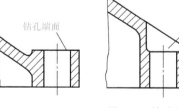

图 4-8 钻孔端面

（3）与零件性能、寿命相关的零件构形

1）避免应力集中。零件构形设计过程中应避免出现尖角和棱角，多使用圆角过渡，避免应力集中，如图4-10所示。

2）增强刚度。在需要增强刚度的位置局部添加加强肋或者肋板，如图4-11所示。

3）减轻零件重量。通过局部加强与整体减薄相结合的方式，实现减轻零件整体重量的目的。

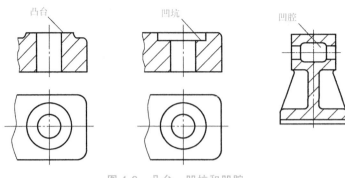

图 4-9 凸台、凹坑和凹腔

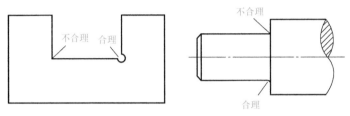

图 4-10 避免应力集中

4) 延长使用寿命。通过局部采用复合材料的构形设计，实现延长使用寿命的目的。例如，某铝制零件的连接凸缘经常拆卸，螺纹部分极易损坏，致使整个零件报废。如果在铝制零件上嵌入一钢制螺纹套，可相应提高整个零件的使用寿命。

（4）与材料性能相关的零件构形

零件构形需要注意肋板的受力方向。如图 4-12 所示，铸铁悬臂支架的构形设计过程中，使铸铁支架的加强肋受拉力的方案欠妥。相比之下，选择加强肋受压力的方案才能更好地发挥铸铁材料良好的抗压特性。

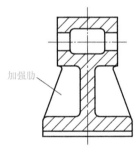

图 4-11 加强肋

3. 满足其他需求的构形

一般情况下，从设计要求和工艺要求出发确定主要结构形状和局部结构形状，是可以满足产品设计的基本要求。但是随着科学技术的不断进步，文化水平不断提高，人们对产品的要求也越来越高，不仅要求产品能用，而且要求产品轻便、经济和美观，这需要进一步从美学的角度来考虑产品结构形状。因此，

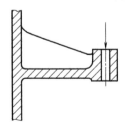

a) 不合理

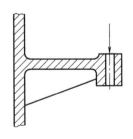

b) 合理

图 4-12 铸铁悬臂支架设计方案的选择

需要具备一些工业美学、造型科学的知识，才能设计出更好的产品。

4.1.3 NX 仿真精加工的特征操作

第 3 章已经介绍了仿真粗加工的设计特征，下面介绍仿真精加工的特征操作。

特征操作主要包括"细节特征""复制""链接""修剪""偏置"等特征,如图 4-13 所示。(如果在功能区中找不到相应命令,可从资源条的"角色"选项卡中进入"高级角色"模式,或者通过"定制"功能将相应命令显示在功能区中,其他命令类似。)

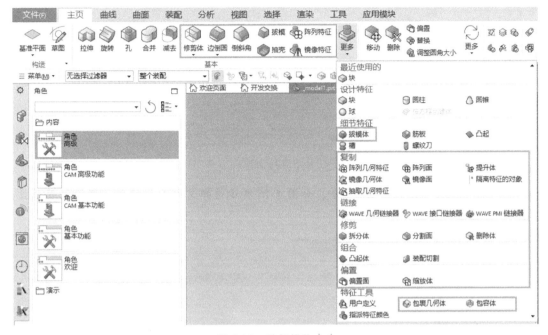

图 4-13 特征操作命令

(1) 细节特征 包括边倒圆、倒斜角、面倒圆、拔模和拔模体等。

(2) 复制和链接 包括阵列几何特征、镜像几何体、阵列面、抽取几何特征、WAVE 几何链接器和 WAVE 接口链接器等。

(3) 修剪 包括修剪体、拆分体、分割面、修剪片体、延伸片体和删除体等。

(4) 偏置 包括抽壳、加厚、偏置曲面、偏置面、缩放体、包裹几何体和包容体等。

在"建模"应用模块中,可以通过下面路径选择以上相应命令:

(1) 功能区 选择"主页"选项卡→"基本"命令。

(2) 菜单 选择"插入"→"细节特征""复制""链接""修剪""偏置"命令。

下面的案例演示特征操作在零件建模中的应用。

【案例 4-1】 生成精加工零件模型

操作步骤:

1) 打开文件 4-14. prt,毛坯模型如图 4-14 所示。确认后系统进入"建模" 🛠 应用模块。

2) 抽壳。选择"抽壳" ⬡ 命令,抽壳类型为"打开",如图 4-15 所示选择三个橙色端面作为开放面,厚度设为 1.5mm,选择三个绿色圆柱面为备选厚度面,厚度设为 2mm。

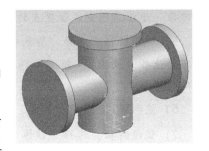

图 4-14 毛坯模型

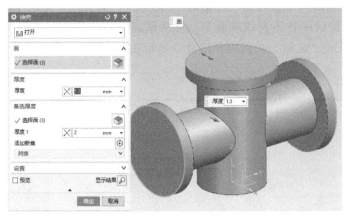

图 4-15　抽壳

3）加厚。选择"加厚" 命令，如图 4-16 所示选择需要加厚的面，厚度偏置值设为 1mm，进行布尔合并操作。

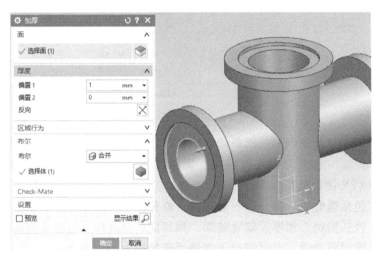

图 4-16　加厚

4）生成孔。选择"孔" 命令，选择"常规孔"类型。指定位置点时，在对话框上单击绘制截面图标并选择如图 4-17a 所示平面进入草图环境，建立一个点并按照图 4-17b 所示定位，退出草图完成位置点的绘制。孔径设为 1mm，深度限制为"直至下一个"。

5）阵列特征。选择"阵列特征" 命令，选择步骤 4）所创建的孔特征形成阵列，阵列布局选择"圆形"，如图 4-18 所示定义旋转轴，间距选择"数量和间隔"，数量设为 4，间隔角为 90°。

6）边倒圆。选择"边倒圆" 命令，如图 4-19 所示选择边创建半径为 0.5mm 的边倒圆。

7）镜像特征。选择"镜像特征" 命令，选择步骤 3）~步骤 6）所创建的"加厚""孔""阵列特征"和"边倒圆"特征进行镜像，如图 4-20 所示选择"基准坐标系（8）"的 ZX 平面作为镜像平面。

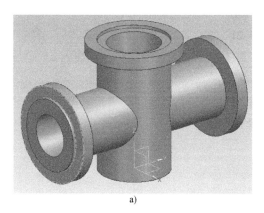
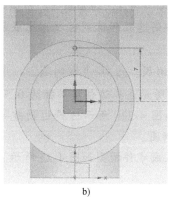

a)   b)

图 4-17   生成孔

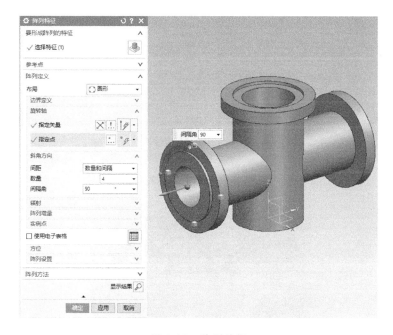

图 4-18   阵列特征

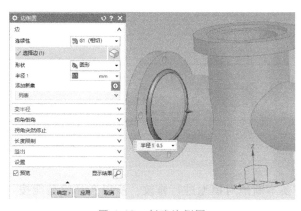

图 4-19   创建边倒圆

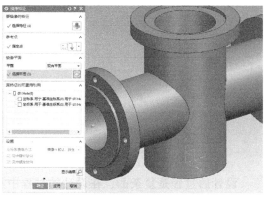

图 4-20   镜像特征

8）参考步骤4）和步骤5）的操作，在中间端进行创建孔和阵列特征，生成图 4-21 所示模型。

9）边倒圆。选择"边倒圆"  命令，如图 4-22a 所示选择边创建半径为 0.5mm 的边倒圆，如图 4-22b 所示选择边创建半径为 1mm 的边倒圆。

10）生成零件模型如图 4-23 所示。

图 4-21　中间端细节

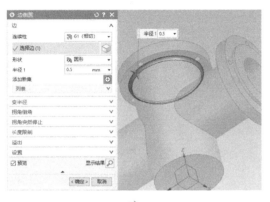

a)

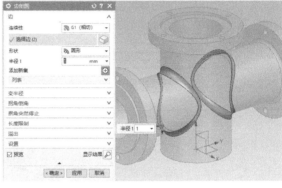

b)

图 4-22　创建边倒圆

图 4-23　生成零件模型

4.2　NX 全相关参数化建模技术

设计的过程是复杂的，在设计的过程中需要不断地对模型进行修改，所以产品模型能按照设计意图进行灵活地修改是至关重要的。

NX 提供了很多参数化建模的方法，包括草图约束、表达式以及电子表格等，它们建立了各结构尺寸和参数之间的关系，将设计意图准确地融入到产品模型中，实现零件的全相关参数化设计。

4.2.1 草图约束

在草图中通过约束可以精确地完成对草图对象的定义，NX 具有完善的系统参数自动提取功能，在草图设计时，它能将输入的尺寸约束作为特征参数保存起来，并且在此后的设计中进行可视化修改，从而达到参数化建模的目的。尺寸驱动是参数驱动的基础，实现尺寸驱动的前提是使用尺寸约束。在 NX 中，尺寸约束的特点是将形状和尺寸联合起来考虑，通过尺寸约束实现

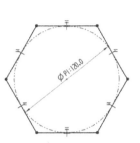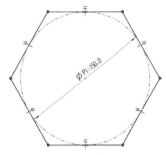

图 4-24　编辑草图尺寸

对几何形状的控制。尺寸驱动是在二维草图里面实现的，当改变尺寸约束的值，草图对象的形状和大小也会随之变化，如图 4-24 所示。

4.2.2 表达式

NX 在基于特征的建模模块中提供了各种标准设计特征，各标准特征突出关键特征尺寸与定位尺寸，特征尺寸与定位尺寸能很好地传达设计意图，并且易于调用和编辑，也能创建特征集，方便对特征进行管理。在 NX 中特征参数与表达式之间相互依赖，互相传递数据，提高了表达式设计的层次，使设计信息可以用工程特征来定义。通过定义表达式并与参数建立联系，使参数与模型的控制尺寸之间建立对应的关系，可以很方便地将尺寸关联起来以实现参数化，如图 4-25 所示。不同部件中的表达式也可通过链接来协同工作，即一个部件中的某一表达式可通过链接其他部件中的另一表达式建立某种联系，当被引用部件中的表达式被更新时，与它链接的部件中的相应表达式也被更新。

在"建模"应用模块中，可以通过下面路径选择"表达式" ══ 命令，表达式驱动模型如图 4-25 所示。

（1）功能区　选择"工具"选项卡→"实用工具"→"表达式"命令。

（2）菜单　选择"工具"→"表达式"命令。

4.2.3 电子表格

NX 的"电子表格" 命令提供了 Microsoft Excel 或 Xess 与 NX 间的智能接口。在"建模"应用模块中，NX 电子表格是高级的表达式编辑器，信息可以从部件被抽取到电子表格里，可在 Microsoft Excel 或 Xess 环境下对电子表格进行编辑修改。表格驱动的界面及软件内函数为全相关参数化设计提供了方便而有力的工具。

在"建模"应用模块中，可以通过下面路径选择"电子表格"命令，如图 4-26 所示。

（1）功能区　选择"工具"选项卡→"实用工具"→"电子表格"。

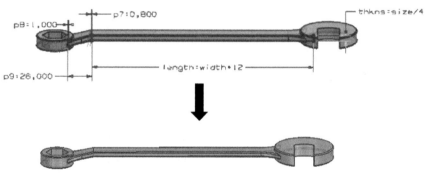

图 4-25　表达式驱动模型

表达式驱
动模型

（2）菜单　选择"菜单"→"工具"→"电子表格"。

在使用 NX 建立产品模型时，为了充分发挥系统的设计优势，首先应当充分了解设计意图、认真分析产品的结构，预先构思好产品各个部分之间的关系，然后用 NX 提供的设计及编辑工具把设计意图反映到产品模型上，使产品各个部分产生一定的关联，以达到参数化建模的目的。

【案例 4-2】　参数化建模

运用参数化技术建立图 4-27 所示的零

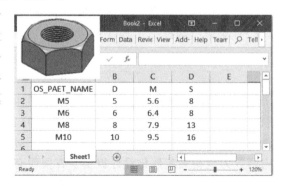

图 4-26　电子表格

件模型，要求轴径、孔位高度、支撑角度、支座宽度 A 及底座长度 B 能根据设计要求的变化而变化。

操作步骤：

1) 启动 NX 软件，新建一零件模型，单位为 mm。

2) 选择"工具"选项卡→"表达式" = 命令，打开"表达式"对话框，在表达式中设置 A = 50mm，B = 120mm，d = 24mm，h = 32mm，angle = 60°，如图 4-28 所示。

【案例 4-2】
参数化建模

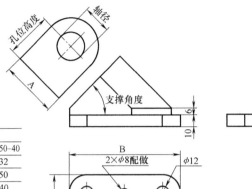

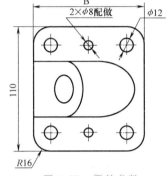

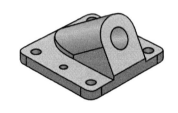

零件规格及参数表			
	24-32-60	25-40-45	32-50-40
轴径	24	25	32
孔位高度	32	40	50
支撑角度	60	45	40
A	50	50	60
B	120	100	110

图 4-27　零件参数

图 4-28　"表达式"对话框

3) 建立底板。

选择"主页"选项卡→"基本"→"更多"→"块"，在"长方体"对话框中，输入长方体的长、宽和高，并单击"长度"参数右边的"添加"图标，选择"公式"，如图 4-29a 所示，打开"表达式"对话框，在对话框中双击表达式"B"，从而建立长方体的长度与表达式 B 的联系，如图 4-29b 所示；建立长方体，如图 4-29c 所示。

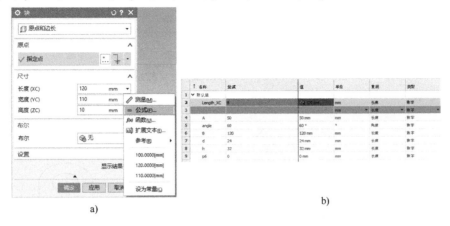

a)

b)

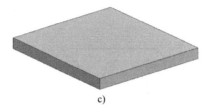

c)

图 4-29　建立底板

4）建立基准。

① 选择"主页"选项卡→"基准平面" ，选择长方体的上表面，距离设为 6mm，单击"应用"建立水平基准面；选择长方体的侧面，距离设为 0mm，单击"应用"建立垂直基准面，如图 4-30a、b 所示。

② 选择"主页"选项卡→"基准轴" ，选择水平基准面和垂直基准面，单击"确定"建立基准轴，如图 4-30c 所示。

③ 选择"主页"选项卡→"基准平面" ，选择基准轴和水平基准面，将角度设为 60°，单击"确定"建立基准面，如图 4-30d 所示。

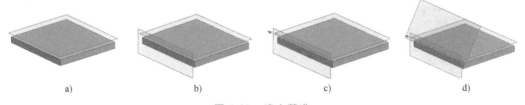

a)　　　　　　　　b)　　　　　　　　c)　　　　　　　　d)

图 4-30　建立基准

5）建立、定位草图。

在与水平面呈 60°的基准面上建立草图，并施加图 4-31 所示的几何约束和尺寸约束，建立与表达式孔位高度 h、支座宽度 A 的联系，保证草图到基准轴的距离为 0mm、草图到侧面的距离为 (110-A)/2mm，单击"完成草图"图标，退出草图环境。

6) 建立支座。

① 拉伸草图。选择"主页"选项卡→"基本"→"拉伸" 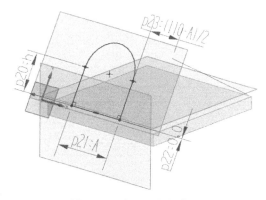，打开"拉伸"对话框，选择草图作为拉伸截面，将结束方式设置为"直至选定"，选择水平基准面，草图被拉伸到水平基准面，如图 4-32a 所示；拉伸结果如图 4-32b 所示。

② 选择拉伸体的底边，拉伸到底板的上表面，如图 4-32c 所示；拉伸结果如图 4-32d 所示。

图 4-31 建立、定位草图

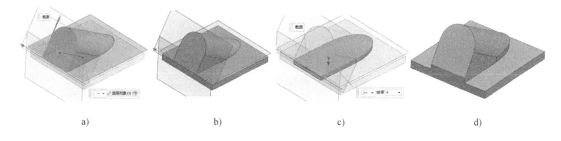

a)   b)   c)   d)

图 4-32 建立支座

7) 在支座上创建通孔，孔径等于 d，孔与支座的外圆柱面同轴，如图 4-33 所示。

8) 边倒圆 R = 16mm，创建 φ12mm 孔，如图 4-34a、b 所示；创建 φ8mm 孔并使孔保持在 B/2 处，如图 4-34c 所示，创建孔结果如图 4-34d 所示。

9) 编辑表达式。选择"工具"选项卡→"表达式"，打开"表达式"对话框，编辑表达式的值：A = 40mm，B = 90mm，h = 28 mm，angle = 45°，如图 4-35 所示，单击"确定"，零件模型被更新，如图 4-36 所示。

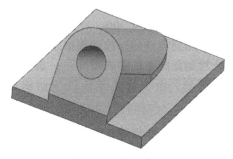

图 4-33 建立支座

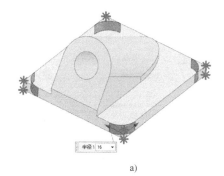

a)

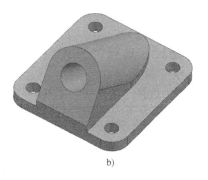

b)

图 4-34 边倒圆及创建孔

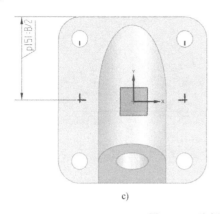

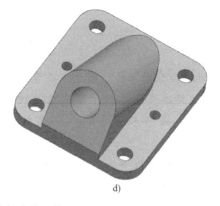

c)   d)

图 4-34　边倒圆及创建孔（续）

	↑ 名称	公式	值	单位		量纲		类型	
1	∨ 默认组								
2				mm	▼	长度	▼	数字	▼
3	A	40	40 mm	mm	▼	长度	▼	数字	
4	angle	45	45 °	°	▼	角度	▼	数字	
5	B	90	90 mm	mm	▼	长度	▼	数字	
6	d	24	24 mm	mm	▼	长度	▼	数字	
7	h	28	28 mm	mm	▼	长度	▼	数字	

图 4-35　"表达式"对话框

图 4-36　编辑后的零件模型

4.2.4　部件族

机械产品中有 30%～70% 的零件是标准件或非标常用件，相同类型的标准件规格也很多，并形成系列，如果针对如此庞杂的系列零件一一造型，其工作量将是非常繁重的。由于这些零件往往结构相似仅尺寸不同，NX 提供了"部件族"功能，设计人员只需根据类型及规格参数从零件族中选取相应的零件模型，然后将其装配在相应位置即可，避免了重复工作，节省了设计时间。

在"建模"应用模块中，可以通过下面路径选择"部件族"命令：

（1）功能区　选择"工具"选项卡→"实用工具"→"部件族"命令。

（2）菜单　选择"菜单"→"工具"→"部件族"命令。

【案例 4-3】　部件族操作

操作步骤：

1）打开文件 4-37_part_family_valve_template.prt，打开"部件族"对话框，如图 4-37 所示，选取表达式

图 4-37　"部件族"
对话框

【案例 4-3】
部件族操作

中的 *hndl_dia*、*hub_dia*、*hub_hole_rad* 作为控制参数，添加到选定的列中。

2）选择"建立"命令进入 Excel 工作表，在表中输入标准件的规格尺寸，录入零件控制参数的值；

3）建立家族成员。在 Excel 表中选择输入的各行参数，选择"部件族"→"创建部件"，建立 170431、170432、170433、170434 各家族成员，如图 4-38 所示。

4）保存部件族并退出 Excel 工作表。

5）使用家族成员。在装配环境中，添加已存部件，选择特定参数与属性。零件模板作为装配件引入主模型，在匹配成员列表里选择需要的规格，生成相应规格的零件。

利用 NX 提供的相关参数化建模功能，能够方便编辑修改参数，加速设计进程。在相关参数化模型基础上，借助零件族的 Excel 工作表，可以快速准确地创建标准件、通用零件及产品系列化设计的三维模型库，提高设计质量和效率。

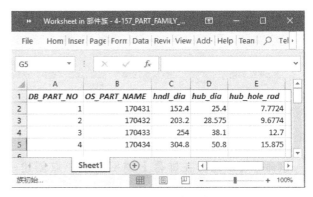

图 4-38　控制参数表

4.3　自由曲面设计

曲面作为实体建模的补充，可以通过创建自由外观曲面，构建复杂的产品。因此，曲面建模常用于构造标准建模方法无法创建的复杂形状，即不能利用体素、成型特征或含有直线、弧等草图构建的形状。它既能生成曲面（片体，即零厚度实体），也能生成实体。

4.3.1　曲线设计

曲线是曲面建模的基础。曲线功能应用非常广泛，它可以建立实体截面的轮廓线、结构线，通过扫掠、拉伸、拟合等方式构造三维实体。

曲线可以通过点、数学表达式来创建，如图 4-39a 所示，也可以通过抽取、投影、相交、桥接已有曲线等方式来创建，如图 4-39b 所示。在 NX 的"曲线"选项卡中，可以找到相应的命令。

在本节中，主要分别介绍这几种曲线创建方式的常用命令。

1. 艺术样条

在"建模"应用模块中，可以通过下面路径选择"艺术样条" 命令：

（1）功能区　选择"曲线"选项卡→"基本"组→"艺术样条"命令。

（2）菜单　选择"插入"→"曲线"→"艺术样条"命令。

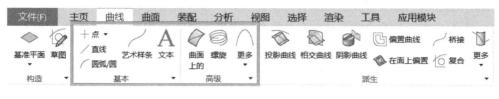

a)

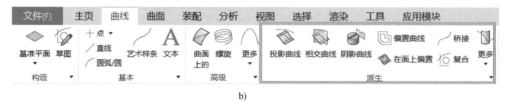

b)

图4-39 "曲线"选项卡

该命令可以通过在屏幕上捕捉的数个点创建一条通过这一系列点的曲线，如图4-40所示。

"艺术样条"对话框如图4-41所示。

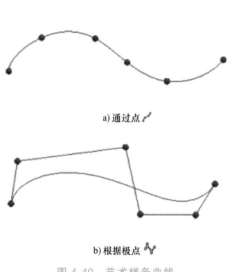

a) 通过点

b) 根据极点

图4-40 艺术样条曲线

图4-41 "艺术样条"对话框

"艺术样条"不仅可以创建二维曲线，也同样可以创建三维曲线。指定点可以在屏幕上任意位置，也可以捕捉到已有点、线、边、面的位置。

【案例4-4】 艺术样条操作

操作步骤：

1）打开文件 ids1_game_controller_1.prt，如图4-42所示，确认后进入"建模"模块。

2）单击"曲线"选项卡→"艺术样条" 命令，在对话框右上角单击"重置"图标

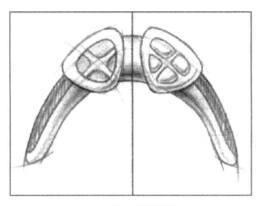，并设置对话框选项，如图 4-43 所示。

① 选择"根据极点" 类型。

② 在"参数化"组中，勾选"单段"。

③ 在"制图平面"组中，选择"XC-YC"平面 。

④ 在"移动"组中，选择 WCS→"XC-YC"平面 。

3）在"捕捉点"工具栏中，打开"点在曲线上" ，并将第一个点捕捉到中心线上，然后创建后续四个点。拖动各个点的位置并确保曲线基本贴合手柄的外轮廓线，如图 4-44 所示。

图 4-42 原始模型

图 4-43 设置"艺术样条"对话框

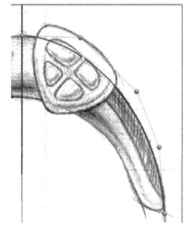

图 4-44 右侧外轮廓线

4）修改起始点的切向量，以保证其垂直中心平面。

① 将鼠标移至第一个点，单击鼠标右键，在弹出的菜单上选择"指定约束"，如图 4-45 所示。

② 旋转模型以便看到位于中心线处的基准面。选中左侧切向量手柄（球状手柄），接着选择 Y-Z 基准面，从而确保切向量垂直于中心基准面，如图 4-46 所示。

5）移动其他点，再次调整其他点的位置以确保曲线基本贴合手柄的外轮廓线。

6）单击"确定"，创建曲线，如图 4-47 所示。

7）按照同样的步骤创建右侧内轮廓线，如图 4-48 所示。

8）单击"曲线"选项卡→"艺术样条" 命令，在对话框右上角单击"重置"图标 ，并设置对话框选项，如图 4-49 所示。

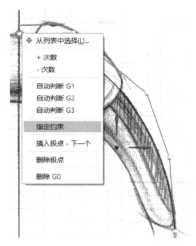

图 4-45　修改起始点约束

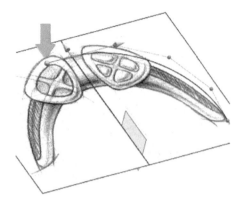

图 4-46　起始点切向量垂直于中心基准面

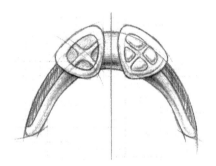

图 4-47　右侧外轮廓线

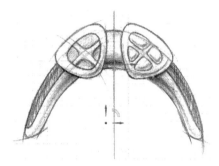

图 4-48　右侧内轮廓线

① 选择"通过点" 类型。

② 在"参数化"组中，设置"次数"为 2。

③ 在"制图平面"组中，选择"XC-YC"平面 。

9）在"捕捉点"工具栏中，打开"端点" ，将第一个点捕捉到内侧轮廓线的下端点，并将最后一个点捕捉到外轮廓线的下端点。拖动各点的位置并确保曲线基本贴合手柄的下轮廓线，如图 4-50 所示。

10）单击"确定"，创建曲线。

11）单击"曲线"选项卡→"艺术样条" 命令，在对话框右上角单击"重置"图标 ，并设置对话框选项，如图 4-51 所示。

① 选择"根据极点" 类型。

② 在"参数化"组中，更改"次数"为 4，勾选"封闭"。

③ 在"制图平面"组中，选择"XC-YC"平面 。

图 4-49　设置"艺术样条"对话框

④ 在"移动"组中，选择 WCS→"XC-YC"平面。

图 4-50 下轮廓线

图 4-51 设置"艺术样条"对话框

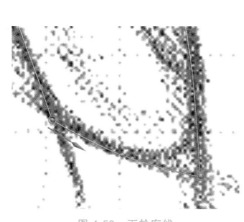

12）在按键凸台处外部创建五个点，如图 4-52a 所示；移动各个点以确保封闭曲线贴合按键凸台的外轮廓，如图 4-52b 所示。

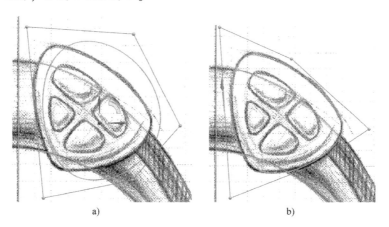

a)   b)

图 4-52 创建按键凸台外轮廓线

13）单击"确定"，完成创建曲线。最终结果如图 4-53 所示。

2. 螺旋线

在"建模"应用模块中，可以通过下面路径选择"螺旋" 命令，该命令可以通过定义螺旋线的中轴方向或者中轴线来创建螺旋线，如图 4-54 所示。

（1）功能区 选择"曲线"选项卡→"高级"组→"螺旋"命令。

（2）菜单 选择"插入"→"曲线"→"螺旋"命令。

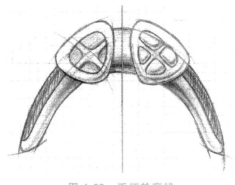

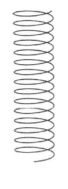

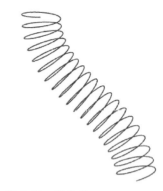

图 4-53　手柄轮廓线

图 4-54　螺旋线

　　"螺旋"对话框如图 4-55 所示，通过设置可以创建出不同的螺旋线，例如沿着某个方向创建螺旋线或者沿着某条曲线创建螺旋线。除此之外，螺旋线的其他参数也可以按照不同方式进行设置，例如起始点角度、长度设置等。

【案例 4-5】　螺旋线操作

操作步骤：

1）打开文件 helix. prt，如图 4-56 所示。确认后系统进入"建模"模块。

2）单击"曲线"选项卡→"螺旋"　命令，在对话框右上角单击"重置"图标　，选择"沿矢量"类型。

3）选择 Z 轴，结果如图 4-57 所示。

图 4-55　"螺旋"对话框

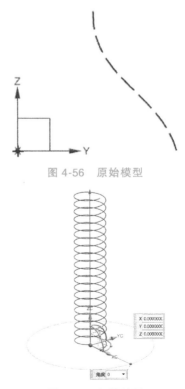

图 4-56　原始模型

图 4-57　初始结果

4）可通过更改对话框中的数值来修改螺旋线的效果，如图 4-58 所示。

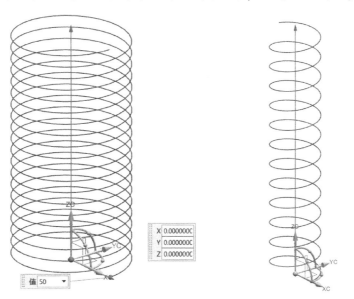

a) 半径值=50mm，螺距=5mm　　　　　　　　b) 半径值=20mm，螺距=8mm

图 4-58　修改效果

5）单击"确认"，创建螺旋线。

6）单击"曲线"选项卡→"螺旋" 命令，在对话框右上角单击"重置"图标 ↺ ，选择"沿脊线" 类型。

7）选择蓝色虚线，结果如图 4-59 所示。

8）选择"长度"→"方法"，设置"圈数"为 10，如图 4-60 所示。

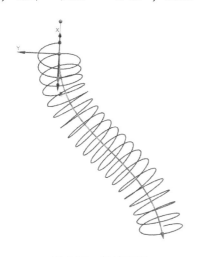

图 4-59　初始结果

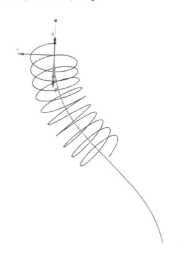

图 4-60　修改结果

9）单击"确认"，完成创建螺旋线。

3. 投影曲线

在"建模"应用模块中，可以通过下面路径选择"投影曲线" 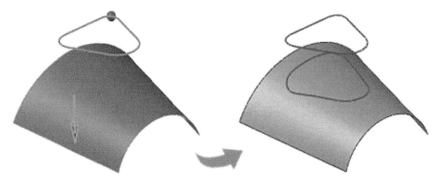命令，该命令可以将曲线、边或点沿指定方向投射到面或平面上，如图4-61所示。

（1）功能区　选择"曲线"选项卡→"派生"组→"投影曲线"命令。

（2）菜单　选择"插入"→"派生曲线"→"投影曲线"命令。

图 4-61　投影曲线

"投影曲线"对话框如图4-62所示。

【案例4-6】　投影曲线操作

操作步骤：

1）打开文件 ffm3_project_1.prt，如图4-63所示。确认后系统进入"建模"模块。

2）单击"曲线"选项卡→"投影曲线" 命令，在对话框右上角单击"重置"图标 。

3）选择红色曲线，如图4-64所示。

4）单击"要投影的对象"组内的"选择对象"，选择屏幕中的曲面，如图4-65所示。

5）投影方向选择"沿矢量"，在"指定矢量"下拉列表中选择"-ZC"，结果如图4-66所示。

6）更改"投影方向"，选择"沿面的法向"，结果如图4-67所示。

图 4-62　"投影曲线"对话框

7）单击"确认"，完成创建投影曲线。

4. 相交曲线

在"建模"应用模块中，可以通过下面路径选择"相交曲线" 命令，使用该命令可以创建两个对象集之间的相交曲线，如图4-68所示。

（1）功能区　选择"曲线"选项卡→"派生"组→"相交曲线"命令。

（2）菜单　选择"插入"→"派生曲线"→"相交曲线"命令。

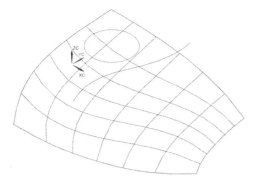

图 4-63 原始模型

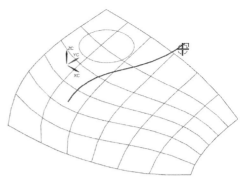

图 4-64 选择要投影的曲线

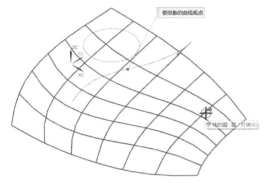

图 4-65 选择要投影的对象

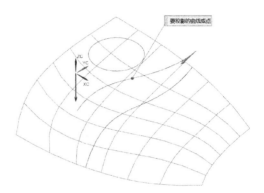

图 4-66 投影方向为"-ZC"

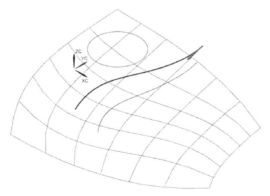

图 4-67 投影方向为"沿面的法向"

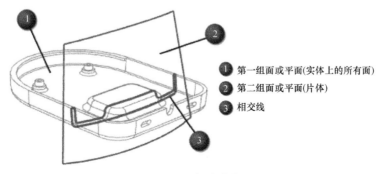

1 第一组面或平面(实体上的所有面)

2 第二组面或平面(片体)

3 相交线

图 4-68 相交曲线

"相交曲线"对话框如图 4-69 所示。

【案例 4-7】 相交曲线操作

操作步骤:

1) 打开文件 ids1_intersection_curve_2.prt，如图 4-70 所示。确认后系统进入"建模"模块。

图 4-69 "相交曲线"对话框

图 4-70 原始模型

2) 单击"曲线"选项卡→"相交曲线" 命令，在对话框右上角单击"重置"图标 。

3) 在第一组中，选择黄色曲面，如图 4-71 所示。

4) 单击鼠标中键，或在对话框中单击"第二组"→"选择面"，选择蓝色的面，如图 4-72 所示。

5) 单击"确认"，完成创建相交曲线，如图 4-73 所示。

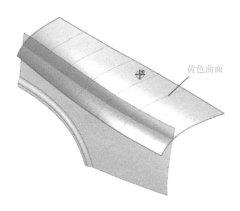

图 4-71 选择第一组对象

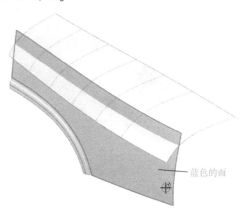

图 4-72 选择第二组对象

4.3.2 曲面设计

在 NX 中构造曲面的方法可分为以下三类：

（1）利用点构造曲面　根据导入的点数据构建曲面。但是构建的曲面与点数据之间不存在相关性，即当点数据发生变化后曲面不会发生相应的变化。由于这类曲面可修改性较差，因此这类功能用得较少。

（2）利用曲线构造曲面　根据曲线构建曲面，如直纹面、扫掠曲面、截面线等方法。此类曲面与曲线之间具有关联性，工程上大多采用这类方法。

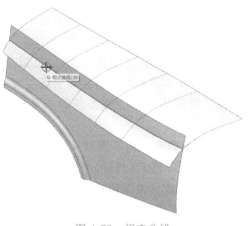

图 4-73　相交曲线

（3）利用曲面构造曲面　根据已有曲面构建新的曲面，如桥接曲面、偏置曲面、放大曲面、过渡曲面等方法。

利用曲线构造曲面在工程应用非常广泛，本节主要介绍此类曲面创建方法中常用的两个命令，如图 4-74 所示。

图 4-74　常用曲面命令

1. 通过曲线网格

"通过曲线网格"命令是指通过选取不同方向上两组线串作为截面线串来创建曲面。其中"主曲线"是一组同方向的截面线串，而"交叉曲线"是另一组大致垂直于主曲线的截面线，如图 4-75 所示。

在"建模"应用模块中，可以通过下面路径选择"通过曲线网格"命令：

（1）功能区　选择"曲面"选项卡→"通过曲线网格"命令。

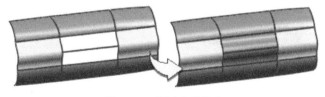

图 4-75　通过曲线网格

（2）菜单　选择"插入"→"网格曲面"→"通过曲线网格"命令。"通过曲线网格"对话框如图 4-76 所示。

创建的基本步骤如下：

1）选择第一组"主曲线"，可以是一个点或者一条线、边，也可以是多条相连的线、边，结束后单击"添加新的主曲线"。

2）选择第二组"主曲线"，可以是一条线、边，也可以是多条相连的线、边。如果还需继续添加新的主曲线，可继续单击"添加新的主曲线"并重复步骤 2）。

3）选择第一组"交叉曲线"，可以是一条线、边，也可以是多条相连的线、边，结束后单击"添加新的交叉曲线"。

4）选择第二组"交叉曲线"，可以是一条线、边，也可以是多条相连的线、边。如果还需继续添加新的交叉曲线，可继续单击"添加新的交叉曲线"并重复步骤2）。

5）当新曲面有相邻面时，可将新曲面约束为与相邻面呈 G0、G1 或 G2 连续。

选择时每组同类型曲线都必须相邻。此外，多组主曲线需要大致平行且多组交叉曲线也必须大致保持平行。

【案例 4-8】 通过曲线网格操作

操作步骤：

1）打开文件 ffm2_thru_curve_mesh_point.prt，如图 4-77 所示。确认后系统进入"建模"模块。

2）单击"曲面"选项卡→"艺术曲面"→"通过曲线网格" 命令，单击对话框右上角的"重置"图标 。

3）在"捕捉点"工具栏中，打开"端点" ，捕捉并选择船面的边界端点，如图 4-78 所示。

图 4-76 "通过曲线网格"对话框

图 4-77 原始模型

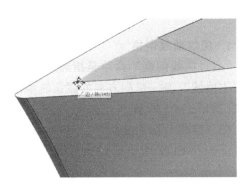

图 4-78 第一组主曲线

4）选择第一组主曲线后，单击"添加新的主曲线"。

5）选择红色曲线，如图 4-79 所示。

6）在对话框中单击"交叉曲线"组中"选择曲线"，选择一条边线，如图 4-80 所示。

7）选择第一组交叉曲线后，单击"添加新的交叉曲线"。

8）选择另一条边线，如图 4-81 所示。

9）在对话框的"连续性"组中，"第一交叉线串"的连续性更改为"G2（曲率）"，选择船体的顶面，如图 4-82 所示。

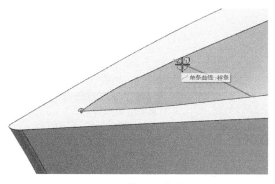

图 4-79　第二组主曲线

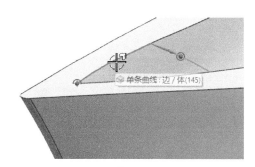

图 4-80　第一组交叉曲线

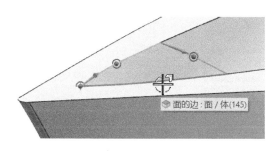

图 4-81　第二组交叉曲线

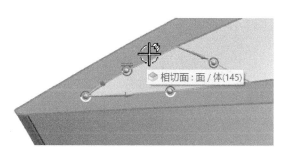

图 4-82　第一交叉线串的约束面

10）在对话框的"连续性"组中，"最后交叉线串"的连续性更改为"G2（曲率）"，选择船体的顶面，如图 4-83 所示。

11）单击"确认"，创建新曲面，如图 4-84 所示。

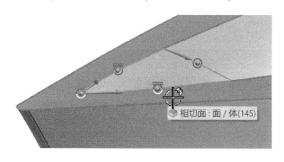

图 4-83　最后交叉线串的约束面

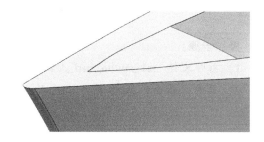

图 4-84　创建新曲面

2. 艺术曲面

"艺术曲面"与"通过曲线网格"命令类似，也是通过线串来创建曲面。但与"通过曲线网格"不同的是它只需要任意线串，而不是必须两组不同方向的线串，就可以产生扫掠或者放样曲面，如图 4-85 所示。

在"建模"应用模块中，可以通过下面路径选择"艺术曲面"　命令：

（1）功能区　选择"曲面"选项卡→"艺术曲面"命令。

（2）菜单　选择"插入"→"网格曲面"→"艺术曲面"命令。"艺术曲面"对话框如图 4-86 所示。

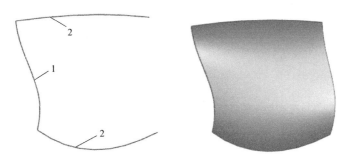

a) 通过截面线串1、引导线串2得到的艺术曲面

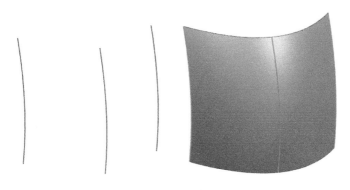

b) 三条截面线串和得到的艺术曲面

图 4-85　艺术曲面

图 4-86　"艺术曲面"对话框

创建的基本步骤与"通过曲线网格"命令类似。

【案例 4-9】　艺术曲面操作

操作步骤：

1）打开文件 ids1_studio_surf_3.prt，如图 4-87 所示。确认后系统进入"建模"模块。

2）单击"曲面"选项卡→"艺术曲面" 🪟 命令，单击对话框右上角的"重置"图标 ↻。

3）选中图 4-88 所示的曲线作为第一组"截面（主要）曲线"。

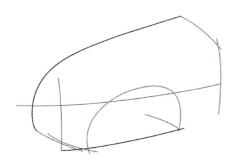

图 4-87　原始模型

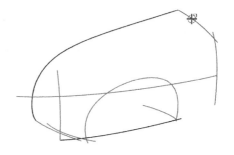

图 4-88　第一组截面（主要）曲线

4）选择第一组曲线后，单击"添加新截面"。

5）继续选中图4-89所示曲线作为第二组"截面（主要）曲线"。需要注意的是，每组截面曲线的方向必须一致。如果不一致，可以双击对应截面曲线的方向以使其反向。

6）在对话框中单击"引导（交叉）曲线"组中"选择曲线"，选择图4-90所示的曲线。

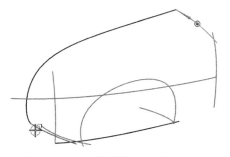

图 4-89　第二组截面（主要）曲线

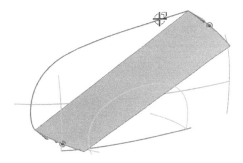

图 4-90　第一组交叉曲线

7）单击"应用"，创建艺术曲面，结果如图4-91所示。

8）再单击"艺术曲面"对话框右上角的"重置"图标 ↻。

9）选中图4-92所示的曲线作为第一组"截面（主要）曲线"。

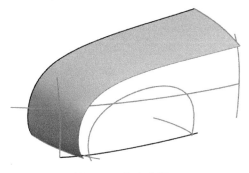

图 4-91　艺术曲面 1

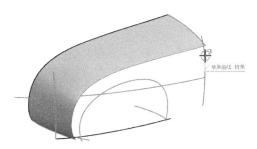

图 4-92　第一组截面（主要）曲线

10）在对话框中单击"引导（交叉）曲线"组中"选择曲线"，选择图4-93所示的曲线。

11）单击"应用"，创建艺术曲面，结果如图4-94所示。

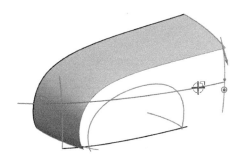

图 4-93　第一组交叉曲线

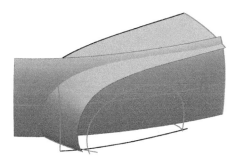

图 4-94　艺术曲面 2

12）再次单击"艺术曲面"对话框右上角的"重置"图标 。

13）选中图 4-95 所示的曲线作为第一组"截面（主要）曲线"。

14）选择后单击"添加新截面"。

15）继续选中图 4-96 所示曲线作为第二组"截面（主要）曲线"。需要注意的是，每组截面曲线的方向必须一致。如果不一致，可以双击对应截面曲线的方向以使其反向。

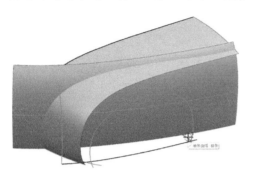

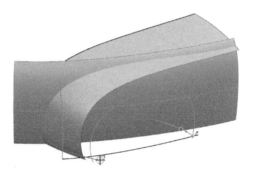

图 4-95　第一组截面（主要）曲线　　　　　　图 4-96　第二组截面（主要）曲线

16）在对话框中单击"引导（交叉）曲线"组中"选择曲线"，选择图 4-97 所示的曲线。

17）单击"应用"，创建艺术曲面，结果如图 4-98 所示。

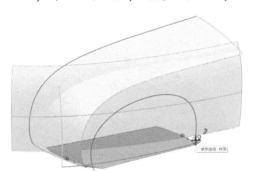

图 4-97　第一组交叉曲线　　　　　　　　　　图 4-98　艺术曲面 3

18）再单击"艺术曲面"对话框右上角的"重置"图标 。

19）选中图 4-99 所示的曲线作为第一组"截面（主要）曲线"。

20）在对话框中单击"引导（交叉）曲线"组中"选择曲线"，选择图 4-100 所示的曲线。

图 4-99　第一组截面（主要）曲线　　　　　　图 4-100　第一组交叉曲线

21）单击"应用"，完成创建曲面，结果如图 4-101 所示。

【案例 4-10】 曲面设计

上面的章节主要介绍了各个命令的基本使用方法，下面以图 4-102 所示某产品水箱模型为实例，对曲面设计在建模过程中的使用进行讲解。

操作步骤：

1）打开文件 ffm4_water_tank.prt，如图 4-103 所示。确认后系统进入"建模"模块。

2）单击"曲面"选项卡→"艺术曲面" 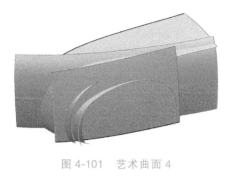命令，单击对话框右上角的"重置"图标 ⟳。

图 4-101 艺术曲面 4

3）在位于上边框条的"曲线规则"列表中，选择"特征曲线"，如图 4-104 所示。

图 4-102 水箱实例

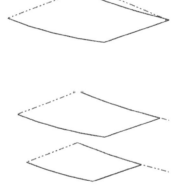

图 4-103 原始模型

图 4-104 设置曲线规则

4）选中图 4-103 所示上面的曲线串作为第一组"截面（主要）曲线"，如图 4-105 所示。

5）选择后，单击"添加新截面"。

6）继续选中图 4-103 所示中间的曲线串作为第二组"截面（主要）曲线"，如图 4-106 所示。需要注意的是，每组截面曲线的方向必须一致。如果不一致，可以双击对应截面曲线的方向以使其反向。

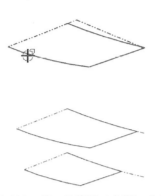

图 4-105　第一组截面（主要）曲线

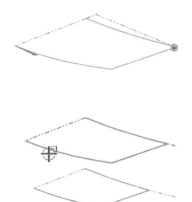

图 4-106　第二组截面（主要）曲线

7）选择后，单击"添加新截面"。

8）继续选中图 4-103 所示下面的曲线串作为第三组"截面（主要）曲线"，如图 4-107 所示。需要注意的是，每组截面曲线的方向必须一致。如果不一致，可以双击对应截面曲线的方向以使其反向。

9）单击"确定"，完成创建曲面。

10）单击"视图"选项卡→"图层设置"，勾选图层 12 和图层 13，如图 4-108 所示。

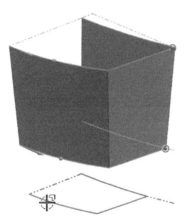

图 4-107　第三组截面（主要）曲线

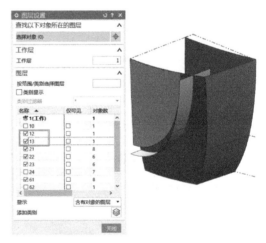

图 4-108　勾选图层 12 和图层 13

11）单击"主页"选项卡→"特征组"→"更多"→"修建片体"命令，单击对话框右上角的"重置"图标 ⟳。

12）选择新创建的蓝色片体作为目标片体，如图 4-109 所示。

13）在对话框中边界组内选择对象，在位于上边框条的"面规则"列表中，选择"相切面"，如图 4-110 所示。

14）选择黄色面作为边界对象，如图 4-111 所示。

15）单击"确认"，修剪结果如图 4-112 所示。

16）单击"视图"选项卡→"图层设置"，取消勾选图层13、21、22和23。

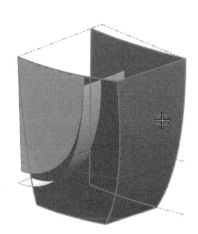

图 4-109 目标片体

图 4-110 设置面规则

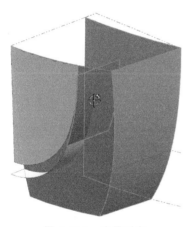

图 4-111 边界对象

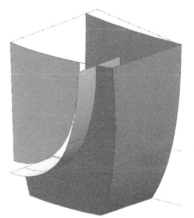

图 4-112 修剪片体结果

17）单击"曲面"选项卡→"艺术曲面" 命令，单击对话框右上角的"重置"图标 。

18）在位于上边框条的"曲线规则"列表中，选择"相切曲线"。

19）选择图 4-113 所示边界作为第一组"截面（主要）曲线"。

20）选择后，单击"添加新截面"。

21）选择图 4-114 所示边界作为第二组"截面（主要）曲线"。需要注意的是，每组截面曲线的方向必须一致。如果不一致，可以双击对应截面曲线的方向以使其反向。

22）在对话框的"连续性"组中，更改"第一个截面"为"G2（曲率）"，更改"最后一个截面"为"G1（相切）"，结果如图 4-115 所示。

23）单击"确认"，创建曲面。

24）单击"主页"选项卡→"更多"→"抽取几何特征"命令，单击对话框右上角的

"重置"图标 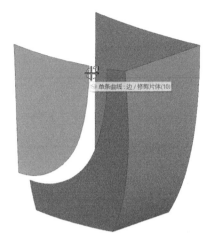，在下拉列表中选择"镜像体"。

图 4-113　第一组截面（主要）曲线　　　　　图 4-114　第二组截面（主要）曲线

25）选择所有片体，如图 4-116 所示。

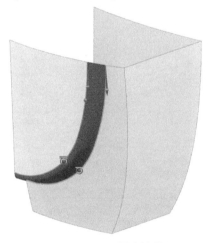

图 4-115　设置连续性

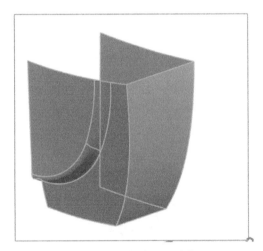

图 4-116　框选所有片体

26）单击"视图"选项卡→"显示和隐藏"命令，单击"坐标系"对应的"+"号，再单击"关闭"回到"抽取几何特征"对话框，坐标系将被显示出来，如图 4-117 所示。

27）在"抽取几何特征"对话框中，单击"选择镜像平面"，选择坐标系中 XZ 平面，如图 4-118 所示。

28）单击"确认"，镜像结果如图 4-119 所示。

29）单击"曲面"选项卡→"更多"→"有界平面"命令，单击对话框右上角的"重置"图标 。

30）框选上部分所有边界，如图 4-120 所示。

31）单击"应用"，上部分有界平面结果如图 4-121 所示。

32）旋转模型，以便能看到底部的边界。

33）框选底部所有边界线，如图 4-122 所示。

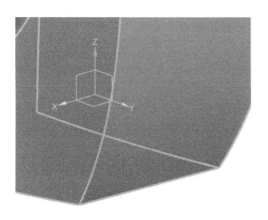

图 4-117 显示坐标系

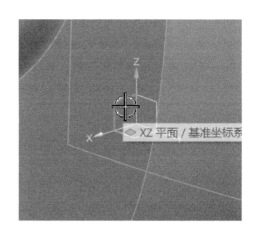

图 4-118 选择镜像平面

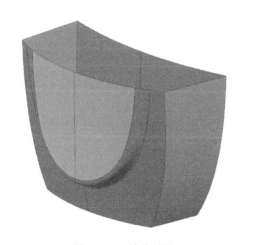

图 4-119 镜像结果

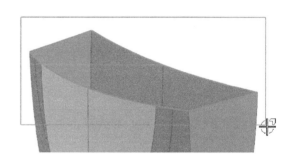

图 4-120 选择上部分边界线

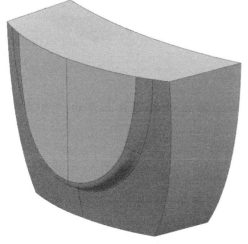

图 4-121 上部分有界平面结果

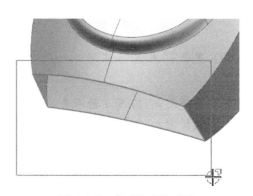

图 4-122 框选底部边界线

34）单击"确定"，底部有界平面结果如图 4-123 所示。

35）单击"曲面"选项卡→"缝合"命令，单击对话框右上角的"重置"图标 ↻。

36）选择顶面作为目标片体，如图 4-124 所示。

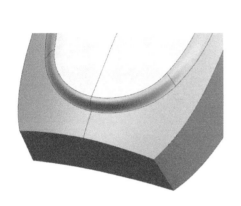

图 4-123　底部有界平面结果

图 4-124　选择顶面目标片体

37）框选所有其他曲面作为工具片体，如图 4-125 所示。

38）单击"确认"，生成缝合片体，如图 4-126 所示。

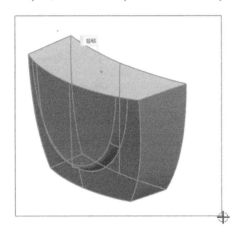

图 4-125　选择工具片体

图 4-126　缝合结果

39）单击"主页"选项卡→"边倒圆"命令，单击对话框右上角的"重置"图标 ↻。

40）选择图 4-127 所示的两条边界，设置"半径 1"为 30mm，单击"应用"。

41）选择图 4-128 所示边界，设置"半径 1"为 8mm，单击"确认"。

42）单击"主页"选项卡→"抽壳"命令，单击对话框右上角的"重置"图标 ↻。

43）选择上顶面作为抽壳面，如图 4-129 所示。

44）设置"厚度"为 6mm，单击"确认"，水箱最终模型如图 4-130 所示。

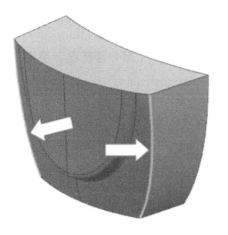

图 4-127　选择两条边界

图 4-128　创建边倒圆

图 4-129　选择抽壳面

图 4-130　水箱最终模型

4.4　NX 同步建模技术

NX 在参数化、基于历史记录建模的基础上推出了同步建模技术，将传统的约束驱动技术与同步技术结合于一体，这种全新的建模技术可以实现快速的设计改变、其他 CAD 系统的数据重用和更简单的 CAD 操作。

同步建模命令可忽略模型的来源、相关性、特征历史来改变模型。采用同步建模技术，用户在设计过程中随时可以修改模型的面或边，而不需要考虑模型是怎样被构建的。

NX 提供了一系列的同步建模功能，具体包括：

1. 设计变更命令

设计变更命令的功能是修改一个或多个已有面，并使相邻表面随着做相应的改变，包括：移动面、删除面、偏置区域、替换面、调整圆角大小、编辑横截面、辐射面、拉出面，如图 4-131 所示。可以通过下面路径选择同步建模的相关设计变更命令：

（1）功能区　选择"主页"选项卡→"同步建模"命令。（部分特征在"更多"→"移动"中）

（2）菜单　选择"插入"→"同步建模"命令。

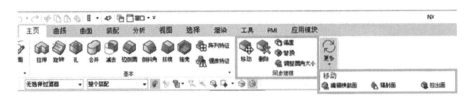

图 4-131　设计变更命令

2. 细节特征命令

同步建模的细节特征命令可以修改部件上的一些细节特征，如圆角或倒角。包括：标记为凹口圆角、圆角重排序、调整倒斜角大小、标记为倒斜角，如图 4-132 所示。可以通过下面路径选择同步建模的"细节特征"命令：

（1）功能区　选择"主页"选项卡→"同步建模"→"更多"→"细节特征"命令。

（2）菜单　选择"插入"→"同步建模"→"细节特征"命令。

图 4-132　细节特征命令

3. 重用命令

在同步建模中重用命令可以重用一个部件上的面，包括：复制面、剪切面、粘贴面、镜像面、阵列面，如图 4-133 所示。可以通过下面路径选择同步建模的"重用"命令：

（1）功能区　选择"主页"选项卡→"同步建模"→"更多"→"重用"命令。

（2）菜单　选择"插入"→"同步建模"→"重用"命令。

图 4-133　重用命令

4. 关联命令

同步建模的关联命令是通过添加面与面的几何约束来移动一个或一组面，包括：设为共面、设为共轴、设为相切、设为对称、设为平行、设为垂直、设为偏置、组合面，如图 4-134 所示。可以通过下面路径选择同步建模的"关联"命令：

（1）功能区　选择"主页"选项卡→"同步建模"→"更多"→"关联"命令。

（2）菜单　选择"插入"→"同步建模"→"相关"命令。

图 4-134　关联命令

5. 量纲命令

同步建模的量纲命令通过在模型上添加线性尺寸、角度尺寸或径向尺寸约束并改变它们的值去移动或修改一个或一组面。这些命令包括：线性尺寸、角度尺寸和径向尺寸，如图 4-135 所示。可以通过下面路径选择同步建模的"量纲"命令：

（1）功能区　选择"主页"选项卡→"同步建模"→"更多"→"量纲"命令。

（2）菜单　选择"插入"→"同步建模"→"尺寸"命令。

图 4-135　量纲命令

6. 优化命令

同步建模的优化命令组中，"优化面" 可以简化曲面类型、合并或提高边的精度，还可以识别圆角来优化面；"替换圆角" 可以将类似圆角的曲面替换成滚球倒圆，如图 4-136 所示。可以通过下面路径选择同步建模的"优化"命令：

（1）功能区　选择"主页"选项卡→"同步建模"→"更多"→"优化"命令。

（2）菜单　选择"插入"→"同步建模"→"优化"命令。

图 4-136　优化命令

7. 边命令

同步建模的边命令可以通过直接操控模型的边来修改模型的形状，所有与这些边相邻的面都会因为边的移动而进行相应的调整。边命令包括移动边和偏置边，如图 4-137 所示。可以通过下面路径选择同步建模的"边"命令：

（1）功能区　选择"主页"选项卡→"同步建模"→"更多"→"边"命令。

（2）菜单　选择"插入"→"同步建模"→"边"命令。

图 4-137　边命令

【案例 4-11】　同步建模

运用同步建模命令修改图 4-138 所示零件模型，未修改前此模型长为 267.3mm，高为 51.5mm，宽为 100mm。需要修改以下地方：

1）调整底板厚度。

2）调整模型外廓尺寸，长为 260mm，高为 55mm。

3）减小大圆角尺寸。

4）修改圆柱面的尺寸和位置。

5）修改凸台斜面角度。

完成修改后的模型如图 4-139 所示。

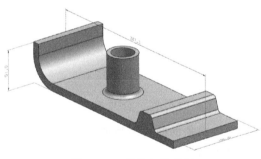

图 4-138　零件初始模型

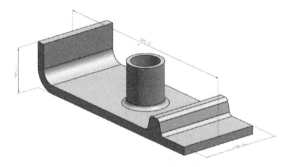

图 4-139　零件修改后的模型

操作步骤：

1）打开模型文件 des13_synchronous_modeling_2.prt。

2）调整底板厚度。选择"分析"选项卡→"测量" ✐，测量底板厚度为 9.5mm。选择"主页"选项卡→"同步建模"→"偏置" ⬡，重置"偏置"区域对话框。首先需要选择偏置面，此时可以将面规则改为"相切面"，然后选择底板下表面的任意面，其他与此面相切的底板面都可以被辨识并选中。由于需要将底板厚度增加为 10mm，所以偏置距离设为 0.5mm，偏置方向为默认的指向实体外部方向，单击"确定"，如图 4-140 所示。

3）修改模型外廓尺寸。选择"主页"选项卡→"同步建模"→"更多"→"量纲"→"线性尺寸" ⬡，重置"线性尺寸"对话框。首先需要选择线性尺寸的原点，该原点既可以是一个点，也可以是基准线、基准面、曲线或边。选择底板最右侧一个竖直边为原点，同样的，测量对象为底板最左侧一个竖直边。此时，系统根据测量对象自动判断出底板最左侧面为"要移动的面"，为了保持底板厚度，需要在"面查找器"→"结果"中，勾选"偏置"**✓ ⬚ 偏置**选项，此时底板对应的上表面也会被加入到"要移动的面"。修改距离值为260mm，单击"确认"。如图4-141所示。

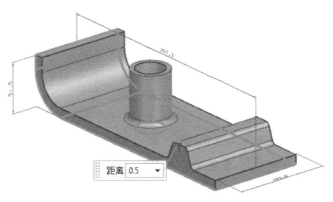

图4-140　修改底板厚度

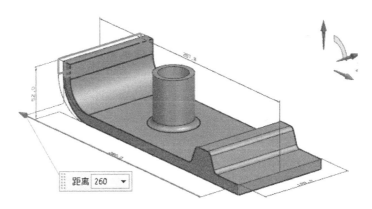

图4-141　修改模型长度

使用同样方法修改模型高度为55mm，如图4-142所示。

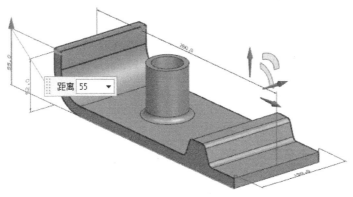

图4-142　修改模型高度

4）减小大圆角尺寸。选择"主页"选项卡→"同步建模"→"调整圆角大小" 🔺，重置"调整圆角大小"对话框。选择底板上表面的大圆角面，此时系统将给出该圆角的半径值为27mm，将其改为15mm，单击"确认"，如图4-143所示。

完成圆角尺寸修改后，底板圆角处的厚度将会变得不均匀，可以加一个偏置约束到底板下表面的圆角面上，使之与上表面等距。选择"主页"选项卡→"同步建模"→"更多"→"关联"→"设为偏置"，重置"设为偏置"对话框。选择底板下表面的圆角面为运动面，已经修改过尺寸的上圆角面为固定面，设置偏置距离为10mm，单击"确定"，如图 4-144 所示。

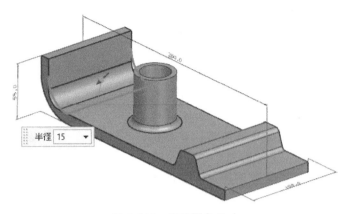

图 4-143　修改圆角尺寸

5) 修改圆柱面的尺寸和位置。需要将圆柱面沿 X 方向在底板上移动一段距离，并且增大圆柱面的直径，同时圆柱厚度和与底板之间倒圆的半径不能改变。选择"主页"选项卡→"同步建模"→"移动"，重置"移动面"对话框，选择一个圆柱面，并在"面查找器"→"结果"中，勾选"偏置"，内外两个圆柱面将都被选中为"移动面"。

同步建模里的"面查找器"是一个非常有用的工具，可以帮助用户快速选择所有符合相同条件的面，如共轴面、相切面、对称面等。选择"移动面"→"变换"→"运动类型"→"径向距离"，设置

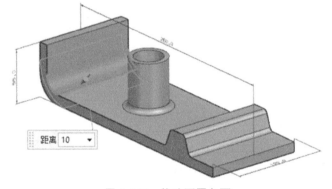

图 4-144　修改下圆角面

"指定矢量"为 ZC，"指定轴点"为底板上表面最左侧边的中点，"指定测量点"为圆柱上表面圆的中心点，系统会给出当前径向距离为 92.17mm，将其修改为 120mm，单击"确认"。如图 4-145 所示。

再次选择"主页"选项卡→"同步建模"→"偏置"命令，选择圆柱外表面，依然勾选"面查找器"中的"偏置"，偏置距离设为 2mm，单击"确认"。此时该圆柱的内外表面半径将同时增大 2mm。同步建模命令通常有重构圆角功能，当某些面被移动或修改时，其相邻的圆角面也会进行重构，以保持原来的设计意图和尺寸。

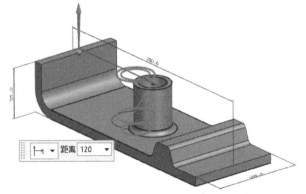

图 4-145　修改圆柱面尺寸和位置

6）修改凸台斜面角度。底板上的凸台有两个斜面，这里不仅需要修改两个斜面与底板的夹角，还要保持它们与底板之间的圆角和与凸台顶面的圆角。

首先创建一个平行于YZ的基准平面，作为凸台的对称基准。该基准平面可以用来保持凸台在底板上的位置。该基准平面的位置点为凸台顶面短边的中点，法向方向为XC。

选择"主页"选项卡→"同步建模"→"更多"→"量纲"→"角度尺寸" 🔧，重置"角度尺寸"对话框。"原点"对象为新创建的基准平面，"测量"对象为凸台上的任一斜面，系统会给出当前斜面与基准平面的夹角，将其修改为15°，单击"确定"，如图4-146所示。事实上，该斜面与基准平面之间有四个互补的夹角，用户可以通过移动光标来寻找合适的夹角。

然后需要让另一个斜面与修改后的斜面对称。选择"主页"选项卡→"同步建模"→"更多"→"关联"→"设为对称"，重置"设为对称"对话框。选择未修改的斜面为"运动面"，新创建的基准平面为"对称平面"，已有角度尺寸的斜面为"固定面"，单击"确定"，完成该零件的所有修改工作，如图4-147所示。

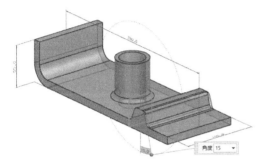

图 4-146　修改斜面角度

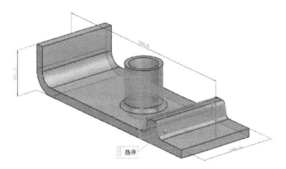

图 4-147　使斜面对称

4.5　典型零件的构形设计

机械零件的种类繁多，其结构形状也各不相同，可以根据它们的结构形状、用途等方面的特点，将零件分为轴套、轮盘、支架和箱体等多种类型。也可以根据加工制造和成型方式的不同，将零件分为铸件、锻造件、机加工件、钣金件、注塑件等多种类型。如按形状结构分类，则每种类型结构的零件均有相似之处，在三维建模中的流程和方法也有相通之处。另外，由于机械零件本身的多样性和复杂性，以及由此带来的三维建模流程和方法的多样性和复杂性，因此，无法在本书中对各种类型的零件讲述其建模过程和方法。下面仅根据零件的结构形状分类，介绍零件的建模流程和方法。

4.5.1　轴套类零件

轴套类零件如图4-148所示，包括各种轴、丝杠、套筒、衬套等。轴套类零件大多数由位于同一轴线上的数段直径不同的回转体组成，其轴向尺寸一般比径向尺寸大。此类零件上常有键槽、销孔、螺纹、退刀槽、越程槽、顶针孔（中心孔）、油槽、倒角、圆角、锥度等结构。

图 4-148　轴套类零件

下面用两个案例来描述轴套类零件的形状分析、常规建模流程、建模方法和详细的建模步骤，以帮助学生在比较全面地认识轴套类零件结构特点的同时，还能够充分地掌握轴套类零件在 NX 软件中的建模步骤、建模功能以及建模方法和技巧。

【案例 4-12】　简单轴的三维建模

1. 零件形状分析

该轴零件形状非常简单，如图 4-149 所示。主体形状是回转体，底部有均布的通孔，回转体中心有带沉孔的通孔，锥形柱体中间有横穿的螺钉孔。

2. 简单轴的建模流程及要点

首先要创建回转体的轮廓线，然后用轮廓线创建回转体，再创建细节特征，如底部均布沉孔和螺纹孔等。

创建底部均布孔时需要注意：沉孔相对螺纹孔需要旋转 45°，另外应运用辅助基准平面对孔进行定位。因为螺纹孔是创建在圆锥面上的，但圆柱面或圆锥面不能直接作为孔的放置面，需要运用辅助基准平面作为螺纹孔的放置平面。具体建模流程如图 4-150 所示。

3. 简单轴的建模步骤

（1）创建新的零件

图 4-149　简单轴

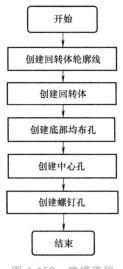

图 4-150　建模流程

1）选择“文件”页→“新建”。

2）选择“模型”页。

3）在“模板”组，“单位”设置为“毫米”。

4）选择模型“模板”，如图 4-151 所示设置。

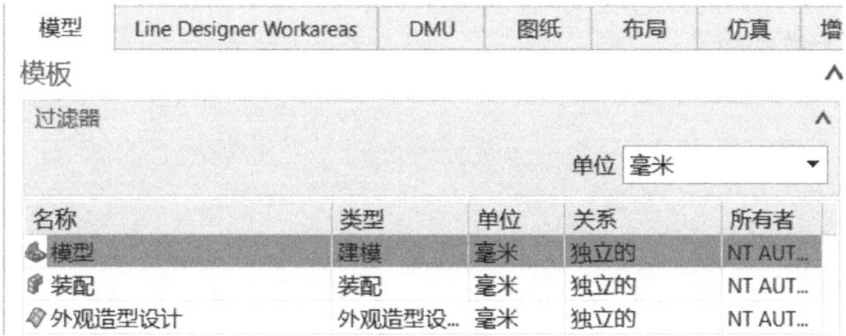

模型
Line Designer Workareas
DMU
图纸
布局
仿真
增
模板
过滤器
单位 毫米
名称
类型
单位
关系
所有者
模型
建模
毫米
独立的
NT AUT...
装配
装配
毫米
独立的
NT AUT...
外观造型设计
外观造型设...
毫米
独立的
NT AUT...

图 4-151　模型模板

5）在“新文件名”组的“名称”栏中，输入 xxx_shaft_1. prt，替代默认的名称。

6）在“新文件名”组的“文件夹”栏中，将文件夹设置为“Home”的文件夹。

注：① 在本书中将 NX 零件保存到用户的“Home”文件夹是默认设置。

② 用户所创建的 NX 零件必须保存在有读写权限的文件夹中。

7）单击“确定”，创建新的 NX 零件。

注：在图形窗口，应看到位于绝对坐标系原点位置的基准坐标系。

（2）定义回转体的轮廓线（素线）

1）选择“文件”→“首选项”→“草图”。

2）在“草图首选项”对话框中的“草图设置”和“会话设置”页，验证如图 4-152 所示选项是否勾上。

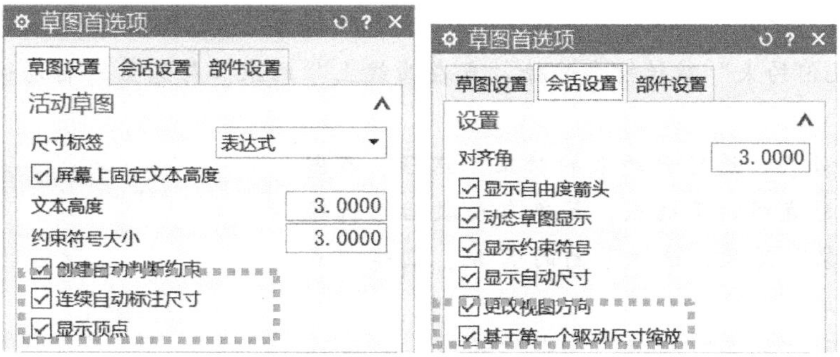

草图首选项
草图设置
会话设置
部件设置
活动草图
尺寸标签
表达式
屏幕上固定文本高度
文本高度
3. 0000
约束符号大小
3. 0000
创建自动判断约束
连续自动标注尺寸
显示顶点
草图首选项
草图设置
会话设置
部件设置
设置
对齐角
3. 0000
显示自由度箭头
动态草图显示
显示约束符号
显示自动尺寸
更改视图方向
基于第一个驱动尺寸缩放

图 4-152　草图首选项设置

3）单击“确定”保存改变的设置。如果不需要改变任何设置，单击“取消”，关闭对话框。

4）单击“主页”页→“构造”组→“草图”图标，打开“草图”对话框。

5）在图形窗口区选择基准坐标系的

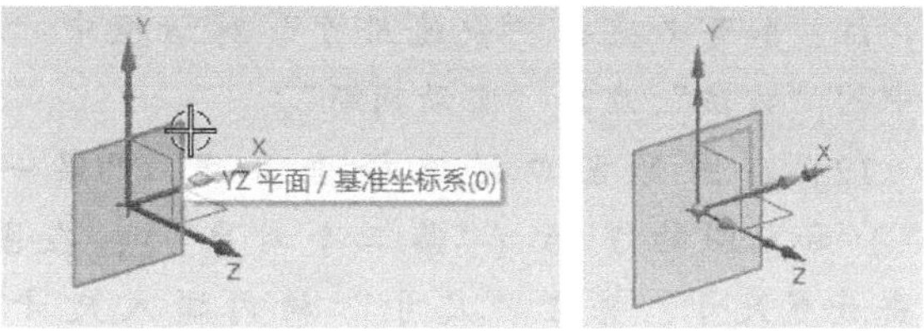

Y
X
Z
YZ 平面 / 基准坐标系(0)
Y
X
Z

图 4-153　选择草图平面

YZ 平面，单击"确定"，如图 4-153 所示。

6）进入草图"任务"环境，并自动切换到草图的"轮廓" 命令，单击图形窗口合适位置绘制如图 4-154 所示轮廓线。按<Esc>键取消"轮廓"命令。

注：① 形状类似即可，不用关注具体的尺寸值。

② NX 自动创建几何约束，以及一个垂直约束和一个水平约束，如未自动添加相应的约束，则需要手动添加。

7）双击尺寸为 20mm 的尺寸线，并输入尺寸 10mm，如图 4-155 所示，单击"关闭"取消对话框。

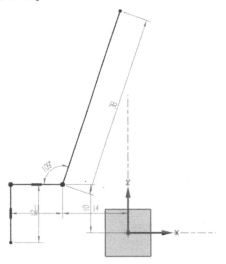

图 4-154　轮廓线草图

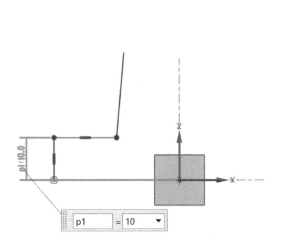

图 4-155　更改尺寸

注：其余尺寸及其线条自动按比例（即原先的自动尺寸和输入尺寸之比）调整。

8）在草图"任务"环境，单击"约束"→"几何约束" 图标。

9）在"几何约束"对话框中选择"点在曲线上"约束。勾选上"自动选择递进"，如图 4-156 所示。

10）此时激活"选择要约束的对象"选项，在图形窗口区选择垂直线的下端点，菜单自动激活"选择要约束到的对象"选项，选择草图的 X 轴，创建"点在曲线上"约束。

11）在草图"任务"环境，单击"量纲"→"快速尺寸" 图标，打开"快速尺寸"对话框。

注：如有必要将"快速尺寸"对话框中"测量"组中的"方法"改为"自动判断"。

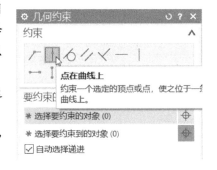

图 4-156　创建约束

12）在图形窗口区选择垂直线（"第一个对象"）和草图的 Y 轴（"第二个对象"），在图形区单击放置尺寸，并在"尺寸"栏内输入尺寸 30mm，添加草图的水平尺寸约束，如图 4-157 所示。

13）在图形窗口区选择斜线的上端点和草图的 X 轴，将尺寸放置在合适的位置，并在"尺寸"栏内输入尺寸 80mm，添加草图的垂直尺寸约束，如图 4-158 所示。

14）同样在图形窗口区选择水平线的右端点和草图的 Y 轴，将尺寸放置在合适的位置，并在"尺寸"栏内输入尺寸 15mm，如图 4-159 所示。

15）在图形窗口区选择斜线的下部（注意不是端点）和草图的 Y 轴，将尺寸放置在合适的位置，并在"尺寸"栏内输入角度 5°，如图 4-160 所示。

16）关闭"快速尺寸"对话框，完成草图的几何约束和尺寸约束，如图 4-161 所示。

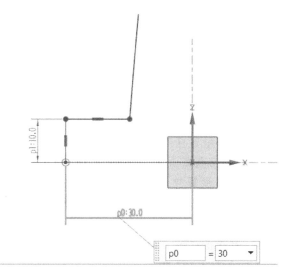

图 4-157　更改尺寸 1

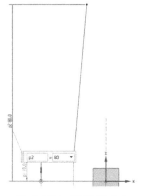

图 4-158　更改尺寸 2

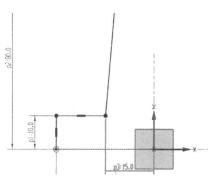

图 4-159　更改尺寸 3

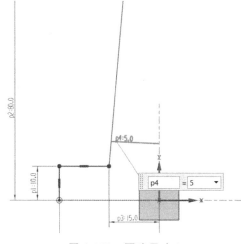

图 4-160　更改尺寸 4

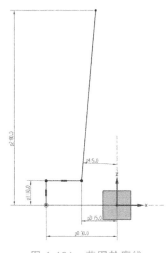

图 4-161　草图轮廓线

注：图形窗口的下边框显示"草图已完全约束"。

17）单击草图"任务"→"完成"  图标，完成草图的创建并退出草图"任务"环境。

（3）创建回转体

1）单击"主页"页→"基本"组→"旋转" 图标，打开"旋转"对话框。必要时单击对话框上边框的"重置"符号 ，重置对话框。

2）在图形窗口单击上边框的"选择意图"→"曲线规则"→"自动判断曲线"，如图 4-162 所示。

图 4-162　曲线规则

3）在图形窗口区选择草图曲线，按鼠标中键进入"旋转"对话框，选择"轴"→"指定矢量"，并在图形窗口区选择基准坐标系的 Z 轴。

4）对话框中的"确定"图标高亮显示，单击"确定"，创建回转体，如图 4-163 所示。

（4）创建倒圆

1）单击"主页"页→"基本"组→"边倒圆" 图标，打开"边倒圆"对话框。必要时单击对话框上边框的"重置"符号 ，重置对话框。

2）在图形窗口区选择下列边，在"半径 1"栏输入半径值5mm，如图 4-164 所示。

图 4-163　回转体

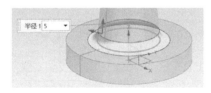

图 4-164　创建倒圆

3）单击"确定"，创建边倒圆。

（5）创建辅助基准平面

1）单击"主页"页→"构造组"→"基准平面" 图标，打开"基准平面"对话框。必要时单击对话框上边框的"重置"符号 ，重置对话框。

2）在"基准平面"对话框单击"基准平面"→"自动判断"，必要时在"设置"组将"关联"选项勾选上。

3）在图形窗口区选择底部圆盘的上表面，在"距离"栏输入偏置值5mm，如图 4-165所示。

4）单击"应用"，创建第一个基准平面。

5）在图形窗口区选择基准坐标系的 Z 轴，假如无法直接选择到 Z 轴，可将光标放置到基准坐标系的 Z 轴上，并稍停一会等出现三个点 ，单击光标，出现"快速选取"对话框，选择"Z 轴"→"基准坐标系"，如图 4-166 所示；用同样方法选择基准坐标系的 YZ 平面，在"角度"栏中输入 45°。

图 4-165　创建第一个基准平面

图 4-166　选择 Z 轴

6）单击"确定"，创建第二个基准平面，如图 4-167 所示。

注：必要时用光标拖动基准平面边框上的小点，改变基准平面的大小，以使"基准平面"符号变大并超出实体，以方便选择。

（6）创建沉头孔

1）单击"主页"页→"基本"组→"孔" 图标，打开"孔"对话框。必要时单击对话框上边框的"重置"符号 ，重置对话框。

2）在"孔"对话框单击"孔类型"→"常规孔"，在"形状"组中设置"形状"为"沉头"，"沉头直径"为 11mm，"C-镗限制"为"值"，"沉头深度"为

图 4-167　创建第二个基准平面

11.8mm，"孔径"为 6.6mm，如图 4-168 所示。

3）在"孔"对话框单击"位置"→"指定点"，在图形窗口选择前面创建的第一个基准平面，NX 进入草图"任务"环境，启动"草图点"命令。

4）在图形窗口区的适当位置指定一个点，关闭"草图点"对话框。

5）单击草图"任务"→"约束"→"几何约束"→"点在曲线上"约束，如图 4-169 所示。

6）在图形窗口区选择刚才创建的草图点，选择前面创建的第二个基准平面（45°基准平面），将点约束到基准平面上。

7）单击草图"任务"→"量纲"→"快速尺寸" 图标。

8）在图形窗口区选择前面创建的草图点和基准坐标系原点，移动光标当尺寸显示为两个之间的平行距离尺寸时，将尺寸放置在合适的位置，在"尺寸"参数栏输入尺寸 22mm，关闭尺寸对话框，如图 4-170 所示。

9）单击草图"任务"栏中的"完成" 图标，退出草图"任务"环境。

10）在"孔"对话框中"限制"组设置"深度限制"为"贯通体"。

11）在"布尔"组中设置"布尔"为"减去"。

12）单击"确定"，创建沉头孔，结果如图 4-171 所示。

图 4-168 "孔"对话框参数设置

图 4-169 约束位置

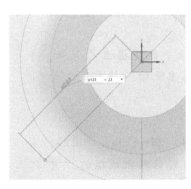

图 4-170 约束点位置

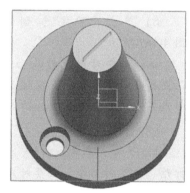

图 4-171 创建沉头孔

（7）创建底部均布的孔阵列

1）单击"主页"页→"基本"组→"阵列特征" 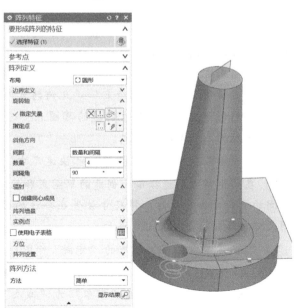 阵列特征图标，打开"阵列特征"对话框。必要时单击对话框上边框的"重置"符号重置对话框。

2）在图形窗口区选择"沉头孔"特征。

3）在"阵列特征"对话框中"阵列定义"组设置"布局"为"圆形"。

4）在"旋转轴"组中"指定矢量"设置为"自动判断矢量"，在图形窗口区选择基准坐标系中的 Z 轴。

5）在"斜角方向"组中"间距"选择为"数量和间隔"，"数量"设为4，"间隔角"设为90°。

6）在"阵列方法"组中"方法"选择为"简单"，如图4-172所示。

7）单击"确定"，创建孔的圆形

图 4-172 创建孔阵列

阵列。

（8）创建中心孔

1）单击"主页"页→"基本"组→"孔"图标，打开"孔"对话框。必要时单击对话框上边框的"重置"符号，重置对话框。

2）在"孔"对话框"孔类型"选择"常规孔"。

3）在"形状"组中"形状"选择"沉头"，"沉头直径"设为12mm，"C-镗限制"选择"值"，"沉头深度"设为20mm，"孔径"设为8mm。

4）在"位置"组的"指定点"高亮时，在图形窗口选择回转体顶平面的圆心点，如图4-173a所示。必要时在"选择意图"工具栏激活"圆心点"选项或关闭其余选项，如图4-173b所示。

5）在"孔"对话框中"限制"组的"深度限制"选择"贯通体"。

6）在"布尔"组中的"布尔"选择"减去"。

a)

b)

图4-173 选择圆心

7）单击"确定"，创建沉头孔，结果如图4-174所示。

（9）创建辅助基准平面

1）单击"主页"页→"构造"组→"基准平面"图标，打开"基准平面"对话框。必要时单击对话框上边框的"重置"符号，重置对话框。

2）选择"基准平面"对话框中"基准平面类型"栏中选择"自动判断"，在"设置"组将"关联"选项勾选上。

3）在图形窗口区选择底部圆盘的圆柱面。

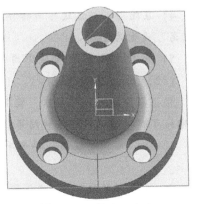

图4-174 创建沉头孔

4）单击"确定"，创建基准平面。

（10）创建螺纹孔

1）单击"主页"页→"基本"组→"孔"图标，打开"孔"对话框。必要时单击对话框上边框的"重置"符号，重置对话框。

2）选择"孔"对话框的"孔类型"中选择"螺纹孔"。

3）选择"形状"组中的"标准"设置为"Metric Coarse"，"大小"设置为 M6×1.0，"径向进刀"设置为 0.75mm，"螺纹深度"设置为"全长、右旋"。

4）在"位置"组的"指定点"高亮时，在图形窗口选择前面的创建基准平面。

5）NX 自动进入草图"任务"环境，启动"草图点"命令，在图形窗口区的适当位置指定一个点，关闭"草图点"对话框。

6）单击草图"任务"→"约束"→"几何约束" 图标，选择"点在曲线上"约束。

7）在图形窗口区选择刚才创建的点，选择基准坐标系的 Z 轴，将点约束到基准坐标系的 Z 轴上。

8）单击草图"任务"→"量纲"→"快速尺寸" 图标，选择前面创建的草图点和基准坐标系原点，将尺寸放置在合适的位置，在尺寸参数栏输入尺寸 30mm，关闭"尺寸"对话框。

9）单击草图"任务"栏中的"完成" 图标，退出草图"任务"环境。

10）选择"孔"对话框的"限制"组中"深度限制"选择"直至下一个"，"布尔"组中"布尔"选择"减去"。

11）单击"确定"，创建螺纹孔，结果如图 4-175 所示。

（11）创建倒角

1）单击"主页"页→"基本"组→"倒斜角" 图标，打开"倒斜角"对话框。必要时单击对话框上边框的"重置"符号 ，重置对话框。

2）在图形窗口区选择回转体顶面的两条圆形边，"横截面"设置为"对称"，"距离"设置为 1mm。

3）单击"应用"，创建倒角。

4）在图形窗口区选择回转体底部圆盘上表面的圆形边，"横截面"设置为"对称"，"距离"设置为 2mm。

5）单击"确定"，创建倒角，结果如图 4-176 所示。

（12）规范化整理模型

根据模型规范化的要求，需要对模型进行整理，一般将建模过程的辅助几何隐藏以便更清晰地了解模型的最终设计结果，也为下游的后续应用提供便利。

1）在"部件导航器"单击草图和基准特征的"眼睛"符号，将它们隐藏，如图 4-177 所示。

2）选择"装配"页→"关联"组→"引用集"，如没有"装配"页，可以通过勾选"文件"，找到"装配"打开。

3）在"引用集"对话框中选择列表中的引用集"Body"。

4）在图形窗口区选择实体模型，将实体模型加入到 Body 引用集中。

5）单击"引用集"对话框中的"关闭"，关闭对话框。

6）选择"文件"→"保存"，完成简单轴的建模过程。

图 4-175　创建螺纹孔

图 4-176　创建倒角

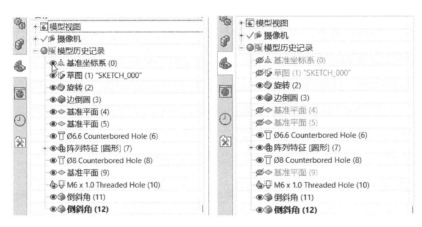

图 4-177　隐藏

【案例 4-13】　标准轴的三维建模

1. 零件形状分析

【案例 4-13】
标准轴的
三维建模

该零件形状也非常简单，如图 4-178 所示。主体形状是由在同一轴线上的不同直径的多个回转体构成的，两端的回转体有键槽，端面有中心孔，属于标准轴类零件。

2. 标准轴的建模流程及要点

首先要创建回转体的轮廓线，然后用轮廓线创建回转体，再创建细节特征，如定位槽等。定位槽是在圆柱面上的，圆柱面不能直接作为草图的放置平面，需要运用辅助基准平面作为草图的放置平面。另外，要运用特征的镜像功能来简化建模过程。具体建模流程如图 4-179 所示。

图 4-178　标准轴

3. 标准轴的建模步骤

（1）打开 NX 文件

1）选择"文件"页→"打开" 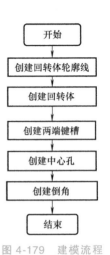。

2）在"打开"对话框内浏览教学资源包中 NX 练习文件的"Home"文件夹。

3）在窗口列表内浏览选择文件 modeling_shaft_case2.prt，单击"确定"打开文件。

（2）编辑草图轮廓线

1）在"部件导航器"中选择"草图（1）"特征，单击右键弹出菜单，选择"可回滚编辑" 可回滚编辑... ，进入草图任务环境。

2）移动和放大草图的右端。

3）选择右端斜线，弹出"约束"菜单后，再选择"竖直"约束，如图 4-180a 所示。

4）选择另一斜线，弹出"约束"菜单后，再选择"水平"约束，如图 4-180b 所示。

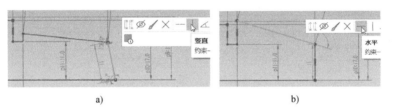

| | a) | | b) |

图 4-180　几何约束

5）选择自动约束尺寸 11mm，单击右键弹出菜单，选择"转换为驱动" 转换为驱动。

6）双击该尺寸，在尺寸输入栏中输入 12mm。

注：图形窗口区下边框显示"草图已完全约束"。

7）在草图任务环境单击"完成" 完成 图标，结束草图编辑，并退出草图任务环境，结果如图 4-181 所示。

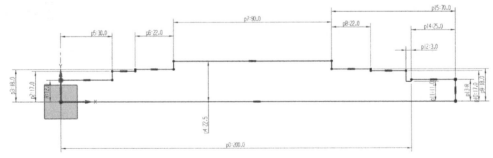

图 4-181　创建草图

（3）创建回转体

1）单击"主页"页→"基本"组→"旋转" 旋转 图标，打开"旋转"对话框。必要时单击对话框上边框的"重置"符号 ，重置对话框。

2）在图形窗口上边框选择"选择意图"→"曲线规则"→"特征曲线"，如图4-182a所示。

3）在图形窗口区选择草图曲线。

4）按鼠标中键进入"旋转"对话框，选择"轴"组的"指定矢量"，并在图形窗口区选择基准坐标系的X轴。

5）单击"确定"，创建回转体，结果如图4-182b所示。

（4）创建辅助基准平面

a)

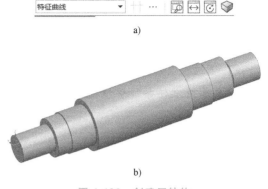

b)

图 4-182　创建回转体

1）单击"主页"页→"构造"组→"基准平面" ◇ 图标，打开"基准平面"对话框。必要时单击对话框上边框的"重置"符号 ⟳ ，重置对话框。

2）选择"基准平面"对话框中的"基准平面类型"栏中选择"自动判断"，在"设置"组将"关联"选项勾选上。

3）在图形窗口区选择轴左端的圆柱面。

4）单击"确定"，创建基准平面。

（5）创建定位键槽

1）将光标放在左侧资源条选项的空白处，单击右键弹出菜单，将"重用库"勾选，如图4-183a所示。

2）选择重用库中的"2D Section Library"→"Metric"，展开"成员选择"窗口。

3）选中重用对象"Slot"并拖动到图形窗口区新建的基准平面上，如图4-183b所示。

4）选择基准坐标系原点作为"初始粘贴位置"，选择基准坐标系的X轴作为"指定方位"，如图4-184所示。

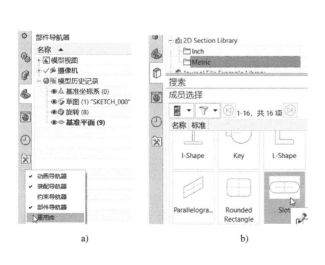

a)　　　　　　　b)

图 4-183　重用库

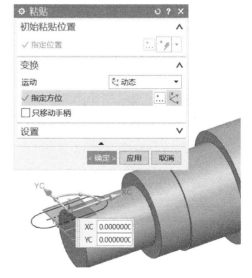

图 4-184　粘贴

5）单击"确定"放置重用对象 Slot，创建草图特征"草图（4）"。

6）在"部件导航器"中选择"草图（4）"特征，单击右键弹出菜单，选择"可回滚编辑"，进入草图"任务环境"。

注：下边框显示"草图包含冲突的约束"。

7）在草图"任务"环境的约束组，单击"显示约束"  下面的箭头符号，选择"约束浏览器" 约束浏览器。

8）选择草图"约束浏览器"→"要浏览的对象"→"范围"→"单个对象"，"顶级节点对象"选择"曲线"。

9）在图形窗口区选择中间水平虚线，在浏览器中选择固定约束（Linexx），单击右键选择"删除"。

10）在图形窗口区选择中间竖直虚线，在浏览器中选择固定约束（Linexx），单击右键选择"删除"。

11）框选 Slot 草图曲线，将光标放在草图某一条线上，停留一会，光标的第一象限出现向右上方 45°箭头后，拖动草图曲线向右侧移动，将草图曲线移动到第一段回转体近似中心位置即可。

12）选择草图"任务"→"约束"→"几何约束" ，在"几何约束"对话框选择"共线"约束，勾选"自动选择递进"。

13）在图形窗口区选择水平虚线及草图的 X 轴，创建"共线"约束，如图 4-185 所示。

14）关闭"几何约束"对话框。

15）选择草图"任务"→"量纲"→"快速尺寸" 。

16）在图形窗口区选择竖直虚线及草图的 Y 轴，将尺寸放置到合适位置后在尺寸栏输入 13mm，创建尺寸约束。

17）关闭"快速尺寸"对话框。

18）在图形窗口区双击 Slot 的径向尺寸并在尺寸栏输入 3mm，双击 Slot 的长度尺寸并在输入栏输入 10mm，草图完全约束。

19）草图结果如图 4-186 所示。

图 4-185　几何约束对话框

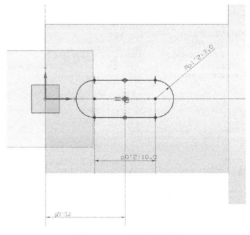

图 4-186　草图结果

20）单击"完成" 图标，退出草图任务环境。

21）单击"主页"页→"基本"组→"拉伸" 图标，打开"拉伸"对话框。必要时单击对话框上边框的"重置"符号 ，重置对话框。

22）选择图形窗口上边框的"选择意图"→"曲线规则"→"特征曲线"，如图 4-187a 所示。

23）在图形窗口区选择 Slot 草图曲线。

24）在"拉伸"对话框的"方向"组选择"指定矢量"，单击"反向"图标 ，将曲线的拉伸方向改为向下。

25）在"拉伸"对话框的"限制"组的"距离"栏输入 3mm。

26）在"布尔"组的"布尔"选择"减去"。

27）单击"确定"，创建键槽，如图 4-187b 所示。

（6）创建对称的键槽

1）单击"主页"页→"构造"组→"基准平面" 图标，打开"基准平面"对话框。必要时单击对话框上边框的"重置"符号 ，重置对话框。

2）在"基准平面"对话框中的"基准平面"类型栏中选择"自动判断"，必要时在"设置"组将"关联"选项勾选上。

3）在图形窗口区分别选择回转体的左端面和右端面。

4）单击"确定"，创建对称中心的基准平面。

5）单击"主页"页→"基本"组→"镜像特征" 镜像特征图标，打开"镜像特征"对话框。必要时单击对话框上边框的"重置"符号 重置对话框。

6）在图形窗口区选择刚创建的"拉伸"特征，按鼠标中键激活"选择平面"选项，在图形窗口区选择刚创建的基准平面。

7）单击"应用"，创建对称的键槽。

8）将"镜像特征"对话框打开，在图形窗口区选择"镜像"特征，按鼠标中键激活"选择平面"选项。

9）在图形窗口区选择基准坐标系的 XY 平面。

10）单击"确定"，创建对称的键槽，结果如图 4-188 所示。

（7）创建中心孔

1）单击"主页"页→"基本"

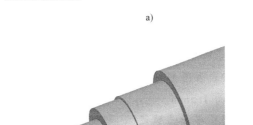

a)

b)

图 4-187 创建键槽

图 4-188 创建对称键槽

组→"孔" 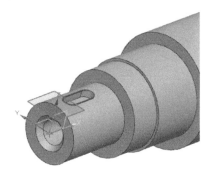 图标，打开"孔"对话框。必要时单击对话框上边框的"重置"符号 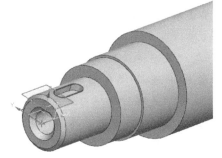，重置对话框。

2）在"孔"对话框的"孔类型"中选择"常规孔"。

3）在"形状"组中设置"形状"为"埋头"，"埋头直径"为14mm，"埋头角度"为90°，"孔径"为10mm。

4）在"位置"组的"指定点"高亮显示时，在图形窗口分别选择回转体两端面的圆心点。必要时在"选择意图"工具栏激活"圆心点"选项或关闭其余选项。

5）在"孔"对话框中"限制"组的"深度限制"选择"值"，"孔深"设置为20mm。

6）在"布尔"组中"布尔"选择"减去"。

7）单击"确定"，创建埋头孔，结果如图4-189所示。

（8）创建倒角

1）单击"主页"页→"基本"组→"倒斜角" 图标，打开"倒斜角"对话框。必要时单击对话框上边框的"重置"符号 ，重置对话框。

2）在图形窗口区分别选择回转体两端面的圆形边，设置"横截面"为"对称"，"距离"为1.5mm。

3）单击"确定"，创建倒角，结果如图4-190所示。

图4-189 创建埋头孔

图4-190 创建倒角

（9）规范化整理模型

根据模型规范化的要求，需要对模型进行整理，一般需要将建模过程的辅助几何隐藏以便更清晰地了解模型的最终设计结果，也为下游的后续应用提供便利。

1）在"部件导航器"中单击草图和基准特征的"眼睛"符号，将它们隐藏。

2）选择"装配"页→"关联"组→"引用集"，如没有"装配"页，可以通过勾选"文件"，找到"装配"打开。

3）在"引用集"对话框中选择列表中的引用集"Body"。

4）在图形窗口区选择实体模型，将实体模型加入到Body引用集中。

5）单击"引用集"对话框中的"关闭"，关闭对话框。

6）选择"文件"→"保存"，完成标准轴的建模过程。

4.5.2 轮盘类零件

轮盘类零件如图4-191所示，包括齿轮、手轮、带轮、飞轮、法兰盘、端盖等多种零件。轮盘类零件的主体一般也是回转体，与轴套类零件不同的是，轮盘类零件轴向尺寸较小，而径向尺寸较大，并有各种类型的板形状。此类零件上常有退刀槽、凸台、凹坑、倒角、圆角、轮齿、轮辐、肋板、螺纹孔、键槽和作为定位或连接的等结构。

图 4-191 轮盘类零件

下面用两个实例来介绍轮盘类零件的形状分析、常规建模流程、建模方法和详细的建模步骤，以帮助学生在比较全面地认识轮盘类零件结构特点的同时，还能够充分地掌握轮盘类零件在 NX 软件中的建模步骤、建模功能、建模方法和技巧。

【案例 4-14】 联轴器的三维建模

1. 零件形状分析

联轴器形状较简单，如图 4-192 所示，主体形状是回转体，轮盘部分均布通孔和减重用的腰形孔，轴前端有密封用的均布槽，回转体中心有通孔。

【案例 4-14】
联轴器的
三维建模

2. 联轴器的建模流程

首先要创建回转体的轮廓线，然后用轮廓线创建回转体，再创建细节特征，如轮盘均布的减重槽、通孔和密封槽等，均布的减重槽和通孔可用阵列特征功能完成。均布的通孔是两组同心、错位的孔，可以运用阵列特征里面的同心功能和错位功能来完成，且其中一个孔的直径与其他孔的直径有差异，也可以运用阵列特征的实例编辑功能来完成。密封槽不是完全均布的，可利用阵列特征里面的实例编辑功能来完成，从而简化建模的过程。具体建模流程如图 4-193 所示。

图 4-192 联轴器

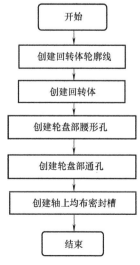

图 4-193 建模流程

注：本零件的回转体轮廓线、回转体以及腰形孔和通孔均已创建完成，其建模方法和操作过程与前面的轴套类零件几乎完全一致，故在本练习中省略，有兴趣的学生可以参照轴套类零件重构其模型，或者直接浏览完整模型的建模步骤。

3. 联轴器的建模步骤

（1）打开 NX 文件

1）选择"文件"页→"打开" 。

2）在"打开"对话框内浏览教学资源包中 NX 练习文件的"Home"文件夹。

3）在窗口列表内浏览选择文件 modeling_dishwheel_case1.prt，单击"确定"打开文件。

（2）创建轮盘上均布的腰孔阵列

1）单击"主页"页→"基本"组→"阵列特征" 阵列特征图标，打开"阵列特征"对话框。必要时单击对话框上边框的"重置"符号 ，重置对话框。

2）在图形窗口区选择腰形孔特征（"拉伸（5）"特征）。

3）在"阵列特征"对话框中的"阵列定义"组设置"布局"为"圆形"。

4）在"旋转轴"组中的"指定矢量"选择"自动判断矢量"，在图形窗口区选择基准坐标系中的 X 轴。

5）在"斜角方向"组中"间距"选择"数量和跨度"，"数量"设置为4，"跨角"设置为360°。

6）在"阵列方法"组中的"方法"选择"简单"。

7）单击"应用"，创建孔的圆形阵列，如图4-194所示。

（3）创建轮盘上均布的通孔阵列

1）单击"主页"页→"基本"组→"阵列特征" 阵列特征图标，打开"阵列特征"对话框。必要时单击对话框上边框的"重置"符号 ，重置对话框。

2）在图形窗口区选择通孔特征（"ϕ15 Countersunk Hole（7）"特征）。

3）在"阵列特征"对话框中"阵列定义"组的"布局"设置为"圆形"。

4）在"旋转轴"组中"指定矢量"选择"自动判断矢量"，在图形窗口区选择基准坐标系中的 X 轴。

5）在"斜角方向"组中"间距"选择"数量和跨度"，"数量"设置为4，"跨角"设置为360°。

6）在"辐射"组打开选项"创建同心成员"和"包含第一个圆"，"间距"设置为"数量与间隔"，"数量"设置为2，"节距"设置为35mm。

7）展开"阵列设置"组，在"阵列设置"组设置"交错"为"角度"，打开选项"显示最后一行实例"。

8）在"阵列方法"组中"方法"选择"简单"。

9）单击"确定"，创建通孔的同心圆形阵列，结果如图4-195所示。

10）在"部件导航树"中单击"阵列特征［圆形］（11）"前面的"+"号，展开阵列，选择"实例［2］［0］"，单击右键选择"可回滚编辑"。

11）在"实例特征"对话框中选择"Diameter"那一行，并单击"添加新集"，将"值"栏中的15改为12。

图 4-194　腰孔阵列

图 4-195　通孔阵列

12）单击"确定"，完成实例特征的孔直径编辑。在图形窗口区可以观察到该实例的孔径变小，如图 4-196 所示。

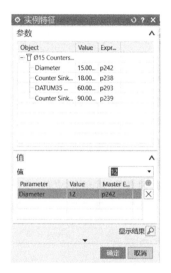

图 4-196　阵列编辑

（4）创建轮盘轴上均布的密封槽

1）单击"主页"页→"基本"组→"阵列特征" 阵列特征图标，打开"阵列特征"对话框。必要时单击对话框上边框的"重置"符号 ，重置对话框。

2）在图形窗口区选择拉伸特征（"拉伸（3）"特征）。

3）在"阵列特征"对话框中的"阵列定义"组的"布局"设置为"线性"。

4）在"方向1"组中"指定矢量"选择"自动判断矢量"，在图形窗口区选择基准坐标系中的 X 轴，单击指定矢量行的"反向" 图标，将阵列方向改成 –X 轴方向，"间距"选择"间隔和跨距"，"节距"设置为 10，"跨距"设置为 70mm，关闭"对称"选项，将"方向 2"组的选项"使用方向 2"关闭。

5）在"阵列方法"组中"方法"选择"简单"。

6）在图形窗口区选择第三个实例点符号 ，单击右键弹出菜单选择"删除"，再选择第五个实例点符号，单击右键弹出菜单选择"删除"。删除的实例点符号变成红色的球符号，如图 4-197 所示。

7）单击"确定"，创建密封槽的线性阵列，结果如图 4-198 所示。

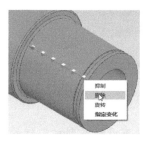

图 4-197　编辑实例

图 4-198　密封槽阵列

（5）规范化整理模型　根据模型规范化的要求，需要对模型进行整理，一般将建模过程的辅助几何隐藏以便更清晰地了解模型的最终设计结果，也为下游的后续应用提供便利。

1）在"部件导航器"中单击基准坐标系的"眼睛"符号，将它们隐藏。

2）选择"装配"页→"关联"组→"引用集"，如没有"装配"页，可以通过勾选"文件"，找到"装配"打开。

3）在"引用集"对话框中选择列表中的引用集"Body"。

4）在图形窗口区选择实体模型，将实体模型加入到 Body 引用集中。

5）单击"引用集"对话框中的"关闭"，关闭对话框。

6）选择"文件"→"保存"，完成联轴器的建模过程。

【案例 4-15】　制动盘的三维建模

1. 零件形状分析

制动盘形状略显复杂，主体形状是拉伸体，制动盘上有圆弧形的均布槽和沿曲线走向分布规律的孔，且零件上下对称，中间是制动盘的轮辐，如图 4-199 所示。

2. 制动盘的建模流程

首先要创建拉伸体的轮廓草图，轮廓草图可包含槽的中心线和均布孔的走向线。然后用轮廓线创建拉伸体，再创建细节特征，如制动盘均布的圆弧形槽和均布的通孔等，以及均布轮辐等。均布的通孔可以采用阵列特征里面沿曲线的选项来实现。具体建模流程如图 4-200 所示。

【案例 4-15】
制动盘的
三维建模

3. 制动盘的建模步骤

（1）打开 NX 文件

1）选择"文件"页→"打开"。

2）在"打开"对话框内浏览教学资源包中 NX 练习文件的"Home"文件夹。

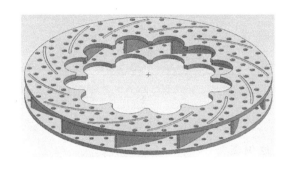

图 4-199　制动盘

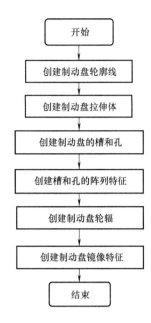

图 4-200　建模流程

3）在窗口列表内浏览选择文件 modeling_dishwheel_case2. prt，单击"确定"打开文件。

（2）创建拉伸体

1）单击"主页"页→"基本"组→"拉伸" 图标，打开"拉伸"对话框。必要时单击对话框上边框的"重置"符号 ，重置对话框。

2）选择图形窗口上边框的"选择意图"→"曲线规则"→"相连曲线"。

3）在图形窗口区分别选择草图的内圈曲线串和外圈的圆弧曲线。

4）在"拉伸"对话框中单击"方向"组的"指定矢量"的"反向"图标，将拉伸方向调整为-Z轴方向。

5）在"限制"组设置"开始"为"值"，"距离"为0，"结束"为"值"，"距离"为5mm。

6）单击"确定"，创建拉伸体，结果如图 4-201 所示。

（3）创建圆弧形槽

1）选择"曲面"页→"基本"→"更多"→"扫掠"→"管"，打开"管"对话框。

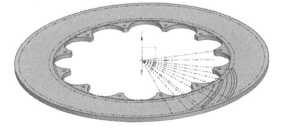

图 4-201　创建拉伸体

必要时单击对话框上边框的"重置"符号 ，重置对话框。

2）选择图形窗口上边框的"选择意图"→"曲线规则"→"单条曲线"。在图形窗口区选择草图上的圆弧线，如图 4-202 所示。

3）在"管"对话框中"横截面"组的"外径"设为3mm，"内径"设为0。

4）单击"确定"，创建管道，如图 4-203 所示。

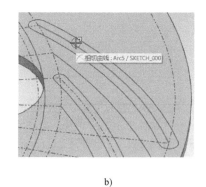

单条曲线

a)   b)

图 4-202　选择管道路径

5）单击"主页"页→"基本"组→"边倒圆"图标，打开"边倒圆"对话框。必要时单击对话框上边框的"重置"符号，重置对话框。

6）在图形窗口区分别选择刚创建的管道两端圆形边。

7）在"边倒圆"对话框中"半径 1"栏输入 1.5mm。

8）单击"确定"，创建边倒圆，结果如图 4-204 所示。

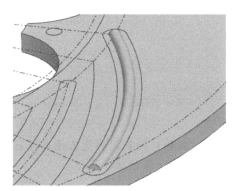

图 4-203　创建管道

9）选择"主页"页→"基本"组→"减去"，打开"减去"对话框。必要时单击对话框上边框的"重置"符号，重置对话框。

10）在图形窗口区选择拉伸体作为"目标"组的体。

11）在图形窗口区选择刚创建的管道体作为"工具"组的体。

12）单击"确定"，创建键槽，结果如图 4-205 所示。

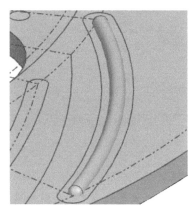

图 4-204　倒圆角

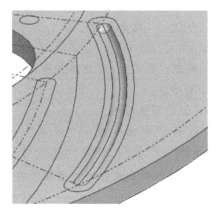

图 4-205　创建键槽

（4）创建圆弧形槽阵列

1）单击"主页"页→"基本"组→"阵列特征"　阵列特征图标，打开"阵列特征"对话框。必要时单击对话框上边框的"重置"符号 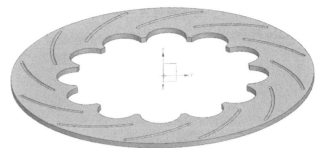，重置对话框。

2）在"部件导航器"内选择"管（3）"特征，按住〈Shift〉键选择"减去（5）"特征，同时选中"管（3）""边倒圆（4）"和"减去（5）"三个特征。

3）在"阵列特征"对话框中设置"阵列定义"组的"布局"为"圆形"。

4）在"旋转"组中"指定矢量"选择"自动判断矢量"，在图形窗口区选择基准坐标系中的 Z 轴。

5）在"斜角方向"组"间距"选择"数量和跨距"，"数量"设置为 12，"跨角"设置为 360°。

6）在"阵列方法"组中"方法"选择"变化"，忽略警告信息。

7）单击"确定"，创建圆形阵列，结果如图 4-206 所示。

（5）创建埋头孔

1）单击"主页"页→"基本"组→"孔" 孔 图标，打开"孔"对话框。必要时单击对话框上边框的"重置"符号 ，重置对话框。

图 4-206　键槽阵列

2）在"孔"对话框中"孔类型"选择"常规孔"。

3）在"形状"组中设置"形状"为"埋头"，"埋头直径"为 6mm，"埋头角度"为 90°，"孔径"为 5mm。

4）在"位置"组的"指定点"高亮时，在图形窗口选择草图圆弧线的端点，如图 4-207 所示。

5）在"孔"对话框中设置"限制"组的"深度限制"为"贯通体"。

6）在"布尔"组中设置"布尔"为"减去"。

7）单击"确定"，创建埋头孔，结果如图 4-208 所示。

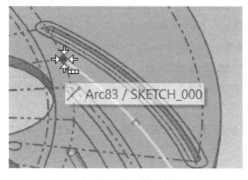

图 4-207　捕捉点

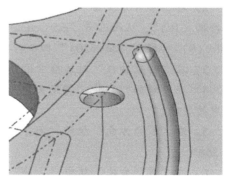

图 4-208　创建埋头孔

（6）创建孔沿曲线阵列

1）单击"主页"页→"基本"组→"阵列特征" 阵列特征 图标，打开"阵列特征"对话框。必要时单击对话框上边框的"重置"符号 ，重置对话框。

2）在"部件导航器"内选择特征"φ5 Countersunk Hole（7）"。

3）在"阵列特征"对话框中设置"阵列定义"组"布局"为"沿"。

4）在"方向1"组中"路径方法"选择"刚性"，在"选择路径"高亮时在图形窗口区选择草图的圆弧线，设置"间距"为"数量和跨度"，"数量"为5，"位置"为"弧长百分比"，"跨距百分比"为100%。

5）在"阵列方法"组中"方法"选择"简单"。

6）单击"确定"创建"沿阵列"，结果如图4-209所示。

（7）创建另外一个孔和孔沿曲线阵列

重复前面两步，选择槽的另一边草图圆弧线的端点创建埋头孔和埋头孔的沿曲线阵列，如图4-210所示。

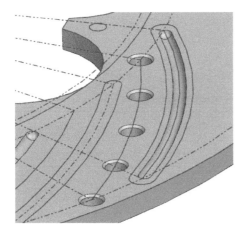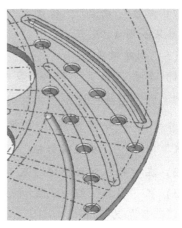

图4-209　孔阵列1　　　　　　　　　　图4-210　孔阵列2

（8）创建十个埋头孔的圆形阵列

1）单击"主页"页→"基本"组→"阵列特征"阵列特征图标，打开"阵列特征"对话框。必要时单击对话框上边框的"重置"符号，重置对话框。

2）在"部件导航器"内选择"φ5 Countersunk Hole（7）"，按住〈Shift〉键选择"阵列特征（10）"，从而选中"φ5 Countersunk Hole（7）""阵列特征（8）""φ5 Countersunk Hole（9）""阵列特征（10）"四个特征，共十个埋头孔。

3）在"阵列特征"对话框中设置"阵列定义"组"布局"为"圆形"。

4）在"旋转"组中"指定矢量"选择"自动判断矢量"，在图形窗口区选择基准坐标系中的Z轴。

5）在"斜角方向"组的"间距"选择"数量和跨度"，设置"数量"为12，"跨角"为360°。

6）在"阵列方法"组中"方法"选择"简单"。

7）单击"确定"创建圆形阵列，结果如图4-211所示。

（9）创建轮辐的拉伸体

1）单击"主页"页→"基本"组→"拉伸"图标，打开"拉伸"对话框。必要时单击对话框上边框的"重置"符号，重置对话框。

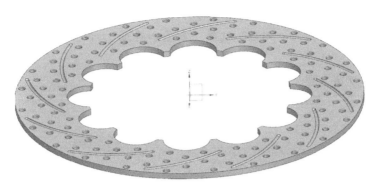

图 4-211　阵列埋头孔

2）选择图形窗口上边框的"选择意图"→"曲线规则"→"相切曲线"，在图形窗口区选择草图的轮辐曲线，如图 4-212 所示。

a)

b)

图 4-212　选择拉伸曲线

3）在"拉伸"对话框"方向"组单击"指定矢量"的"反向"图标，将拉伸方向调整为 -Z 轴方向。

4）在"限制"组设置"开始"为"值"，"距离"为 0，"结束"为"值"，"距离"为 30mm。

5）在"布尔"组选择"布尔"为"无"。

6）单击"确定"，创建拉伸体，如图 4-213 所示。

7）在"部件导航器"内单击草图特征前面的"眼睛"符号 ◉，符号变为 ∅，隐藏草图对象。

（10）创建轮辐的圆形阵列

1）单击"主页"页→"基本"组→"阵列特征" 阵列特征图标，打开"阵列特征"对话框。必要时单击对话框上边框的"重置"符号 ↻，重置对话框。

2）在"部件导航器"内选择"拉伸（12）"。

3）在"阵列特征"对话框中设置"阵列定义"组的"布局"为"圆形"。

4）在"旋转"组中"指定矢量"选择"自动判

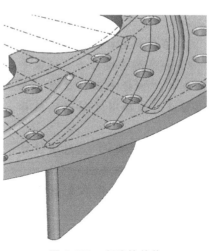

图 4-213　创建拉伸体

断矢量"，在图形窗口区选择基准坐标系中的 Z 轴。

5）在"斜角方向"组的"间距"选择"数量和跨度"，设置"数量"为 12，"跨角"为 360°。

6）在"阵列方法"组中的"方法"选择"简单"。

7）单击"确定"，创建轮辐阵列，结果如图 4-214 所示。

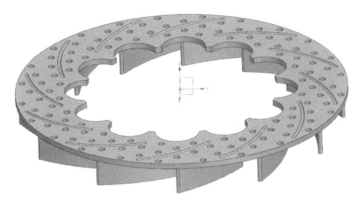

图 4-214　轮辐阵列

（11）创建镜像体

1）单击"主页"页→"构造"组→"基准平面" 图标，打开"基准平面"对话框。必要时单击对话框上边框的"重置"符号 ，重置对话框。

2）在"基准平面"对话框中的"基准平面"类型栏中选择"自动判断"，必要时在"设置"组将"关联"选项勾选上。

3）在图形窗口区选择基准坐标系的 XY 平面。

4）在"偏置"组的"距离"栏单击"反向"图标 ，将偏置方向改为 -Z 方向，输入偏置值 30/2mm。

5）单击"确定"创建对称基准平面。

6）选择"主页"→"插入"→"关联复制"→"镜像几何体"，打开"镜像几何体"对话框。必要时单击对话框上边框的"重置"符号 ，重置对话框。

7）在图形窗口区选择第一个拉伸体。

8）按鼠标中键激活"镜像平面"组的"选择平面"选项，在图形窗口区选择刚才创建的对称基准平面。

9）单击"确定"，创建镜像几何体，结果如图 4-215 所示。

（12）合并操作完成模型的创建

1）单击"主页"页→"基本"组→"合并" 图标，打开"合并"

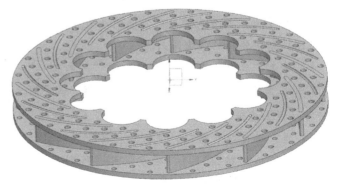

图 4-215　创建镜像几何体

对话框。必要时单击对话框上边框的"重置"符号 ⟳ ，重置对话框。

2）在图形窗口区选择第一个拉伸体。

3）NX 自动激活"工具"组的"选择体"，在图形窗口区框选所有的体对象（共选中 13 个体对象）。

4）单击"确定"，完成合并操作。

（13）规范化整理模型

根据模型规范化的要求，需要对模型进行整理，一般将建模过程的辅助几何隐藏以便更清晰地了解模型的最终设计结果，也为下游的后续应用提供便利。

1）按〈Ctrl+W〉键，弹出显示和隐藏菜单，在菜单中单击基准坐标系和基准平面后面的"眼睛"符号 ⦰ ，将基准坐标系和基准平面对象隐藏。

2）选择"装配"页→"关联"组→"引用集"，如没有"装配"页，可以通过勾选"文件"，找到"装配"打开。

3）在"引用集"对话框中选择列表中的引用集"Body"。

4）在图形窗口区选择实体模型，将实体模型加入到 Body 引用集中。

5）单击"引用集"对话框中的"关闭"，关闭对话框。

6）选择"文件"→"保存"，完成制动盘的建模过程。

4.5.3 叉架类零件

叉架类零件如图 4-216 所示，它有一个轴承孔作为工作结构，还有一个安装板，包括各种拨叉、连杆、摇杆、支架和支座等。这类零件结构形状有较简单的，也有比较复杂的，通常不太规则。此类零件多数由铸造或模锻制成毛坯后，经必要的机械加工而成，常具有铸造或锻造圆角、起模斜度、凸台、凹坑或螺栓过孔、销孔等结构。

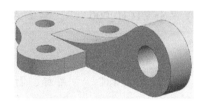

图 4-216 叉架类零件

下面用两个实例来介绍叉架类零件的形状分析、常规建模流程、建模方法和详细的建模步骤，以帮助学生在比较全面地认识叉架类零件结构特点的同时，还能够充分地掌握叉架类零件在 NX 软件中的建模步骤、建模功能以及建模方法和技巧。

【案例 4-16】 铰链座的三维建模

1. 零件形状分析

铰链座形状简单，其主体形状是两个拉伸体，座部有均布的安装孔，耳部有通孔。如图 4-217 所示。

2. 铰链座的建模流程

首先要创建拉伸体的轮廓草图，轮廓草图内可以不包含孔的圆弧线，也

【案例 4-16】
铰链座的
三维建模

可以包含孔的圆弧线。然后用轮廓线创建拉伸体再合并即可。具体建模流程如图 4-218 所示。

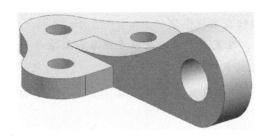

图 4-217　铰链座

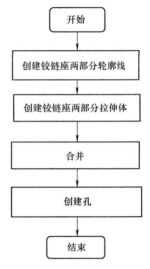

图 4-218　建模流程

3. 铰链座的建模步骤

（1）打开 NX 文件

1）选择"文件"页→"打开"。

2）在"打开"对话框内浏览教学资源包中 NX 练习文件的"Home"文件夹。

3）在窗口列表内浏览选择文件 modeling_bracket_case1.prt，单击"确定"，打开文件。

（2）编辑草图

1）在"部件导航器"中选择"特征草图（1）'SKETCH_000'"，单击右键选择"可回滚编辑"，进入草图任务环境，如图 4-219 所示。

注意：草图已被三个自动尺寸完全约束。

2）在草图"任务"环境，单击"约束"组中"设为对称"图标，打开"设为对称"对话框。

3）在图形窗口区选择尺寸为 Rp4 = 50.0mm 的圆弧线作为对称的"主对象"。

4）选择自动尺寸为 R140.1mm 的圆弧线作为对称的"次对象"。

5）选择中心的虚线作为对称中心线，创建对称约束。

6）继续选择尺寸为 Rp3 = 18.0mm 的圆弧线作为对称的"主对象"。

7）选择自动尺寸为 R13.3mm 的圆弧线作为对称的"次对象"，创建对称约束。无需再次选择中心的虚线作为对称中心线。如图 4-220 所示。

8）单击"完成"图标，退出草图任务环境，完成草图的编辑。

（3）创建拉伸体

1）单击"主页"页→"基本"组→"拉伸"图标，打开"拉伸"对话框。必要时单击对话框上边框的"重置"符号，重置对话框。

2）选择"选择意图"→"曲线规则"→"自动判断曲线"。

3）在图形窗口区选择草图曲线，在"限制"组设置"开始"为"值"，"距离"为0，"结束"为"值"，"距离"为 H = 10mm，输入 H = 10mm，如图 4-221 所示。

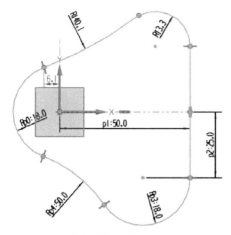
图 4-219　编辑草图

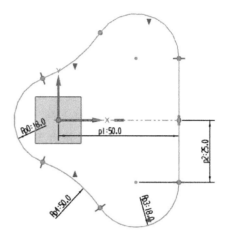
图 4-220　创建对称约束

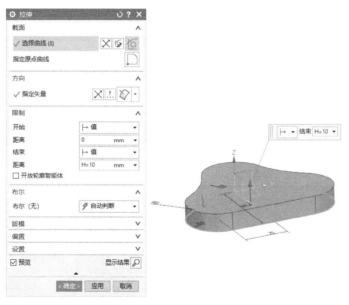
图 4-221　创建拉伸特征

4）单击"确定"，创建拉伸体。

注：输入"H = 10"代表创建了一个表达式 H，其值为 10mm。

5）在"部件导航器"中单击"草图"和"拉伸特征"前面的符号 ⊚，隐藏特征。

（4）创建草图

1）单击"主页"页→"构造"组→"草图" ✎图标，打开"创建草图"对话框。必要时单击对话框上边框的"重置"符号 ↻，重置对话框。

2）在图形窗口区选择基准坐标系的 XZ 平面，单击"确定"进入草图任务环境。

3）NX 自动激活草图"轮廓"命令，绘制下列轮廓线（类似即可），如图 4-222 所示。

4）在图形窗口选择水平线和圆弧线（两曲线未相切），选择弹出工具栏上的"相切"符号，创建相切约束，如图 4-223 所示。

5）在图形窗口选择垂直线和草图的 Y 轴，选择弹出工具栏上的"共线"符号，必要时可单击右键弹出下拉式工具，创建共线约束。

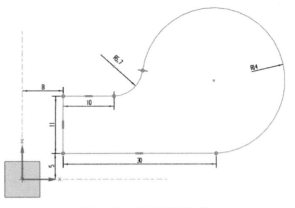

图 4-222 绘制草图轮廓

6）在图形窗口选择水平线和草图的 X 轴，选择弹出工具栏上的"共线"符号，创建共线约束，如图 4-224 所示。

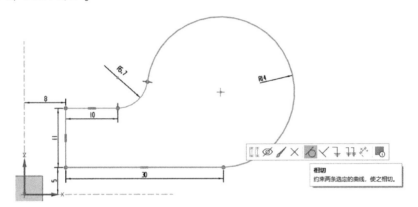

图 4-223 创建相切约束

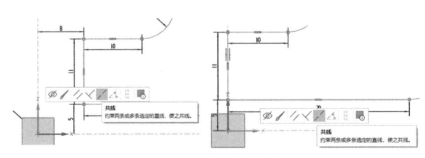

图 4-224 创建共线约束

7）单击草图任务环境中"量纲"组的"快速尺寸" 图标，打开"快速尺寸"对话框。必要时单击对话框上边框的"重置"符号，重置对话框。

8）在图形窗口区选择垂直线和右边的圆弧中心，放置尺寸后在尺寸栏输入 110。

注：整个草图会自动缩放，需要在"草图首选项"对话框中打开相应的草图开关，勾选"会话设置"页中"基于第一个驱动尺寸缩放"选项，如图 4-225 所示。

9）在图形窗口区分别选择两水平线，放置尺寸后在尺寸栏输入 H。

注：H 就是创建拉伸时创建的表达式 H，此处引用其表达式以保证尺寸与拉伸高度始终保持一致。

10）单击"关闭"，关闭"快速尺寸"对话框。

11）在图形窗口区分别双击自动圆弧尺寸，分别输入 125mm 和 22mm，创建如图 4-226 所示的草图轮廓。

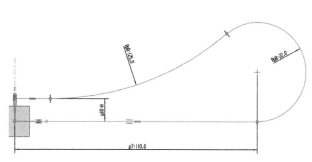

图 4-225　设置"基于第一个驱动尺寸缩放"　　　　图 4-226　添加尺寸约束

12）单击"完成"图标，退出草图任务环境，完成草图的创建。

（5）创建拉伸体

1）在"部件导航器"内单击拉伸体前面的符号，显示拉伸体。

2）单击"主页"页→"基本"组→"拉伸"图标，打开"拉伸"对话框。必要时单击对话框上边框的"重置"符号，重置对话框。

3）选择"选择意图"→"曲线规则"→"自动判断曲线"。

4）在图形窗口区选择前面创建的草图曲线。

5）在"限制"组设置"开始"为"对称值"，"距离"为 8mm。如尺寸无法输入，单击尺寸栏后面的"等于符号"，启动"公式编辑器"，选择"设为常量"。

6）在"布尔"组的"布尔"选择"合并"。

7）单击"确定"，创建拉伸体。

（6）创建三个安装孔

1）单击"主页"页→"基本"组→"孔"图标，打开"孔"对话框。必要时单击对话框上边框的"重置"符号，重置对话框。

2）在"孔"对话框的"孔类型"组设为"常规孔"。

3）在"形状"组的"形状"设为"简单孔"，"孔径"为 12mm。

4）在"位置"组的"指定点"选项激活时，在图形窗口区分别选择第一个拉伸体的三个圆心点。

注：选择圆心点时，需要将"选择意图"工具栏上的"圆心点"选项打开，必要时关闭其他的点选项，如图 4-227 所示。

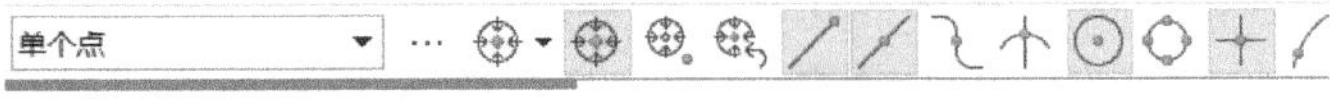

图 4-227　设置捕捉点选项

5）在"限制"组的"深度限制"设为"贯通体"。

6）在"布尔"组的"布尔"设为"减去"，如图 4-228 所示。

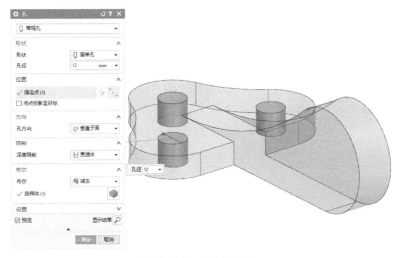

图 4-228　创建安装孔

7）单击"应用"，创建三个孔。

8）在"孔"对话框打开的状态下，"孔类型"组设为"常规孔"。

9）在"形状"组的"形状"设为"简单孔"，"孔径"为 20mm。

10）在"位置"组的"指定点"选项激活时，在图形窗口区选择第二个拉伸体的圆心点。

11）在"限制"组的"深度限制"设为"贯通体"。

12）在"布尔"组的"布尔"设为"减去"。

13）单击"确定"，创建孔。

（7）规范化整理模型

根据模型规范化的要求，需要对模型进行整理，一般将建模过程的辅助几何隐藏以便更清晰地了解模型的最终设计结果，也为下游的后续应用提供便利。

1）按〈Ctrl+W〉键，弹出显示和隐藏菜单，在菜单中单击草图、基准坐标系后面的"眼睛"符号 ⊙ ，将草图和基准坐标系对象隐藏。

2）选择"菜单"→"格式"→"引用集"。

3）在"引用集"对话框中选择列表中的引用集"Body"。

4）在图形窗口区选择实体模型，将实体模型加入到 Body 引用集中。

5）单击"引用集"对话框中的"关闭"，关闭对话框。

6）选择"文件"→"保存"，完成铰链座的建模过程。

【案例4-17】 连接头的三维建模

1. 零件形状分析

连接头形状比较复杂，如图4-229所示。主体形状由三部分组成，一部分是主体部分，两侧都带圆角的立方体，另一部分是半个圆环，中间是连接的平板和加强筋，属于比较典型的叉架类结构零件，在建模过程中要用到一点技巧。

2. 连接头的建模流程

首先要创建轮廓草图，可以单独创建多个简单的草图，也可以创建一个比较复杂的草图。一般建议创建多个简单的草图，本案例为了演示"选择意图"的功能，特地创建一个较为复杂的草图；然后分别用拉伸、边倒圆等命令创建主体的三个部分，加强筋需要另建一个草图，并用NX筋板功能来创建。具体建模流程如图4-230所示。

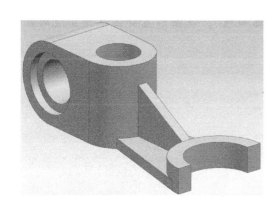

图4-229 连接头

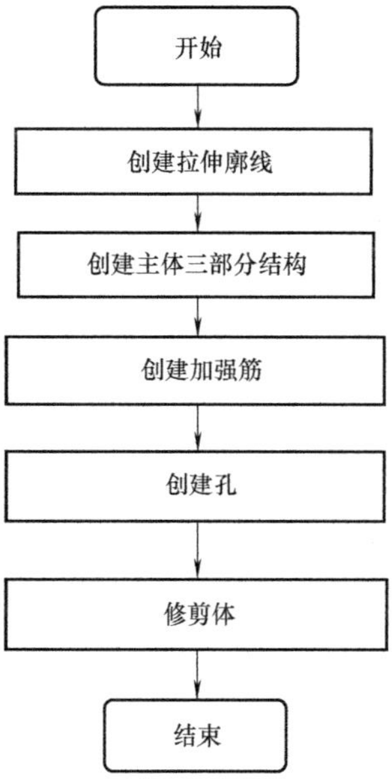

图4-230 建模流程

3. 连接头的建模步骤

（1）打开NX文件

1）选择"文件"页→"打开" 。

2）在"打开"对话框内浏览教学资源包中NX练习文件的"Home"文件夹。

3）在窗口列表内浏览选择文件modeling_bracket_case2.prt，单击"确定"，打开文件。

（2）输入和检查表达式

1）单击主工具栏的"工具"展开工具栏，在"实用工具"组单击"表达式" 图标，打开"表达式"对话框，必要时单击对话框上边框的"重置"符号 ，重置对话框。

2）在"名称"列的"默认组"下面输入表达式名称"Height"。

3）在"公式"列对应栏输入数值48，如图4-231所示。

注意：设置"单位"为mm，"量纲"为长度，"类型"为数字。同时注意到其他的已

↑ 名称	公式	值	单位	量纲	类型
1 ∨ 默认组					
2 Height	48		mm ▼	长度 ▼	数字 ▼
3 D	58	58 mm	mm ▼	长度 ▼	数字

图 4-231　创建表达式

经存在的表达式，如：D=58、H1=15、L=88、R=21 等。

4）单击"确定"，退出"表达式"对话框。

5）在"部件导航器"选择"草图（1）"，单击右键选择"可回滚编辑"，进入草图任务环境。

6）浏览草图，注意草图尺寸约束中包含 L、D、R 等表达式。

7）单击"完成" 图标，退出草图任务环境。

（3）创建拉伸体

1）单击"主页"页→"基本"组→"拉伸" 图标，打开"拉伸"对话框。必要时单击对话框上边框的"重置"符号 ，重置对话框。

2）选择"选择意图"→"曲线规则"→"相连曲线"，在图形窗口区选择左边的轮廓曲线。

3）在"限制"组设置"开始"为"值"，"距离"为 0，"结束"为"值"，"距离"为 Height。

4）在"布尔"组中"布尔"选择"自动判断"，如图 4-232 所示。

5）单击"应用"，创建拉伸体。

6）"拉伸"对话框保持打开状态，选择"选择意图"→"曲线规则"→"单条曲线"。

7）在图形窗口区选择草图右边的圆。

8）在"限制"组设置"开始"为"值"，"距离"为 0，"结束"为"值"，"距离"为 H1。

注：如果无法输入表达式 H1，可单击距离栏后面的符号 ，启动"公式编辑器"，并选择"设为常量"，或单击对话框上边框的"重置"符号 ，重置对话框。

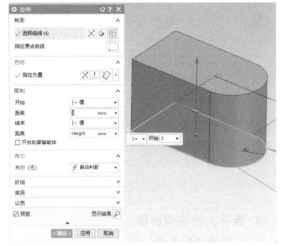

图 4-232　创建拉伸体 1

9）在"布尔"组中"布尔"选择"无"，如图 4-233 所示。

10）单击"应用"，创建拉伸体。

11）"拉伸"对话框保持打开状态，选择"选择意图"→"曲线规则"→"相连曲线"。

12）在图形窗口区选择草图中间的梯形。

13）在"限制"组设置"开始"为"值"，"距离"为 0，"结束"为"值"，"距离"为 6mm。

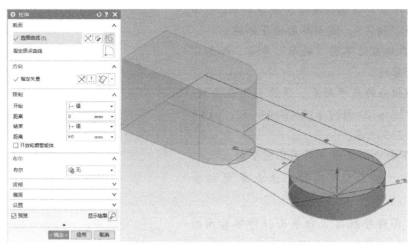

图 4-233　创建拉伸体 2

14）在"布尔"组中"布尔"选择"无"，如图 4-234 所示。

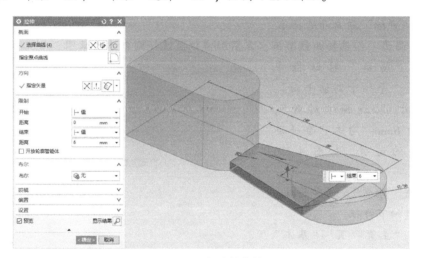

图 4-234　创建拉伸体 3

15）单击"确定"，创建拉伸体。

16）单击"主页"页→"基本"组→"合并" 图标，打开"合并"对话框。必要时单击对话框上边框的"重置"符号 ，重置对话框。

17）在图形窗口区选择第一个拉伸体作为"目标体"。

18）选择第二和第三个拉伸体作为"工具体"。

19）单击"确定"，创建合并体。

（4）创建加强筋

1）在"部件导航器"内单击拉伸体后面的"眼睛"符号 ，将拉伸体特征隐藏。

2）单击"主页"页→"构造"组→"草图" 图标，打开"创建草图"对话框。必要时单击对话框上边框的"重置"符号 ，重置对话框。

3）在图形窗口区选择基准坐标系的 XZ 平面。

4）单击"确定"，进入草图任务环境。

5）NX 自动激活草图"轮廓"命令，绘制图 4-235 所示轮廓线。

6）添加相应的尺寸约束，注意引用表达式，如：p11 = D/2、p12 = H1、p13 = Height-12、p14 = L-R，如图 4-235 所示。

注意：下面边框提示"草图已完全约束"。

7）单击"完成" 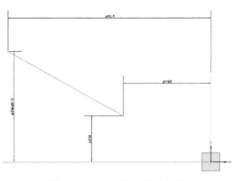 图标，退出草图任务环境。

图 4-235 绘制加强筋草图

8）在"部件导航器"内单击拉伸体后面的"眼睛"符号 ，将拉伸体特征显示。

9）单击"菜单"→"插入"→"设计特征"→"筋板" 筋板(I)... 图标，打开"筋板"对话框。

10）在"目标"组自动选择体。

11）"截面线"组选择曲线激活，在图形窗口区选择刚创建的草图。

12）在"筋板"对话框中"壁"组选择"平行于剖切平面"，"维度（尺寸）"选择"对称"，"厚度"设为 6mm，勾选"合并筋板和目标"的选项，如图 4-236 所示。

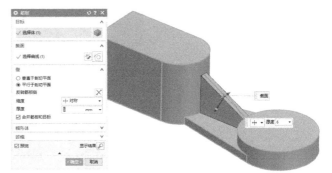

13）单击"确定"，创建筋板。

（5）创建细节特征

1）单击"主页"页→"基本"组→"边倒圆" 图标，打开"边倒圆"对话框。必要时单击对话框上边框的"重置"符号 ，重置对话框。

图 4-236 创建加强筋

2）在图形窗口区选择如图 4-237 所示下面两条边。

3）在半径栏输入 Height/2。

4）单击"确定"创建边倒圆。

5）单击"主页"页→"基本"组→"孔" 图标，打开"孔"对话框。必要时单击对话框上边框的"重置"符号 ，重置对话框。

6）在"孔"对话框中"孔类型"组设为"常规孔"。

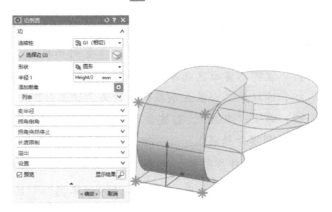

图 4-237 创建边倒圆特征

7）在"形状"组"形状"设为"沉头孔"，"沉头直径"设为35mm，"C-镗限制"选择"值"，"沉头深度"设为5mm，"孔径"设为25mm。

8）在"位置"组的"指定点"选项激活时，在图形窗口区选择刚创建边倒圆的圆弧中心点。

注：选择圆心点时，需要将"选择意图"工具栏上的"圆心点"选项打开，必要时关闭其他的点选项，如图4-238所示。

图4-238　设置捕捉点选项

9）在"限制"组设置"深度限制"为"贯通体"。

10）在"布尔"组设置"布尔"为"减去"，如图4-239所示。

11）单击"确定"，创建沉头孔。

12）单击"主页"页→"基本"组→"拉伸" 图标，打开"拉伸"对话框。必要时单击对话框上边框的"重置"符号 ，重置对话框。

13）在"拉伸"对话框左上角单击"齿轮"符号 ，选择"拉伸（更多）" ，可展示更多的拉伸选项。

14）选择"选择意图"→"曲线规则"→"自动判断曲线"。

15）在图形窗口区选择刚创建沉头孔对侧的孔圆弧边缘线。

16）在"方向"组设置拉伸方向为向孔内，否则单击"反向"图标 ，改变拉伸方向。

17）在"限制"组设置"开始"为"值"，"距离"为0，"结束"为"值"，"距离"为5mm。

18）在"布尔"组设置"布尔"为"减去"。

19）单击"偏置"组符号 ，展开"偏置"组。

20）选择"偏置"为"单侧"，"结束"为5mm，如图4-240所示。

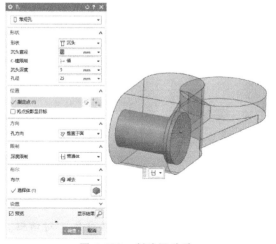

图4-239　创建沉头孔

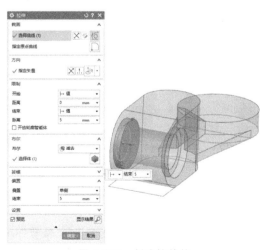

图4-240　创建拉伸体

21）单击"确定"，创建另一侧的沉孔。

22）单击"主页"页→"基本"组→"孔" 图标，打开"孔"对话框。必要时单击对话框上边框的"重置"符号 ，重置对话框。

23）在"孔"对话框中"孔类型"组设为"常规孔"。

24）在"形状"组中"形状"设为"简单孔"，"孔径"设为25mm。

25）在"位置"组的"指定点"选项激活时，在图形窗口区选择下面的圆弧中心点。

注：选择圆心点时，需要将"选择意图"工具栏上的"圆心点"选项打开，必要时关闭其他的点选项，如图4-241所示。

图4-241　设置捕捉点选项

26）在"限制"组设置"深度限制"为"贯通体"。

27）在"布尔"组设置"布尔"为"减去"，如图4-242所示。

28）单击"应用"，创建简单孔。

29）在"孔"对话框打开的状态下，"孔类型"组保持选择"常规孔"。

30）在"形状"组中"形状"设为"简单孔"，"孔径"设为40mm。

31）在"位置"组的"指定点"选项激活时，在图形窗口区选择下面的圆弧中心点，如图4-243所示。

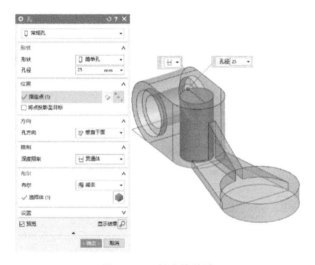

图4-242　创建简单孔

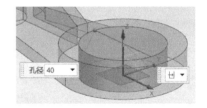

图4-243　创建简单孔

32）在"限制"组设置"深度限制"为"贯通体"。

33）在"布尔"组设置"布尔"为"减去"。

34）单击"确定"，创建简单孔。

（6）创建修剪体

1）单击"菜单"→"插入"→"修剪"→"修剪体" 修剪体...，打开"修剪体"对话框。

2）在"目标"组"选择体"激活时，在图形窗口区选择实体。

3）在"工具"组中"工具"选项设为"面或平面。"

4）在"选择面或平面"选项激活时，在图形窗口区选择基准坐标系的 YZ 平面，确认修剪方向为+X 轴，如必要可单击"反向" ☒ 图标改变修剪方向。

5）单击"确定"，创建修剪体。

（7）修改表达式、更新模型

1）单击主工具栏上的"工具"展开工具栏，在"实用工具"组单击"表达式"，打开"表达式"对话框，必要时单击对话框上边框的"重置"符号 ↻，重置对话框。

2）双击"公式"列 L 行输入 118，如图 4-244 所示。

3）单击"确定"退出"表达式"对话框，更新模型。

（8）规范化整理模型

根据模型规范化的要求，需要对模型进行整理，一般将建模过程的辅助几何隐藏以便更清晰地了解模型的最终设计结果，也为下游的后续应用提供便利。

↑ 名称	公式
∨ 默认组	
D	58
H1	15
Height	48
L	118

图 4-244　创建表达式

1）按〈Ctrl+W〉键，弹出显示和隐藏菜单，在菜单中单击草图、基准坐标系后面的"眼睛"符号 ◉，将草图和基准坐标系对象隐藏。

2）选择"菜单"→"格式"→"引用集"。

3）在"引用集"对话框中选择列表中的引用集"Body"。

4）在图形窗口区选择实体模型，将实体模型加入到 Body 引用集中。

5）单击"引用集"对话框中的"关闭"，关闭对话框。

6）选择"文件"→"保存"，完成连接头的建模过程。

4.5.4　箱体类零件

箱体类零件如图 4-245 所示，它包括箱体、外壳、座体等。箱体类零件主要用来支承、包容和保护运动零件或其他零件，其内部有空腔、孔等结构，形状比较复杂。

下面用两个实例来介绍箱体类零件的形状分析、常规建模流程、建模方法和详细的建模步骤，以帮

图 4-245　箱体类零件

助学生在比较全面地认识箱体类零件结构特点的同时，还能够充分地掌握箱体类零件在 NX 软件中的建模步骤、建模功能以及建模方法和技巧。

【案例 4-18】　压缩机基座的三维建模

1. 零件形状分析

压缩机基座形状比较复杂，主体形状是带拔模斜度的拉伸壳体，底部有均布的安装座及安装孔，顶部有法兰面，侧面有油孔座，如图 4-246 所示。

【案例 4-18】
压缩机基座
的三维建模

2. 压缩机基座的建模流程

首先要创建基座本体，然后抽壳形成薄壁件并倒圆，再创建安装座和安装孔，考虑到其对称性可以用镜像的方式来建模，以便简化建模过程。油孔座是倾斜的，需要先创建倾斜的基准平面，以便在基准平面上创建油孔座的轮廓草图，再创建其实体部分，最后创建法兰面即可。具体建模流程如图 4-247 所示。

图 4-246　压缩机基座

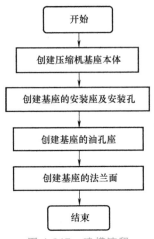

图 4-247　建模流程

3. 压缩机基座的建模步骤

（1）打开 NX 文件

1）选择"文件"页→"打开" 📂。

2）在打开对话框内浏览教学资源包中 NX 练习文件的"Home"文件夹。

3）在窗口列表内浏览选择文件 modeling_boxbody_case1. prt，单击"确定"，打开文件。

（2）浏览文件中已有数据

1）单击主工具栏上的"工具"展开工具栏，在"实用工具"组单击"表达式"图标，打开"表达式"对话框，必要时单击对话框上边框的"重置"符号 ↻，重置对话框。浏览表达式中已有的命名表达式，如：Dipstick_major_dia、Dipstick_minor_dia、Draft_end、Draft_side、Draft_std、Feet_Thick、Height 等。

2）单击"取消"，关闭"表达式"对话框。

3）在"部件导航器"选择基准平面（1）"Case_Top"，单击右键选择"可回滚编辑"。

注：观察到"偏置"组的"距离"为 90mm。

4）单击"90"后面的符号 ≡，选择"=公式（F）"进入"表达式"对话框，看到表达式 p2 引用了表达式 Height＝90mm。如图 4-248 所示。

↑ 名称	公式	值	单位	量纲
∨ 默认组				
p2	Height	90	mm	长度

图 4-248　创建表达式

5）单击"取消"，关闭"表达式"对话框。

注：可以通过编辑基准平面来继续浏览更多的基准平面。同样可以通过编辑草图来浏览

草图的几何约束与基准平面的关系、草图尺寸约束与基准平面和表达式的关系。

（3）创建基座本体

1）单击"主页"页→"基本"组→"拉伸"图标，打开"拉伸"对话框。必要时单击对话框上边框的"重置"符号，重置对话框。

2）选择"选择意图"→"曲线规则"→"特征曲线"。

3）在图形窗口区选择草图曲线。

4）在"限制"组设置"开始"为"直至选定"。

5）激活"选择对象"选项，在图形窗口区选择基准平面 Case_Front。

6）在"限制"组继续设置"结束"为"直至选定"。

7）激活"选择对象"选项，在图形窗口区选择基准平面 Case_Rear。

8）在"布尔"组中"布尔"选择"自动判断"，如图 4-249 所示。

9）单击"确定"，创建拉伸体。

10）单击"主页"页→"基本"组→"拔模"图标，打开"拔模"对话框。必要时单击对话框上边框的"重置"符号，重置对话框。

11）在"拔模"对话框中"拔模"类型选择"面"。

12）在"脱模方向"组的"指定矢量"选择 Z 轴。

13）在"拔模参考"组的"拔模方法"选择"固定面"。

14）激活"选择固定面"选项，在图形窗口区选择拉伸体的底面，即平行于基准坐标系 XY 平面的面。

15）在"要拔模的面"组激活"选择面"选项，在图形窗口区选择拉伸体的前面和后面（平行基准坐标系 X 平面的两个面）。

16）单击"角度1"输入栏的箭头符号▼，选择"=公式（F）"，进入到"表达式"对话框。

17）双击 Draft_end 表达式，使 p26＝Draft_end。

18）单击"确定"，退出"表达式"对话框，回到"拔模"对话框，"角度1"栏显示 4°，如图 4-250 所示。

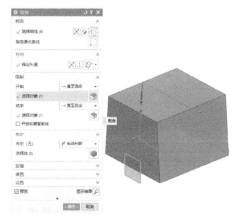

图 4-249 创建拉伸体

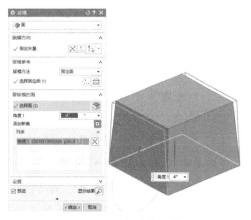

图 4-250 创建拉伸体

19）单击"确定"，创建拔模斜度。

20）单击"主页"页→"基本"组→"抽壳" 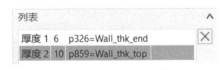 图标，打开"抽壳"对话框。必要时单击对话框上边框的"重置"符号 ↺，重置对话框。

21）在"抽壳"对话框中"抽壳类型"选择"开口"。

22）在"面"组激活"选择面"，在图形窗口区选择拉伸体的底面（平行基准坐标系 XY 平面的面）。

23）单击"厚度"组的"厚度"输入栏的箭头符号▼，选择"＝公式（F）"，进入到"表达式"对话框。

24）双击 Wall_thk_side 表达式，使新的表达式 p×××＝Wall_thk_side（×××代表某个数字，因建模过程不同，可能其数字也不一定相同）。

25）单击"确定"，退出"表达式"对话框，回到"抽壳"对话框，"厚度"栏显示 6.0000mm。

26）单击"备选厚度"组后面的符号 ∨，展开"备选厚度"组。

27）激活"选择面"选项，在图形窗口区选择拉伸体的前面和后面（前面添加过拔模斜度的两个面）。

28）单击"备选厚度"组的"厚度 1"输入栏的符号＝∣，选择"＝公式（F）"，进入到"表达式"对话框。

29）双击 Wall_thk_end 表达式，使新的表达式 p×××＝Wall_thk_end（×××代表某个数字，因建模过程不同，可能其数字也不一定相同）。

30）单击"确定"，退出"表达式"对话框，回到"抽壳"对话框，"厚度 1"栏显示 6.0000mm。

31）单击"备选厚度"组的"添加新集"符号 ⊕。

32）激活"选择面"选项，在图形窗口区选择拉伸体的顶面（平行于基准坐标系 XY 平面的面）。

33）单击"备选厚度"组的"厚度 2"输入栏的符号▼，选择"＝公式（F）"，进入到"表达式"对话框。

34）双击 Wall_thk_top 表达式，使新的表达式 p×××＝Wall_thk_top（×××代表某个数字，因建模过程不同，可能其数字也不一定相同）。

35）单击"确定"，退出"表达式"对话框，回到"抽壳"对话框，"厚度 2"栏显示 10.0000mm。

注：列表窗口中如图 4-251 所示。

36）单击"确定"，创建抽壳特征。

（4）创建安装座及安装孔

1）单击"主页"页→"构造"组→"草图" 图标，打开"创建草图"对话框。必要时单击对话框上边框的"重置"符号 ↺，重置对话框。

2）在图形窗口区选择基准坐标系的 XY 平面，单击"确定"，进入草图任务环境。绘制如图 4-252 所示草图轮廓，并添加适当的约束。

列表		∧
厚度 1 6	p326＝Wall_thk_end	✕
厚度 2 10	p859＝Wall_thk_top	

图 4-251 厚度列表

注：其中水平线与基准平面（3）"Case _ Front" 共线，尺寸约束 p329 = Width/2+14，尺寸约束 p330 = Wall_thk_side 的第一对象是基准平面（5）"Case_Left"。

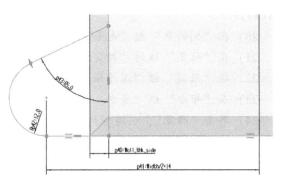

图 4-252　绘制草图

3）单击"完成" 图标，退出草图任务环境。

4）单击"主页"页→"基本"组→"拉伸" 图标，打开"拉伸"对话框。必要时单击对话框上边框的"重置"符号 ，重置对话框。

5）在拉伸对话框左上角单击"齿轮"符号 ，选择"拉伸（更多）"，可展示更多的拉伸选项。

6）选择"选择意图"→"曲线规则"→"特征曲线"。

7）在图形窗口区选择刚创建的草图曲线。

8）在"限制"组设置"开始"为"值，距离"为 0，"结束"为"直至选定"。

9）激活"选择对象"选项，在"部件导航器"中选择基准平面（6）"Feet_face"。

10）在"布尔"组中"布尔"选择"合并"。

11）在"拔模"组单击符号 展开"拔模"组。

12）在"拔模"组中"拔模"选择"从起始限制"。

13）单击"角度"栏后面的符号▼，选择"=公式（F）"，进入表达式对话框。

14）双击表达式 Draft_end，使表达式 = Draft_end。

15）单击"确定"，退出"表达式"对话框。

注意：角度栏显示 4°，如图 4-253 所示。

16）单击"确定"，创建拉伸体。

17）单击"主页"页→"基本"组→"孔" 图标，打开"孔"对话框。必要时单击对话框上边框的"重置"符号 ，重置对话框。

18）在"孔"对话框中"孔类型"组设为"螺钉间隙孔"。

19）在"形状"组中"标准"设为"GB"，"形状"设为"简单孔"，"螺钉类型"设为 General Screw Clearnace，"螺钉规格"设为 M8，"等尺寸配对"设为 Loose

图 4-253　创建拉伸体

（H14）。

20）在"倒斜角"组"起始倒斜角"和"终止倒斜角"选项都勾选。

21）在"位置"组的"指定点"选项激活时，在图形窗口区选择安装座的圆弧中心点。

22）在"限制"组"深度限制"设为"贯通体"。

23）在"布尔"组"布尔"设为"减去"。

24）单击"确定"，创建螺纹间隙孔。

25）单击"主页"页→"基本"组→"镜像特征" 镜像特征图标，打开"镜像特征"对话框。必要时单击对话框上边框的"重置"符号 ↻，重置对话框。

26）在"部件导航器"内选择"拉伸（12）"和刚创建的"螺钉间隙孔特征（13）"。

27）单击鼠标中键激活"镜像平面"组的"选择平面"选项，在图形窗口区选择基准坐标系的YZ平面。

28）单击"应用"，创建对称的安装座和安装孔。

29）在"镜像特征"对话框打开的状态下，在"部件导航器"内选择"拉伸（12）"和"螺钉间隙孔特征（13）"。

30）单击鼠标中键激活"选择平面"选项，在图形窗口区选择基准坐标系的XZ平面。

31）单击"确定"，创建对称的安装座和安装孔。

32）单击"主页"页→"基本"组→"边倒圆" 📦图标，打开"边倒圆"对话框。必要时单击对话框上边框的"重置"符号 ↻，重置对话框。

33）在图形窗口区选择壳体外侧的八条边。

34）在"半径1"栏输入半径值6mm，如图4-254所示。注意：必要时将其设为常量，以便输入参数。单击"确定"，创建壳体的外侧边倒圆。

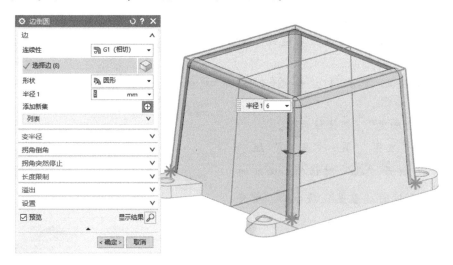

图4-254　创建壳体外侧边倒圆

35）在图形窗口区选择壳体内侧的八条边。

36）在"半径1"栏输入半径值4mm。如图4-255所示。

37）单击"确定"，创建壳体的内侧边倒圆。

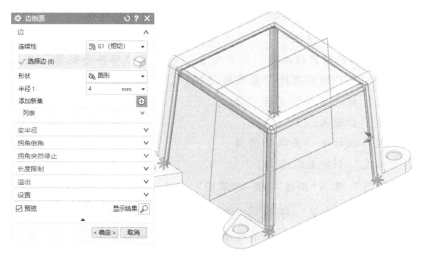

图 4-255 创建壳体内侧边倒圆

（5）创建油孔安装座及安装孔

1）单击"主页"页→"构造"组→"基准平面" <u>基准平面</u> 图标，打开"基准平面"对话框。必要时单击对话框上边框的"重置"符号 ↻ ，重置对话框。

2）在"基准平面"对话框中"基准平面"类型选择"自动判断"。

3）在"要定义平面的对象"组激活"选择对象"时，在"部件导航器"内选择基准平面（4）"Case_right"。

4）在"偏置"组"距离"栏输入 10mm。

5）在"设置"组打开"关联"选项。

6）单击"应用"，创建基准平面。

7）在"基准平面"对话框打开的状态下，在"要定义平面的对象"组激活"选择对象"时，在"部件导航器"内选择基准平面（1）"Case_top"。

8）在"偏置"组的"距离"栏前面单击"反向"图标 ✕ ，使基准平面的偏置方向为 -Z 轴方向。

9）在"距离"栏输入 20mm。

10）在"设置"组打开"关联"选项。

11）单击"确定"，创建基准平面。

12）单击"主页"页→"构造"组→"基准平面"→"基准轴" <u>基准轴</u>，打开"基准轴"对话框。必要时单击对话框上边框的"重置"符号 ↻ ，重置对话框。在"基准轴"对话框的"基准轴类型"选择"自动判断"。

13）在"部件导航器"内选择刚才创建的基准平面，必要时双击图形窗口区的预览箭头，使箭头朝着 Y 轴方向。

14）在"设置"组打开"关联"选项。

15）单击"确定"，创建基准轴。

16）单击"主页"页→"构造"组→"基准轴"→"基准平面" <u>基准平面</u>，打开"基准平面"

对话框。必要时单击对话框上边框的"重置"符号 ，重置对话框。

17）在"基准平面"对话框中"基准平面类型"选择"自动判断"。

18）在要定义平面的对象组激活"选择对象"时，在"部件导航器"内选择"基准平面（19）"，按住〈Shift〉键再选择"基准轴（20）"。

19）在"角度"组"角度"选择"值"。

20）在"角度"栏输入-25°。

21）在"设置"组打开"关联"选项。

22）单击"确定"创建基准平面。

23）单击"主页"页→"构造"组→"草图" 图标，打开"创建草图"对话框。必要时单击对话框上边框的"重置"符号，重置对话框。

24）在"创建草图"对话框中"草图平面"组的"平面方法"选择"新平面"。

25）激活"指定平面"选项，选项为"自动判断"。

26）在图形窗口区选择刚创建的基准平面。

27）激活"草图方向"组，参考为"水平"。

28）"指定矢量"为"自动判断"，在图形窗口区选择前面创建的基准轴。

29）"草图原点"组的"原点方法"选择"指定点"。

30）激活"指定点"选项，在图形窗口区选择基准坐标系原点，如图 4-256 所示。

31）单击"确定"，进入草图任务环境。

32）绘制如图 4-257 所示草图轮廓，并添加适当的约束。

图 4-256　创建草图平面

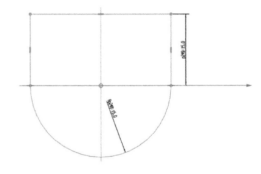

图 4-257　绘制草图

注：草图轮廓的圆心在草图的 Y 轴和前面创建的基准轴上，尺寸按图示标注。

33）单击"完成" ，退出草图任务环境。

34）单击"主页"页→"基本"组→"拉伸" 图标，打开"拉伸"对话框。必要时单击对话框上边框的"重置"符号，重置对话框。

35）在"拉伸"对话框左上角单击"齿轮"符号 ，选择"拉伸（更多）"，可展示更多的拉伸选项。

36）在"选择意图"的"曲线规则"里，选择"特征曲线"。

37）在图形窗口区选择刚创建的草图曲线。

38）在"限制"组设置"开始"为"值"，"距离"为 0，"结束"为"直至下一个"。

39）在"布尔"组"布尔"选择"合并"。

40）在"拔模"组选择"从起始限制"。

41）单击"角度"栏后面的符号▼，选择"=公式（F）"，进入"表达式"对话框。

42）双击 Draft_std，并在 Draft_std 前面加"–"，如图 4-258 所示。

↑ 名称	公式	值
∨ 默认组		
p675	-Draft_std	-4°

图 4-258　编辑表达式

43）单击"确定"退出表达式对话框。

44）单击"确定"，创建拉伸体。

45）单击"主页"页→"同步建模"组→"替换面" 替换 图标，打开"替换面"对话框。必要时单击对话框上边框的"重置"符号 ，重置对话框。

46）在图形窗口区选择刚创建的拉伸体侧面作为原始面。

47）选择箱体的侧面作为替换面，如图 4-259 所示。

48）单击"确定"创建替换面。

注：该替换面操作消除了拉伸体和箱体本体之间的间隙。

49）单击"主页"页→"基本"组→"孔" 图标，打开"孔"对话框。必要时单击对话框上边框的"重置"符号 ，重置对话框。

50）在"孔"对话框中"孔类型"组设为"常规孔"。

51）在"形状"组形状设为"沉头孔"，"沉头直径"设为 Dipstick_major_dia，"C-锪限制"设为"值"，"沉头深度"设为 2mm，"孔径"设为 Dipstick_minor_dia。

52）在"位置"组激活"指定点"选项时，在图形窗口区选择油孔安装座的圆弧中心点。

53）在"限制"组"深度限制"设为"贯通体"。

54）在"布尔"组"布尔"设为"减去"。

55）单击"确定"，创建沉头孔。

56）单击"主页"页→"构造"组→"草图" 草图 图标，打开"创建草图"对话框。必要时单击对话框上边框的"重置"符号 ，重置对话框。

57）在图形窗口区选择基准平面（1）"Case_top"。

58）单击"确定"，进入草图任务环境。

59）绘制如图 4-260 所示草图轮廓，并添加适当的约束。

60）单击"完成"，退出草图任务环境。

61）单击"主页"页→"基本"组→"拉伸" 拉伸 图标，打开"拉伸"对话框。必要时单击对话框上边框的"重置"符号 ，重置对话框。

62）在"选择意图"的"曲线规则"里，选择"相切曲线"。

图 4-259　替换面　　　　　　　　　　图 4-260　绘制草图

63) 在图形窗口区选择刚创建的草图曲线的外轮廓曲线。

64) 在"方向"组的"指定矢量"行单击"反向"符号 ⊠ ，将拉伸方向改为-Z 轴方向。

65) 在"限制"组设置"开始"为"值"，距离为 0，"结束"为"直至下一个"。

66) 在"布尔"组"布尔"选择"合并"。

67) 在"拔模"组单击符号 ∨ ，展开"拔模"组。

68) 在"拔模"组选择"从截面"。

69) 在"角度"栏选择-Draft_std，如图 4-261 所示。

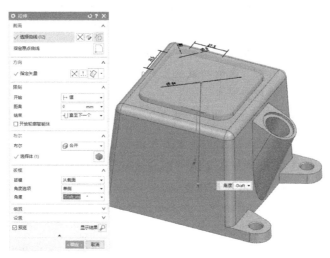

图 4-261　创建拉伸体

70) 单击"确定"，创建拉伸体。

71) 在"拉伸"对话框打开的状态下，保持"选择意图"的"曲线规则"不变。

72）在图形窗口区选择刚创建的草图曲线的内圆曲线。

73）在"方向"组的指定矢量行单击"反向"符号 ⊠，将拉伸方向改为-Z轴方向。

74）在"限制"组设置"开始"为"值"，"距离"为0，"结束"为"直至下一个"。

75）在"布尔"组"布尔"选择"减去"。

76）在"拔模"组单击符号 ∨，展开"拔模"组。

77）在"拔模"组选择"无"，如图4-262所示。

78）单击"确定"，创建拉伸体。

79）单击"主页"页→"基本"组→"孔" 🟦 图标，打开"孔"对话框。必要时单击对话框上边框的"重置"符号 🔄，重置对话框。

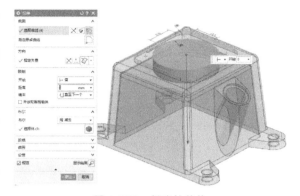

图 4-262　创建拉伸体

80）在"孔"对话框中"孔类型"组设为"螺纹孔"。

81）在"形状"组"标准"设为 Metric Coarse，"大小"设为 M8×1.25，"径向进刀"设为 0.75mm，"螺纹深度类型"设为"全长"。

82）在"位置"组激活"指定点"选项时，在图形窗口区选择草图的四个点。

83）在"限制"组"深度限制"设为"贯通体"。

84）在"布尔"组"布尔"设为"减去"。

85）单击"确定"，创建螺纹孔。

（6）规范化整理模型

根据模型规范化的要求，需要对模型进行整理，一般将建模过程的辅助几何隐藏以便更清晰地了解模型的最终设计结果，也为下游的后续应用提供便利。

1）按〈Ctrl+W〉键，弹出显示和隐藏菜单，在菜单单击草图、基准坐标系后面的"眼睛"符号 👁，将草图和基准坐标系对象隐藏。

2）选择"菜单"→"格式"→"引用集"。

3）在"引用集"对话框中选择列表中的引用集"Body"。

4）在图形窗口区选择实体模型，将实体模型加入到 Body 引用集中。

5）单击"引用集"对话框中的"关闭"，关闭对话框。

6）选择"文件"→"保存"，完成压缩机基座的建模过程。

4.6　习题

4-1　简述零件构型的设计要求。

4-2　简述零件构形的工艺要求。

4-3　图层的作用是什么？图层的状态有哪些？分别说明 Solid、Sketch、Curve、Datum 放在哪些图层？

4-4　创建拔锥，保持底面 、凸台顶面、圆形凸台的最高点和孔的直径不变；侧面为−10°；孔为−5°。

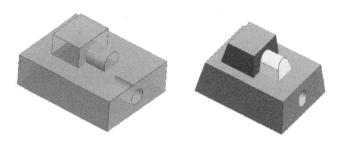

练习图（1）

4-5　建立下列零件模型，文件名自定。

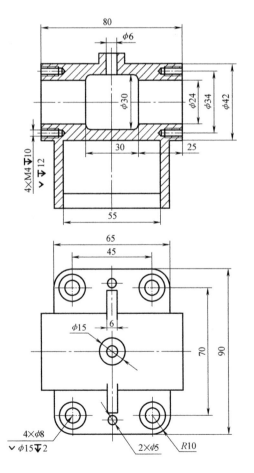

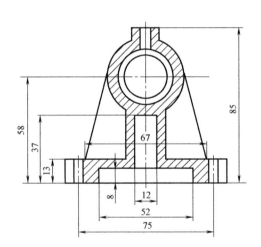

技术要求
未注圆角R2～R5

练习图（2）

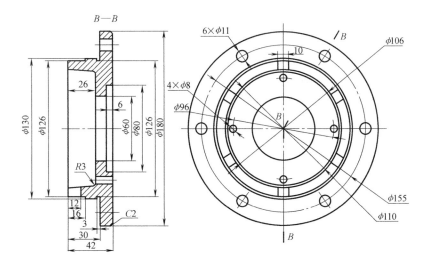

练习图（3）

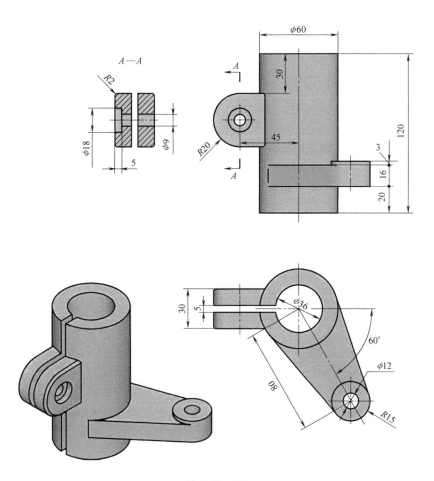

练习图（4）

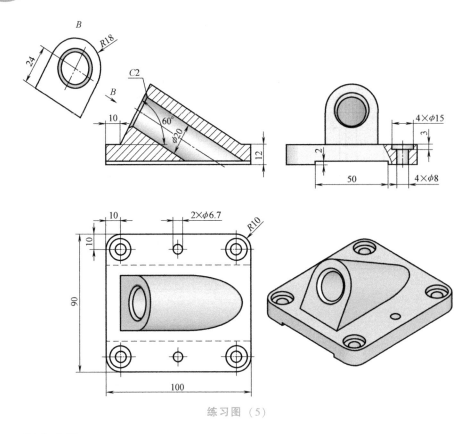

练习图（5）

4-6 同步建模。

要求：底板长度沿-X 轴方向缩减 50mm，圆柱与 Z 轴夹角为 40°。

4-7 部件家族。

1）以 M12×80 的螺栓为例，根据下列参数（l，d，S，k）建立零件族。

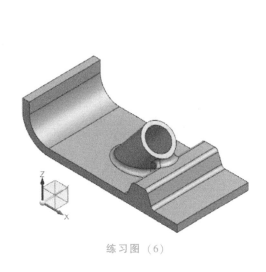

练习图（6）

练习图（7）

2）根据下列参数，建立零件族。

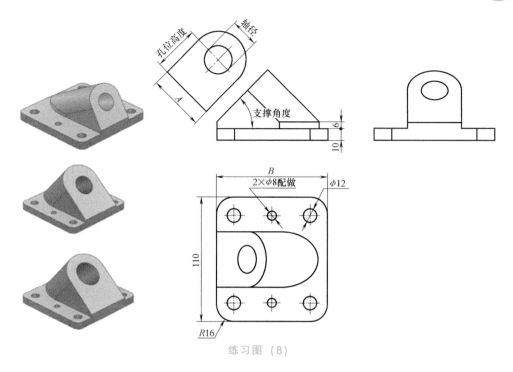

练习图（8）

4-8　曲面造型。

1）根据教学资源包中给定文件 splines_1.prt，绘制曲线。涉及操作：图层设置和艺术样条。

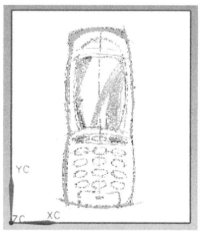

练习图（9）

2）根据教学资源包中给定文件 ids1_thru_curve_mesh_1.prt，创建如下曲面。涉及操作：通过曲线网格，缝合，边倒角和加厚。

练习图（10）

第5章
CHAPTER 5

装配

装配是机械设计和生产中重要的环节，本章将主要介绍 NX 装配中的基本功能及相关操作。

5.1 装配概述

机械装配是指根据规定的技术要求，将若干个零件组合成部件或将若干个零件和部件组合成产品的过程。装配环节的质量影响着最终产品的质量。

在机械装配中，有一些基本单位与基本装配过程，包括：零件、组件、部件，组装、部装和总装。

（1）零件　零件是组成产品的最小单元，如图 5-1 所示的齿轮。

（2）组装　组件是一个或几个零件的组合，为形成组件而进行的装配称为组装。如图 5-2 所示的齿轮轴。

（3）部装　部件是由一个或若干组件和零件组合而成的，将若干零件或组件装配成部件的过程称为部装。如车床的主轴箱、尾座、溜板箱等。

（4）总装　总装是将若干零件和部件装配成最终产品的过程，如图 5-3 所示的减速器。

图 5-1　零件

图 5-2　组装件

图 5-3　总装产品

5.1.1　NX 装配概述

NX 装配模块是 NX 软件集成环境中的一个应用模块。

1）装配建模能快速地将零部件组合成产品，而且在装配中可以参照其他部件进行部件关联设计。

2）装配模块可以对装配模型进行干涉检查、间隙分析和重量管理等操作。

3）装配模型生成后，可以建立爆炸视图，也可以生成装配或者拆卸动画。

5.1.2 NX 装配术语

下面介绍在装配过程中经常用到的一些术语。

（1）装配（Assembly） 装配是指由零件和子装配构成的部件。在 NX 中可以向任何一个 prt 文件中添加部件构成装配，任何一个 prt 文件都可以作为装配部件，并且各部件的实际几何数据并不是存储在装配部件文件中，而存储在相应的部件或零件文件中。

（2）子装配（Subassembly） 子装配是指在高一级装配中被用作组件的装配，子装配也拥有自己的组件。

（3）部件（Part） 部件是指装配中的组件指向的部件文件或零件，即装配部件链接到部件主模型的指针实体。

（4）组件（Component） 组件是指按特定位置和方向在装配中使用的部件。在修改组件的几何体时，使用相同主几何体的所有其他组件将自动更新。

（5）显示部件和工作部件（Display Part and Work Part） 显示部件是指当前在图形窗口里显示的部件。工作部件是指用户正在创建或编辑的部件，它可以是显示部件或包含在显示的装配部件里的任何组件部件。当显示单个部件时，工作部件也就是显示部件。

（6）主模型（Master Model） 主模型是指供 NX 模块共同引用的部件模型。同一主模型可同时被工程图、装配、加工、机构分析和有限元分析等模块引用，当主模型修改时，相关应用自动更新。

（7）自顶向下装配（Top-down Assembly Modeling） 自顶向下装配是指在上下文中进行装配，即在装配部件的顶级向下产生子装配和零件的装配方法。先在装配结构树的顶部生成一个装配，然后下移一层，生成子装配和组件。

（8）自底向上装配（Bottom-up Assembly Modeling） 自底向上装配是先创建部件几何模型，再组合成子装配，最后生成装配部件的装配方法。

（9）混合装配（Mixed Modeling） 混合装配是将自顶向下装配和自底向上装配结合在一起的装配方法。

（10）引用集（Reference Set） 引用集是组件部件或子装配中对象的命名集合，且可用来简化较高级别装配中组件、部件的表示方法。

（11）加载状态（Load State） 部件的加载状态包括描述从文件存储加载到计算机内存的数据量。

5.1.3 NX 装配功能概述

NX 的装配环境主要是由装配导航器、约束导航器以及装配工具栏中的装配命令所组成。工具栏中的命令包括"添加组件""新建组件""移动组件""装配约束""阵列组件镜像装配""引用集""WAVE 几何链接器""间隙分析爆炸视图"以及"装配重量管理"等，如图 5-4 所示。

（1）装配导航器 装配导航器是一个窗口，可在层次结构树中显示装配树状结构、组件属性以及成员组件间的约束，如图 5-5a 所示。

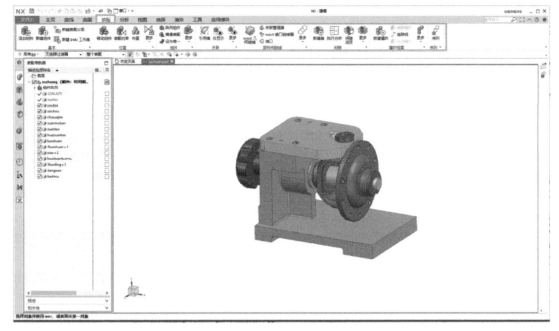

图 5-4 NX 装配环境

（2）约束导航器 约束导航器是一个窗口，可以让用户在工作部件中分析、组织和处理约束。约束导航器与装配导航器的功能是互补的，如图 5-5 所示。

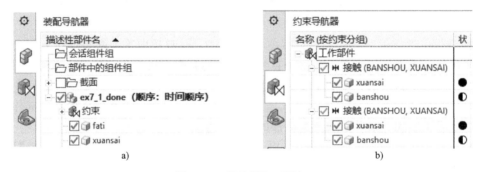

图 5-5 "导航器"对话框

（3）装配工具栏 工具栏里面包括常用的装配命令，如图 5-6 所示。

图 5-6 装配工具栏

（4）引用集 引用集是零件或子装配中对象的命名集合。用户可以通过创建、替换引用集，来控制装配中组件的显示内容。如图 5-7a 所示。

（5）WAVE 几何链接器 用于将

图 5-7 "引用集"与"WAVE 几何链接器"

装配中其他部件的几何体关联复制到工作部件中，如图5-7b所示。

（6）间隙分析命令组　间隙分析命令可供用户检查装配的选定组件中是否存在可能的干涉，如图5-8所示。

图5-8　间隙分析命令组　　　　图5-9　爆炸视图　　　图5-10　"装配加载选项"对话框

（7）爆炸视图　爆炸图命令可创建一个视图，在该视图中，选中的部件或子装配相互分离开来，以便用于图样或图解，如图5-9所示。

（8）装配加载选项　使用装配加载选项命令可配置要打开的部件组件加载到内存的方式。可以根据装配的大小，来决定用什么样加载方式，如图5-10所示。

（9）重量管理　在装配导航器里面提供"质量属性"面板来计算，控制组件、子装配和装配中实体的重量，以及其他的质量属性。可在"分析"选项卡→"质量属性"命令组里，通过打开"显示质量属性"来显示该面板，如图5-11所示。

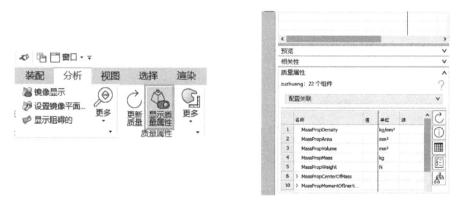

图5-11　重量管理

5.1.4　NX装配加载选项

装配加载选项主要是用来控制部件的加载方式和来源。当要加载含有上千个部件的装配时，可以通过使用适合的加载方式来减少加载的时间。

有两种常见的方式可以进入"装配加载选项"对话框。

第一种方式是单击"文件"选项卡→"首选项"→"装配加载选项"，如图5-12所示。

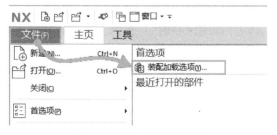

图5-12　第一种打开方式

【注意】如果这里没有看到"首选项",请选择使用"高级"角色设置。

第二种方式是单击"打开"对话框里面的"选项"图标,如图 5-13 所示。

图 5-13　第二种打开方式

"装配加载选项"对话框如图 5-14 所示,下面介绍该对话框里面的一些常用的选项。

1)"部件版本"选项卡里的"加载"选项:定义部件加载的来源目录。选项如图 5-15 所示。

① "按照保存的":从部件所保存的目录加载部件。

② "从文件夹":从父装配所在的相同目录加载部件。该项为常用选项。

③ "从搜索文件夹":从搜索文件夹目录里搜索组件。用户可以提供多个目录来供 NX 搜索组件。

2)"范围"选项卡里的"加载"选项:指定需要加载哪些组件,选项如图 5-16 所示。

图 5-14　"装配加载选项"对话框

图 5-15　"部件版本"选项卡

图 5-16　"范围"选项卡的"加载"选项

① "所有组件":加载所有组件。

② "仅限于结构":只加载顶层装配,下面所有组件不加载,只显示装配层级结构。

③ "按照保存的":按照上一次保存时所加载的组件列表,来加载这些组件。

④ "重新评估上一个组件组":通过上一次所使用的组件组来加载组件。

⑤ "指定组件组":允许用户从组件组列表中选择某个组件组并加载其中组件。

如果装配里面组件的数量不大,一般使用"所有组件"。当装配所包含的组件的数量比较大的时候,可以考虑使用"仅限于结构"。

3)"范围"选项卡里的"选项"选项:指定所加载的组件里的几何体、特征等数据的加载方式，选项如图 5-17 所示。

①"完全加载"：加载所有文件数据，显示精确几何体。

②"部分加载"：只加载活动引用集中的几何体，不加载特征数据。显示精确几何体，部件间几何体和有限约束无法更新。

图 5-17 "范围"选项卡的"加载"选项

③"完全加载-轻量级显示"：加载所有文件数据，显示小平面化几何体。

④"部分加载-轻量级显示"：只加载活动引用集中的几何体，不加载特征数据。显示小平面化几何体，部件间几何体和有限约束无法更新。

⑤"最低限度加载-轻量级显示"：只加载活动引用集中的体。不显示组件文件中的其他数据，显示小平面化几何体，部件间和约束都没有更新。

"完全加载"适合用于小装配。"部分加载"常用于部件数目比较多的时候。

5.1.5 NX 装配导航器

为了方便管理装配组件，NX 以独立窗口形式提供了装配导航器。装配导航器是一种装配结构的图形显示界面，又称为装配树。它有如下特点：

1）在装配树形结构中，每个组件作为一个节点显示。

2）装配导航器清楚反映了装配中各个组件的装配关系，将装配结构用树形结构表示出来，显示了装配结构树及节点信息。

3）装配导航器让用户直接在装配导航器快速地选取各个部件并进行各种装配操作。例如，改变显示部件和工作部件、隐藏和显示组件、删除组件、编辑装配约束关系等。

下面介绍装配导航器的基本元素、功能及操作方法。

在绘图区左侧的资源工具栏上单击"装配导航器"图标，即可打开"装配导航器"。在"装配导航器"窗口中，第一个节点表示顶层装配部件，其下方的每一个节点均表示装配中的一个组件或者子装配，以及它们的基本信息，如部件名称、文件属性、位置、数量、引用集名称等。如图 5-18 所示。

"预览"面板是"装配导航器"的一个扩展区域，显示装载或未装载的组件。

"相关性"面板是"装配导航器"的特殊扩展，其允许查看部件或装配内选定对象的相关性。

在"装配导航器"窗口中可以通过双击待编辑组件，使其成为当前工作部件，并以高亮颜色显示。此时可以编辑相应的组件，编辑结果将保存到部件文件中。

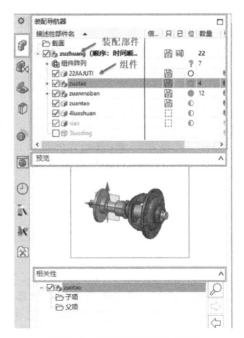

图 5-18 "装配导航器"页面

1. 装配或子装配（图标 、图5-19）

1）黄色图标，表示该装配为工作部件。

2）灰色实线图标，表示该装配为非工作部件。

3）灰色虚线图标，表示该装配已关闭。

2. 组件（图标、图5-20）

1）黄色图标，表示该组件在工作部件中。

2）灰色实线图标，表示该组件为非工作部件。

3）灰色虚线图标，表示该组件已关闭。

图5-19　装配或子装配选项

图5-20　组件选项

3. 位置状态

1）无约束 ○：表示该组件未约束，可任意移动。

2）部分约束 ◑：表示该组件仍存在一部分自由度。

3）完全约束 ●：表示该组件已经完全约束，没有自由度，不能随便移动。

4. 加载状态（图5-21）

1）最低限度加载：□ 图标。

2）部分加载：▫ 图标。

3）完全加载：■ 图标。

【注意】"加载状态"列如果没有显示在装配导航器里，可以通过右击"装配导航器"中的"标题栏"，在弹出菜单的"列"中选择"加载状态"显示出来。

图5-21　加载状态选项

5. 装配约束节点

约束节点显示在装配导航器中的总装配或者子装配节点下面，来显示组件之间的约束关系，如图5-22所示。用户可以通过双击其上的装配约束，或者右击任何一条装配约束条件来重新定义，如图5-23所示。

————— 182 —————

图 5-22 约束节点显示页面

图 5-23 重新定义约束

5.1.6 NX 约束导航器

使用约束导航器，可以在工作部件中分析、组织和处理约束。约束包括运动副和装配约束。通过约束导航器，用户可以查找并处理约束和解决约束问题，可在资源条处找到约束导航器，如图 5-24 所示。

【注意】如果在资源条上没有找到"约束导航器"，可以通过右击资源条，并在右击菜单中打开，如图 5-25 所示。

图 5-24 "约束导航器"页面

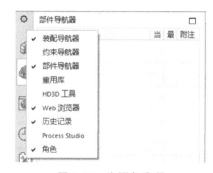

图 5-25 资源条选项

通过使用分组模式对导航器树节点进行分组，可以用不同方式来分析约束。常用的是"按约束分组"和"按组件分组"。在"约束导航器"的空白处或者第一行右击，在右击菜单中选择分组模式，如图 5-26 所示。

（1）按约束分组模式 如图 5-27 所示，可帮助用户检查装配中约束的状态。如果要列出工作部件中的所有约束，使用此模式。通过该约束来定位的组件，显示为约束节点的子项。

图 5-26 分组模式选项

（2）按组件分组模式 如图 5-28 所示，可帮助用户查看用于定位每个组件的约束。如果查看影响某个组件的约束，以及通过该约束和该组件相关联的组件，可以采用这种模式。

```
⊟ ⊡ 工作部件
     ⊟ ☑ ⊪ 对齐 (GKWHEELASSY、GKAXLE)
          ☑ ⊡ GKaxle
          ☑ ⊡ GKwheelassy
     ⊞ ☑ ⊪ 中心 (GKAXLE、GK_FRAME)
     ⊞ ☑ ⊥ 固定 (GK_FRAME)
```

图 5-27　约束分组模式

```
⊟ ⊡ 工作部件
     ⊞ ☑ ⊡ GKaxle
     ⊟ ☑ ⋈ 接触 (GKAXLE、GKWHEELASSY)
          ☑ ⊡ GKaxle
          ☑ ⊡ GKwheelassy
     ⊞ ☑ ⁄⁄ 平行 (GKWHEELASSY、GKAXLE)
```

图 5-28　组件分组模式

"约束导航器"与"装配导航器"功能互补。

1）可使用"装配导航器"浏览组件和装配结构，提供有关约束的信息，但此信息主要用于组件关联中。在此导航器中，约束节点的很多列都为空。

2）可使用"约束导航器"浏览约束并了解这些约束如何影响组件和装配结构，提供有关组件的信息，但此信息主要用于装配约束关联中。在此导航器中，组件节点的很多列都为空。

在"装配导航器"中可用于组件和约束节点的大多数快捷菜单命令在"约束导航器"中同样可用。"打包"和"解包"命令除外，因为在"约束导航器"中这两个命令是无用的。

单击列标题来按该标题对导航器信息进行排序。例如，如果要查看最新修改的约束，可以切换到按约束分组模式，然后单击修改列标题，直到最新修改的约束位于顶部。

5.2　引用集

5.2.1　引用集概述

引用集是在零件中定义的一系列几何体的集合，它代表相应的零部件参与装配，其命名方式可以用里面收集的几何体的含义来命名。一个零件可以定义包括空集在内的多个引用集。

5.2.2　常见引用集

所有组件都包含两个默认的引用集：整个部件（Entire Part）和空集（Empty）。

（1）整个部件（Entire Part）　该引用集表示整个部件，即部件的全部几何数据。

（2）空集（Empty）　空集表明该引用集不包含任何几何体。当部件以空的引用集形式添加到装配中时，在装配中看不到该部件。

除此之外，在不同的环境下通过合理使用引用集会提高显示性能。例如，根据属于同一类几何对象来创建引用集进行管理，如实体、片体，或草图、线、基准等。这样做能够使图形显示更整洁，并且缩短加载时间，减少内存使用。也可以根据使用场景的不同来创建引用集对相关几何对象进行管理，如制图、计算重量、分析装配间隙等场景，将所用到的几何对象添加到对应的引用集里面。

5.2.3 创建引用集

要使用引用集管理装配数据，就必须首先创建引用集。引用集既可以在组件为显示部件时创建，也可以在组件添加到装配之后建立。

创建引用集的步骤如下：

1）在"装配导航器"中，通过右击菜单使对象组件设为工作部件，或者通过"在窗口中打开"来设置为显示部件。

2）通过创建、抽取等操作将需要的几何体准备在该部件里面。

3）通过单击"装配"选项卡→"关联"命令组→"引用集"，或者单击"菜单"→"格式"→"引用集"来启动"引用集"对话框，如图 5-29 所示。

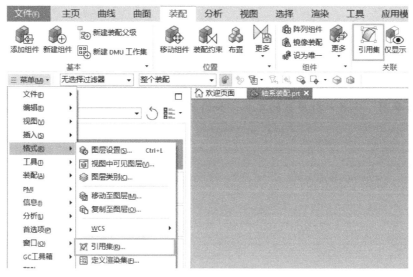

图 5-29 启动"引用集"对话框

4）在"引用集"对话框中，单击"添加新的引用集"，并键入引用集名称，如图 5-30 所示。

5）在设置组中选中"自动添加组件"复选框，以便在该组件下创建新组件时自动将其添加到该引用集。

6）在图形窗口中选择对象，直到在引用集中包含所需的所有对象。

7）单击"关闭"。

【注意】①如果要在装配中为某组件建立引用集，应先使其成为工作部件。

② 创建引用集时，系统对其包含的对象数量没有限制，而且同一个几何体可以属于几个不同的引用集。引用集的名称大小写均可，系统会自动将名称转为大写字母。

③ 如果在装配命令组工具栏找不到"关联"命令组→"引用集"，可以尝试使用"高级角色"配置。

图 5-30 添加新的引用集

【案例 5-1】 创建引用集

1）启动 NX，打开文件 Create_Reference. prt，如图 5-31 所示。

2）单击"装配"选项卡→"关联"命令组→"引用集"，在"引用集"对话框中，单击"添加新的引用集"，在"引用集名称"框中输入新的名称"SKETCH"。

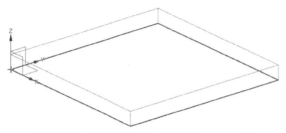

图 5-31　打开文件 Create_Reference. prt

图 5-32　添加新的引用集

【注意】如果希望 NX 在创建新组件时自动将其添加到引用集，则在"设置"组中选中"自动添加组件"复选框。

3）选择草图，完成对引用集的定义，如图 5-33 所示。关闭"引用集"对话框。

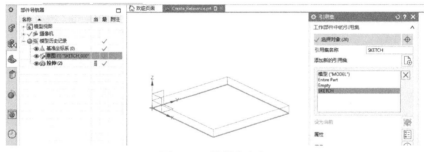

图 5-33　引用集定义

4）可以用下面方法来查看引用集中包含的对象。在"引用集对话框"中选择"SKETCH"，图形窗口会高亮显示属于引用集"SKETCH"的对象，再单击"信息"图标 ，可以阅读在此引用集中包含哪些对象，如图 5-34 所示。

图 5-34　查看引用集对象信息

5.2.4　删除引用集

删除引用集用于删除组件或子装配中已建立的引用集。在"引用集"对话框中选取需要删除的引用集后，单击"删除"图标 ✕，即可将该引用集删除。如图 5-35 所示。

5.2.5　替换引用集

替换引用集用于在装配中对组件的引用集进行替换操作。在装配导航器窗口中，将光标放在相应组件节点上右击，出现弹出式菜单，选择"替换引用集"，如图 5-36 所示。

装配导航器支持对多个部件进行替换引用集。需要先选择所要替换的部件，然后同样通过右击菜单来替换引用集。

图 5-35　删除引用集

图 5-36　替换引用集

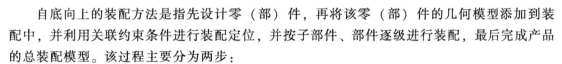

5.3　自底向上装配

自底向上的装配方法是指先设计零（部）件，再将该零（部）件的几何模型添加到装配中，并利用关联约束条件进行装配定位，并按子部件、部件逐级进行装配，最后完成产品的总装配模型。该过程主要分为两步：

1）添加组件：将所选组件调入装配环境中。

2）添加装配约束：在组件与装配体之间建立相关约束，从而形成装配模型。

5.3.1　添加组件

首先新建一个装配文件或打开一个存在的装配件，再按下述步骤将其添加到装配中，最后将已添加部件装配到正确位置即可。

单击"装配"选项卡→"基本"→"添加组件" 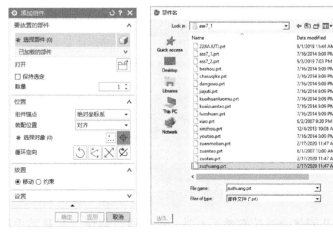 图标，弹出"添加组件"对话框，单击"打开" ，弹出"部件名"对话框，选择待装配的组件，如图5-37所示。组件也可以从"已加载的部件"列表框中选取。

图 5-37　"添加组件"对话框

以下是"添加组件"对话框中常用控件的说明：

1）装配位置：用来设置所添加的组件在装配体的位置和参考坐标。

① 对齐：根据装配方位和光标位置选择放置面。可以将添加的组件放在面和基准平面上，选择对齐时，需要选择被对齐的对象。

② 绝对坐标系-显示部件：将添加的组件放在显示部件的绝对坐标系上。

③ 绝对坐标系-工作部件：将添加的组件放在工作部件的绝对坐标系上。

④ 工作坐标系：将添加的组件放在工作坐标系上。

2）循环定向：用来重置组件在装配体上的位置。

① ⟳：重置已对齐组件的位置和方向。

② ⤸：将组件定向至 WCS。

③ ⤬：反转选定组件锚点的 Z 向。

④ ⤵围绕 Z 轴将组件从 X 轴旋转 90°到 Y 轴。

3）放置。

① 移动：通过"点"对话框或坐标系操控器指定部件的位置和方向。

② 约束：通过装配约束确定部件的位置和方向。

【注意】采用自底向上的方式装配时，一般首先将重要或基础的零件作为固定组件，需添加固定约束。位置可选择"绝对坐标系-工作部件"方法定位。同时，"放置"选项选择"移动"，采用默认的位置，或指定原点为定位点。

5.3.2 移动组件

移动组件可以通过动态移动坐标系操控器，来平移、转动所添加的部件，也可以通过"点"对话框 ⋮⋮ 来指定坐标系操控器的原点位置，从而确定部件的位置，如图 5-38 所示。

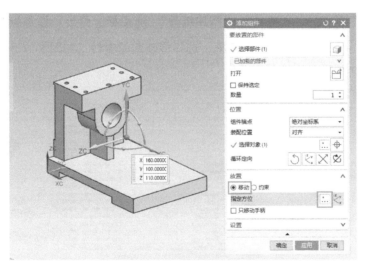

图 5-38　使用坐标系操控器移动组件界面

当动态坐标原点不在组件几何体合适的参考点上时，可以通过勾选"只移动手柄"，先把动态坐标系操控器的原点定位在组件几何体的合适参考点上，再取消勾选"只移动手柄"，通过动态坐标系操控器来定位组件位置。

当所添加的组件默认位置不利于选择其几何元素，如面、边、中心线等，可以先通过"移动"来把组件移动到比较方便选择的位置，再来添加装配约束。

图 5-39　使用"移动组件"命令对话框

除了在"添加组件"对话框中移动组件，用户可以通过"移动组件"命令移动已经添加到装配体的组件。通过单击"装配"选项卡→"位置"→"移动组件"，打开"移动组件"对话框，其基本操作与"添加组件"中的"移动"相似，如图 5-39 所示。

5.3.3　装配约束

约束条件是指各组件的面、边、点等几何对象之间的装配关系，用以确定组件在装配中的相对位置。约束条件由一个或多个装配约束组成。

当添加第一个组件后继续添加组件时，在"添加组件"对话框中，将"放置"方式选为"约束"，如图 5-40 所示，对话框显示组件的装配约束。

对于新添加组件的预览，需要在同一个对话框中勾选"预览窗口"，如图 5-41 所示。添加组件后，在软件界面右下角显示组件预览窗口。

图 5-40　"装配约束"对话框

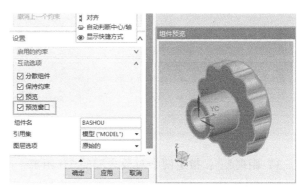

图 5-41　预览组件

（1）约束类型　该选项组提供了确定组件装配关系的约束方式，如图 5-42 所示。

1）接触对齐　：约束两个组件使其彼此接触或对齐。这是最常用的约束方式。对于平面对象，两平面共面；对于圆柱面对象，两圆柱面重合且轴线一致，效果与对中约束相似。

"接触对齐"选项有四个子选项，如图 5-43 所示。

① 首选接触：当接触和对齐都可能时显示接触约

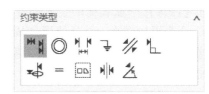

图 5-42　约束类型

束。接触约束比对齐约束更常用，当接触约束过度约束装配时，将显示对齐约束。

② 接触：约束对象，使两约束面的法向相对，如图 5-44a 所示。

③ 对齐：约束对象，使两约束曲面的法向相同，如图 5-44b 所示。

④ 自动判断中心/轴：指定在选择圆柱面或圆锥面时，NX 将使用面的中心线或轴线而不是面本身作为约束，如图 5-44c 所示。

【注意】当光标移动到圆柱面上时，NX 会显示该圆柱面所对应的轴线。

图 5-43 "接触对齐"选项

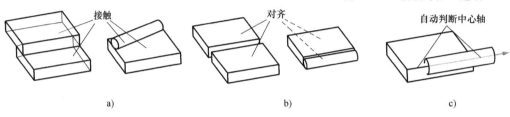

a)   b)   c)

图 5-44 几种接触对齐示意图

2）同心 ◎：约束两条圆边或椭圆边，以使中心重合并使边的平面共面，如图 5-45 所示。

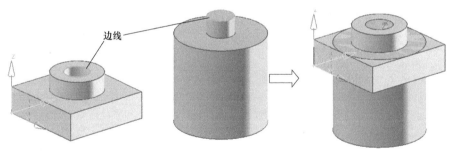

图 5-45 同心约束

3）距离 ⊬⊢：指定两个对象之间的 3D 距离。距离可以是正值也可以是负值，正负号用于确定相配组件在基础组件的哪一侧，如图 5-46 所示。

4）固定 ⟂：将组件固定在其当前位置上。

【注意】一般装配的主要部件，如大的结构

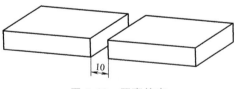

图 5-46 距离约束

体，会先添加进来，并且使用"固定"装配约束。当第一个组件添加进来的时候，如果用户没有使用"固定"装配约束，系统也会弹出对话框，提示用户是否添加"固定"约束。单击"是"，即自动创建"固定"装配约束，如图 5-47 所示。

5）平行 ⫲⊦：将两个对象的方向矢量彼此平行。

6）垂直 ⌐：将两个对象的方向矢量彼此垂直。

7）角度 ⍅：指定两个对象（可绕指定轴）之间的角度。

8）对中 ⊪：将两个对象的中心对齐。"对中"约束有三个子类型，如图 5-48 所示。

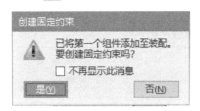

图 5-47　"创建固定约束"对话框

图 5-48　"对中"约束选项

① 1 对 2 或 2 对 1 约束：选择装配组件的基准面、面或中心线和另一组件的两个面，实现"1 对 2"的对中约束（2 对 1 同理）。如图 5-49 所示。

② 选择被装配组件的两个面和原组件的两个面，实现"2 对 2"的中心约束，如图 5-50 所示。

9）对齐和锁定 ⛓：对齐不同对象中的两个轴，同时防止绕公共轴旋转。通常，当需要将螺栓完全约束在孔中时，这将作为约束条件之一。

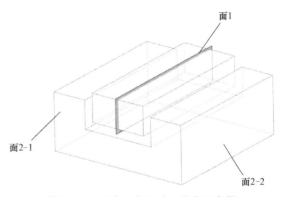

图 5-49　1 对 2 或 2 对 1 约束示意图

10）配合 ＝：约束半径相同的两个对象，例如圆边或椭圆边，圆柱面或球面。配合约束确认中心线重合且半径相等。如果以后半径变为不等，则配合约束变得无效。

11）胶合 ▣：将对象约束到一起以使它们作为刚体移动。

（2）运动副或耦合副　该选项组提供了运动副和耦合副的约束方式（图 5-51）。

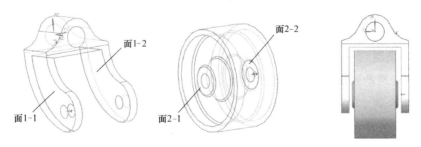

图 5-50　2 对 2 约束示意图

【注意】该选项组不出现在"添加组件"对话框里，而是提供在"装配约束"对话框中。可通过单击"装配"选项卡→"位置"→"装配约束"，启动对话框。

1）运动副：使用运动副约束两个装配组件，使其运动范围限于所需的方向和限制。可以通过选择定义了运动副的两个矢量和两个点的对象来定义运动副。NX 里面提供四种运动副：

① 铰链副 ⚙：两个体之间的铰链副允许有一个沿着轴的旋转自由度。铰链副不允许在两

个体之间沿任何方向进行平移运动，可以为铰链副设置一个角度值和限制，如图 5-52 所示。

图 5-51　启动"运动副或耦合副"约束

② 滑动副 ：滑动副允许在两个体之间使用一个沿着矢量的平移自由度。滑动副不允许两个体相对于彼此进行旋转，可以为滑动副设置距离值和限制，如图 5-53 所示。

③ 柱面副 ：两个体之间的柱面副允许有两个自由度：一个平移自由度和一个旋转自由度。使用柱面副后，两个体可以相对于彼此绕着或沿着一个矢量任意旋转或平移，可以为柱面副设置距离和角度值以及限制，如图 5-54 所示。

图 5-52　铰链副　　　　　　　　图 5-53　滑动副　　　　　　　　图 5-54　柱面副

④ 球副 ：两个体之间的球副允许有三个旋转自由度。可以为球副设置角度值，但不能设置角度限制，如图 5-55 所示。

2）耦合副：定义具有线性或角度表达式的两个运动副的相对运动的约束类型。使用耦合副可以更轻松地定义两个组件之间的复杂相对运动。一般在进行运动仿真的 NX 应用模块里使用耦合副，包括 Simcenter 3D、动画设计和机电概念设计系统。在"装配约束"里提供三种耦合副：

图 5-55　球副

① 齿轮副 ：两个运动副的角度值由指定的比率和由 NX 计算的角度偏置耦合。可以耦合铰链副、柱面副或球副，或这些运动副的其中两个。

② 齿轮齿条副 ：通过使用 NX 计算的位移半径和线性偏置值，使铰链副、球副或柱面副的角度值与滑动副或柱面副的距离值耦合。

③ 线缆耦合副 ：两个运动副的距离值由指定的比率和由 NX 计算的线性偏置值耦合。可以耦合滑动副或柱面副，或其中一类。

【案例 5-2】　自底向上使用装配约束装配坚果钳

装配图 5-56 所示约束案例。

1）启动 NX，新建装配文件 dau_nut_cracker_assm_mated.prt，单位设置为"英寸"，然后会弹出"添加组件"对话框。单击"打开" 图标，选择 dau_nc_base.prt。装配位置选择

图 5-56　装配约束效果图

"绝对坐标系-显示部件"，放置方式选"约束"，并使用"固定"约束条件，且选择该组件，单击"确定"，完成第一个组件的添加，如图 5-57 所示。

2) 在"装配"选项卡启动"添加组件"命令，用上一步的方式添加组件 dau_nc_hinge2. prt，使用"绝对坐标系-显示部件"装配位置，约束类型选择"接触对齐"，方位为"自动判断中心/轴"，如图 5-58 所示。

图 5-57 组件 1 添加对话框

图 5-58 组件 2 添加对话框

选择组件 dau_nc_hinge2. prt 上的三个面分别与组件 dau_nc_base. prt 上的三个面设置"接触对齐"约束，如图 5-59 1、2、3 所示。添加的组件位置会发生变化，如图 5-60 所示。

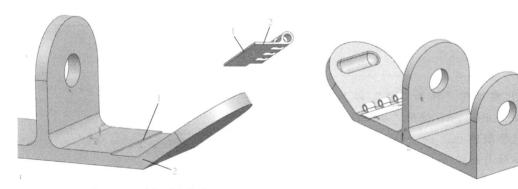

图 5-59 选择对齐约束面　　　　　　　图 5-60 约束后的组件

3) 继续用"添加组件"再添加一个组件 dau_nc_hinge2. prt，使用"接触对齐"方式，将新加的组件 dau_nc_hinge2. prt 上的任意一圆孔的中心线与已经装好的组件 dau_nc_hinge2. prt 上的任意一圆孔中心线对齐。如图 5-61 中 1 所示。接着将两个组件 dau_nc_hinge2. prt 的同一端的侧面对齐，如图 5-61 中 2 所示。

【注意】如果添加了上述所说的两个约束之后，并没有得到想要的结果，可以通过"撤销上一个约束" ╳ 撤销约束，如图 5-62 所示。

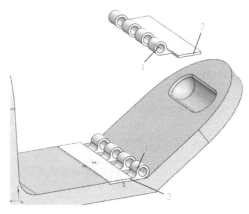

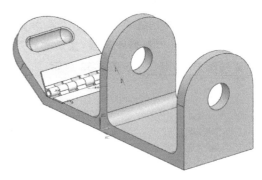

图 5-61　选择组件 3 的对齐约束面　　　　　　　图 5-62　撤销约束后的组件

4）继续用"添加组件"添加组件 dau_nc_smasher_plate.prt，使用"接触对齐"方式与组件 dau_nc_hinge2.prt 约束。如图 5-63 所示，将序号相同的面进行约束，约束后得到结果，如图 5-64 所示。

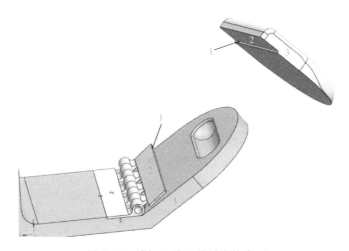

图 5-63　选择组件 4 的对齐约束面

5）继续用"添加组件"添加组件 dau_nc_ramrod.prt，使用"接触对齐"方式，选择组件 dau_nc_ramrod.prt 的圆柱面中心线与组件 dau_nc_base.prt 上圆孔的中心线对齐，再将组件 dau_nc_ramrod.prt 如图 5-65 所示的面与 dau_nc_base.prt 的侧面平行。

最后将组件 dau_nc_ramrod.prt 末端的圆弧面与 dau_nc_smasher_plate.prt 的表面进行"接触对齐"约束，选择的对象如图 5-66 高亮处所示。

图 5-64　约束后的组件

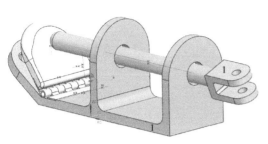

图 5-65　选择组件 5 的对齐约束面

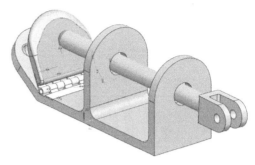

图 5-66　约束后的组件

6) 添加组件 dau_nc_link.prt，继续使用"接触对齐"方式，选择组件 dau_nc_link.prt 的小孔中心线与 dau_nc_ramrod.prt 末端圆孔的中心线对齐，然后使用"中心"约束方式，切换至"2 对 2"，选择如图 5-67 所示的两组面进行约束。约束完成后，得到的结果，如图 5-68 所示。

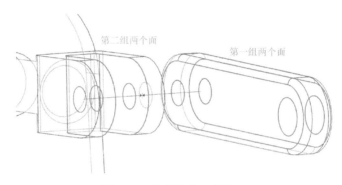

图 5-67　选择组件 6 的约束

7) 添加组件 dau_nc_arm.prt，继续使用"接触对齐"方式，选择组件 dau_nc_arm.prt 圆柱连接杆的中心线与 dau_nc_link.prt 大圆孔的中心线对齐，并将组件 dau_nc_arm.prt 移动至合适位置，得到如图 5-69 所示的结果。

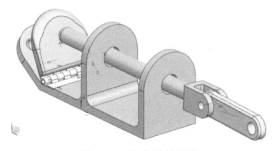

图 5-68　约束后的组件

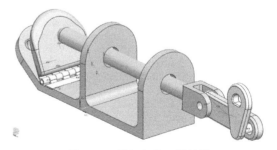

图 5-69　添加组件 7 的结果

8) 继续添加组件 dau_nc_shaft.prt，使用"接触对齐"方式，选择组件 dau_nc_shaft.prt 的中心线与 dau_nc_arm.prt 上端连接孔的中心线对齐；切换至"平行"约束方式，将组件 dau_nc_shaft.prt 一端的缺口平面与 dau_nc_arm.prt 的缺口平面，如图 5-70 中 1 所示的面进行平行约束；切换至"距离"约束方式，将组件 dau_nc_shaft.prt 的右端面与 dau_nc_arm.prt 的右端面，如图 5-70 中 2 所示的面，设置 0.25in 的距离约束，使轴进入孔中，通过约束产生如图 5-71 所示的结果。

图 5-70　添加组件 8 的约束

9）继续添加组件 dau_nc_mount.prt，使用"接触对齐"方式，选择组件 dau_nc_mount.prt 的圆孔中心线与 dau_nc_shaft.prt 中心线对齐；切换至"距离"约束方式，将组件 dau_nc_mount.prt 平整一端的平面与 dau_nc_arm.prt 的右端面，如图 5-72 所示高亮的面，设置 1.5in 的距离约束；切换至"接触对齐"约束方式，将组件 dau_nc_mount.prt 与 dau_nc_base.prt 进行约束，选择如图 5-73 中 1、2、3 所示面。约束后，将各组件调整适当的位置，产生如图 5-74 所示的结果。

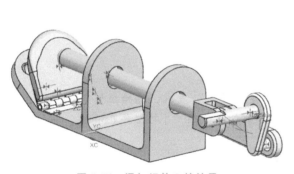

图 5-71　添加组件 8 的结果

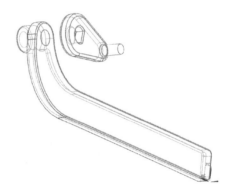

图 5-72　添加组件 9

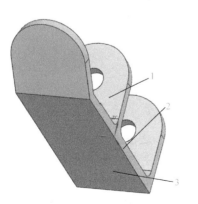

图 5-73　选择组件 9 的约束面

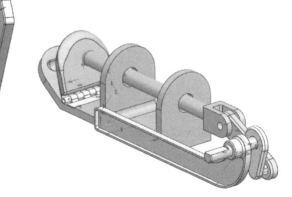

图 5-74　添加组件 9 的结果

10）添加组件 dau_nc_crank.prt，使用"接触对齐"方式，选择组件 dau_nc_crank.prt 的圆孔中心线与 dau_nc_arm.prt 中心线对齐；切换至"平行"约束方式，与之前的平行约束相同，选择组件 dau_nc_crank.prt 和 dau_nc_arm.prt 上对应的两个面，如图 5-75 中 1 所示的面，进行平行约束；切换至"接触对齐"约束方式，将组件 dau_nc_crank.prt 与 dau_nc_arm.prt 进行约束，选择如图 5-75 中 2 所示面。

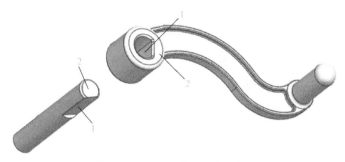

图 5-75　选择组件 10 的约束面

11）在"部件导航器"中右击组件 dau_nc_crank.prt，选择"替换引用集"，更改 dau_nc_crank.prt 的引用集为"Entire Part"；启动"装配约束"命令，切换至"角度"约束方式，选择组件 dau_nc_crank.prt 水平方向的一个基准平面和 dau_nc_base.prt 的底平面，如图 5-76 中高亮的对象所示。

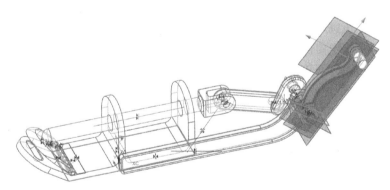

图 5-76　启用组件 10 的装配约束

设置角度值为 135°，将组件 dau_nc_crank.prt 的引用集切换回"model"，得到图 5-56 所示的结果。

5.4　自顶向下装配

自顶向下装配是指从装配顶层部件向下产生子装配和部件等装配结构，并在装配级中创建部件模型。自顶向下的装配建模需要新建组件，将该组件添加到装配，同时可以从装配部件选择几何体复制到新的组件部件。

5.4.1 新建组件

自顶向下的装配方法是利用新建组件命令来建立装配的。这种方法可以在装配中将现有几何体复制或移动到新组件中，也可以创建一个空组件，随后向其中添加几何体。

其基本步骤如下：

1. 创建顶层装配部件

可以打开一个空的或者含有内容的部件，或者新建一个部件。

2. 创建新组件

在"装配"命令组工具栏单击"新建组件" ，弹出"新组件文件"对话框，并指定名称和文件保存路径，在对话框中输入文件名称，单击"确定"，弹出"新建组件"对话框，设置新组件的有关信息，如图 5-77 所示。

该对话框各选项说明如下：

1）对象：提示选择对象生成新组件，可不选择任何对象，在装配中产生新组件，并把几何模型加入到新建组件中。

图 5-77 "新建组件"对话框

2）组件名：该选项用于指定组件名称，默认为部件的存盘文件名，该名称可以修改。

3）引用集：该选项用于指定该组件所使用的引用集名称。

4）图层选项：该选项用于设置产生的组件添加到装配部件中的哪一层。

5）组件原点：指定组件原点参考所采用的坐标系是工作坐标系还是绝对坐标系。

6）删除原对象：打开该选项，则在装配部件中删除定义所选几何实体的对象。

在上述对话框中设置各选项后，单击"确定"，新建的组件就会出现在装配导航器中。

5.4.2 在新组件里添加几何体

在新组件中建立几何对象，首先将新组件设为工作部件。在"装配导航器"中右击新建的组件，选择"设为工作部件"，如图 5-78 所示。

屏幕上能看到的所有部件都是显示部件。工作部件可以对模型几何体进行编辑修改工作，还可向其下添加组件。

图 5-78 "设为工作部件"界面

当显示部件为装配件，而工作部件为一组件时，可以在装配的上下文中，建立和编辑组件几何体，即为上下文关联设计。其过程如图 5-79 所示。

例如，设计一个法兰的连接件，这个连接件需要参考法兰的形状及位置，那么就可以通过上下文关联设计的方法，在装配中创建一个新的部件并使其成为工作部件，然后引用法兰的几何元素，如面、边等来设计这个部件。这样一方面提高设计效率，另一方面保证了部件之间的关联性，便于参数化设计。使用该方法一般通过 WAVE 几何链接器来确定部件的位置和关联性。

  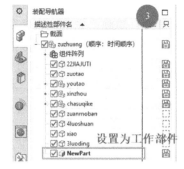

图 5-79　上下文关联设计过程

5.4.3　WAVE 几何链接器

WAVE 几何链接器是实现产品装配的各组件间关联建模的关键，用于组件之间的几何体进行关联性复制。链接几何体主要包括九种类型，对于不同链接对象，对话框中部分选项会不同。对话框中的类型用于指定链接的几何对象，常用复合曲线、点、草图、基准、面、体等，如图 5-80 所示。

1）复合曲线：结合使用选择过滤器，从其他组件上选择线或边缘，关联链接到工作部件中。

2）点：按照一定的选取方式从其他组件上选择一点，关联链接到工作部件中。

3）草图：从其他组件上选择草图，即可将所选草图关联链接到工作部件中。

图 5-80　"WAVE 几何链接器"对话框

4）基准：从其他组件上选择基准平面或基准轴，关联链接到工作部件中。

5）面：按照一定的面选取方式从其他组件上选择一个或多个实体表面，关联链接到工作部件中。

6）面区域：选择种子面及封闭的边界面，系统将选择由边界面环绕的与种子面同一区域内的实体或片体表面，另外两个选项帮助选择区域面，选择的区域面关联链接到工作部件中。

7）体：从其他组件上选择实体，关联链接到工作部件中。

8）镜像体：用于建立镜像链接实体。选择实体，即可建立原实体的关联镜像体。

通过几何链接器对不同的几何对象与装配体中的工作部件链接，对于几何对象和被连接的对象之间的关系可以进行各种形式的控制和设置，如图 5-81 所示，下面介绍几个常用的选项。

图 5-81　"设置"选项

1）关联：表示所选对象与原几何体保持关联，否则，建立非关联特征。

2）隐藏原先项：表示在产生链接特征后，隐藏原来对象。

3）固定于当前时间戳记：勾选该选项时，所关联性复制的几何体保持当时状态，随后对原几何体添加的特征对复制的几何体不产生影响。

4）设为与位置无关：不勾选该选项，表示链接几何与原几何体位置始终关联，其位置不能改变；否则可以自由移动。

【案例 5-3】 自顶向下利用几何链接器设计装配

1）启动 NX，打开文件 wave_box.prt，如图 5-82 所示。

2）单击"装配"选项卡→"新建装配父级"图标，在所弹出的对话框中输入文件名"wave_box_asm.prt"，单击"确定"，如图 5-83 所示。

图 5-82 wave_box.prt

图 5-83 "新建装配父级"界面

3）在"装配"选项卡中单击"新建组件"，输入文件名"box_seat.prt"，单击"确定"。用相同的方法建立组件 box_cover.prt，并使之成为工作部件，如图 5-84 所示。

4）在"装配"选项卡中，单击"WAVE 几何链接器"，在对话框中设置"类型"为"面"。选择箱体模型的上表面，单击"确定"，如图 5-85 所示

5）"部件导航器"中新增特征"链接面（1）"，如图 5-86 所示。

6）在"主页"选项卡中单击"拉伸" 图标，"曲线规则"选择"面的边"选项，如图 5-87 所示。

图 5-84 建立组件界面

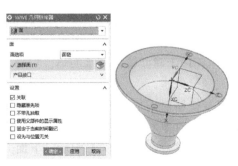

图 5-85 设置"WAVE 几何链接器"

7) 拾取箱体模型中链接的面，开始值设为0，结束值设为3mm，单击"确定"，如图5-88所示。

8) 采用同样的方法创建组件 box_cover.prt。在"装配导航器"中双击组件 box_cover.prt 使其成为工作部件。

【注意】切换工作部件后，box_seat.prt 里的几何体可能会不见了，这个时候可以替换部件的引用集来显示里面的几何体，如替换成"MODEL"。

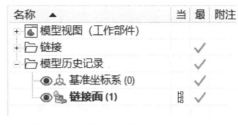

图5-86 新增"链接面（1）"界面

9) 打开"拉伸"对话框，拾取对象类型选择"边"，"曲线规则"选择"相连曲线"，"选择范围"改为"整个装配"，并打开"创建部件间链接"，如图5-89所示。

图5-87 "面的边"选项界面

10) 拾取密封圈模型中的边，如图5-90所示。

【注意】在选择第一条边缘后可能会显示一条部件间复制消息，选择"不再显示此消息"复选框，并单击"确定"，如图5-91所示。

11) 开始值设为0，结束值设为5mm，单击"确定"，生成组件 box_cover.prt，如图5-92所示。

12) 编辑组件 box_cover.prt 的对象显示。在图形窗口或者在"部件导航器"中选中该部件，选择"编辑对象显示" ，将透明度设置为85%左右，如图5-93所示。这样可以透过顶盖来观察并选择位于顶盖下面组件的面的边缘，如图5-94所示。

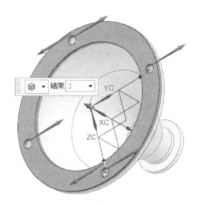

图5-88 拾取链接面

图5-89 设置"拉伸"选项

13) 测试各组件的尺寸关联性。打开导航器中的用户表达式，将"缸体厚度"值由3mm改为4mm，再修改"拉伸"对话框的参数，组件 box_seat.prt 和 box_cover.prt 会发生关联变化。

图 5-90　拉伸模型边的选取

图 5-91　复制消息复选框

图 5-92　拉伸模型

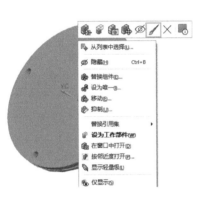

图 5-93　编辑对象显示

图 5-94　编辑后的模型

5.5　阵列组件与镜像装配

　　当某一个组件沿着某个方向或者沿圆弧，等距出现的时候，可以考虑使用"阵列组件"来提高装配效率。如果一个或者多个组件是以某个平面对称地分布，那么可以考虑使用"镜像装配"来加快装配速度，避免重复装配劳动。下面分别介绍"阵列组件"和"镜像装配"功能。

5.5.1　阵列组件

　　阵列组件是一种快速生成多个相同组件的高效装配方法，同时带有对应的装配约束条件。例如要装配多个螺栓，可以用约束条件先安装其中一个，其他螺栓的装配可采用阵列组件的方式完成。

　　在"装配"选项卡中的"组件"命令组，单击"阵列组件"命令打开对话框，如图 5-95 所示。在阵列定义中提供了三种阵列方式，分别是"线性" 线性 "圆形" 圆形 和"参考" 参考 。

（1）线性布局　沿一个或两个线性方向排列组件，如图 5-96 所示。

1）指定矢量　指定线性布局的方向。

2）间距　指定布局中组件之间的放置方式。有三种方式，分别是"数量和间隔""数量和跨度"和"间隔和跨度"。其中，间隔就是指定每个组件之间的线性节距。而跨度是指第一个组件和最后一个组件的线性跨距，如图 5-97 所示。

3）对称　按指定方向相反的方向创建附加实例。

4）使用方向 2　提供在第二个方向上布局组件，其定义方法同"方向 1"。

图 5-95　"阵列组件"对话框

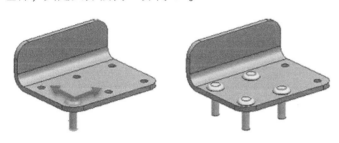

图 5-96　线性阵列布局

图 5-97　"间距"选项界面

【案例 5-4】　通过"线性"阵列布局来安装发动机气缸盖螺栓

本例使用"线性"阵列来安装箱盖的螺栓。如图 5-98 所示，在本案例的模型里面，要安装的螺栓是两个一组，它们的距离是 2in$^{\ominus}$。当两个组件作为布局的对象时，每一组螺栓的实例点间距通过计算为 4.25in。除此之外，螺栓在箱体两侧分别安装，箱体两侧的距离是 7.25in。

1）启动 NX，打开文件"气缸盖装配 . prt"，如图 5-99 所示。

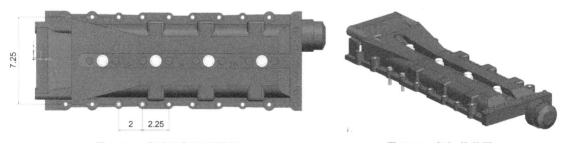

图 5-98　发动机气缸盖模型

图 5-99　气缸盖装配 . prt

2）启动"阵列组件"命令，选择已有的两个螺栓为阵列对象，选择"方向 1"为箱盖的长度方向，设置"数量"为 3，"节距"为 4.25in，如图 5-100 所示。

―――――――――

$\ominus$　1in＝25.4mm。

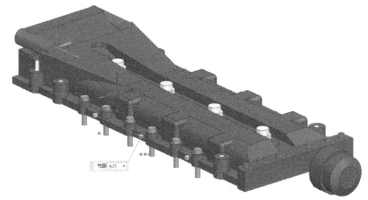

图 5-100 "阵列组件"选项设置

3）单击"使用方向 2"，选择箱盖的宽度方向，设置"数量"为 2，"节距"为 4.25in，如图 5-101 所示。

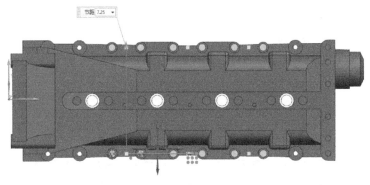

图 5-101 "阵列组件"方向选项设置

4）执行后结果如图 5-102 所示。

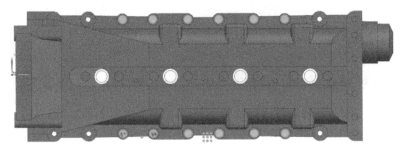

图 5-102 执行后的模型

（2）圆形布局 沿圆弧或圆排列组件，如图 5-103 所示。主要定义旋转轴和斜角方向，如图 5-104 所示。常用选项说明如下：

1）旋转轴：通过指定一个矢量，并且指定一个点来确定旋转轴。组件将绕着旋转轴布局。

图 5-103　圆形阵列布局

2）间距：与"线性"布局的间距一样，有三种间距方式，"数量和间隔""数量和跨度"和"间隔和跨度"。不同的是，"圆形"的间隔指定每个组件之间的间隔角。而跨度是指第一个组件和最后一个组件的跨角。

3）创建同心成员：把组件用辐射的方式，绕着同一个旋转轴来布局。其布局定义与斜角方向中的"间距"相似，如图 5-105 所示。

图 5-104　阵列选项设置

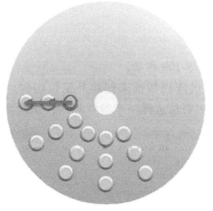

图 5-105　"创建同心成员"选项设置

【案例 5-5】　通过"圆形"阵列布局来安装组件

本例使用"圆形"阵列来安装一个组件，如图 5-106 蓝色组件所示，以及将该组件固定在黄色组件上的螺栓和销安装到黄色组件的四个角上。

1）启动 NX，打开文件 des02_fixture_locator_complete_assy.prt。

2）启动"阵列组件"命令，选择"des02_locator_fixture""des02_locator_pin_fixture"以及"des02_shoulder_bolt_locator_fixture"三个部件为阵列对象，如图 5-107 所示。

图 5-106　案例 5-5模型

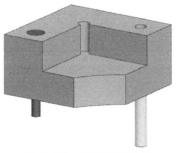

图 5-107　选择阵列对象

3）设置 Z 轴正方向为指定方向，设置底座大圆孔中心点为指定点，设置数量为 4，间隔角为 90°，进行组件的阵列，如图 5-108 所示。

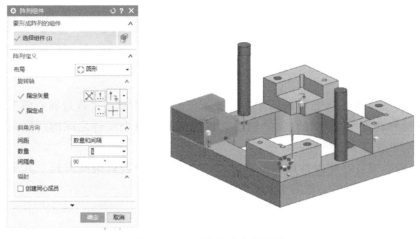

图 5-108　组件阵列选项设置

4）执行后得到的结果如图 5-109 所示。

（3）参考布局　使用现有的阵列特征来创建并定位组件。例如在某个组件的阵列孔中放入螺栓。"参考"布局方式主要是选择一个参考阵列，如图 5-110 所示。

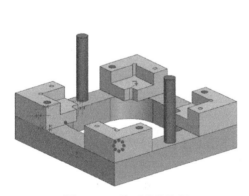

图 5-109　阵列后的结果　　　　　　　图 5-110　"参考"布局界面

当第一个组件安装到阵列特征所创建的孔之后，就可以选中这个阵列特征作为参考，来完成其他螺栓的安装，如图 5-111 所示。

图 5-111　螺栓组件阵列过程

【注意】上面三种布局方式都提供"实例点"。右击实例点弹出右击菜单,"删除"用来删除某个实例,而"旋转"用来沿布局方向移动单个实例点的位置,如图 5-112 所示。

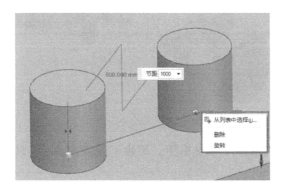

图 5-112　菜单中编辑选项

【案例 5-6】　通过"参考"阵列布局来安装类轴承结构上的钢珠

本例使用"参考"阵列来安装一个类轴承结构上的钢珠。该轴承结构上用于安装轴承钢珠的槽,是通过阵列特征来产生的,如图 5-113 所示。而钢珠是通过引用该阵列特征的面来进行约束。

1) 启动 NX,打开文件"轴系装配.prt"。

2) 启动"阵列组件"命令,选择"cball1.prt"为阵列对象,切换至"参考"类型的阵列方式,系统会自动识别该处已存在的阵列,如图 5-114 所示。

【注意】为了方便操作,可以把周围的组件隐藏起来。

3) 执行后结果如图 5-115 所示。

图 5-113　类轴承模型

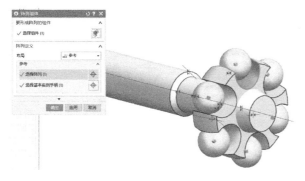

图 5-114　"参考"类型界面

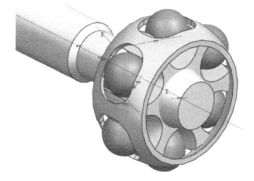

图 5-115　阵列后的模型

5.5.2　镜像装配

在装配过程中,对于沿一个基准面而对称分布的组件,可使用"镜像装配"功能一次获得多个组件,并且镜像的组件将按照原组件的约束关系进行定位。例如,在汽车设计中有许多对称的组件,这种情况仅需要完成一边的装配即可,如图 5-116 所示。

图 5-116　镜像装配模型

在"装配"选项卡"组件"命令组中，单击"镜像装配"，打开"镜像装配向导"对话框，如图 5-117 所示。

在该对话框中单击"下一步"，然后在打开对话框后，在图形窗口中或者"装配导航器"中选取单个或者多个待镜像的组件，如图 5-118 所示。

接着单击"下一步"，选取一个基准面作为镜像平面，如果没有，可单击"创建基准面"  图标来创建，如图 5-119 所示。再次单击"下一步"，即可在打开的新对话框中设置镜像组件的命名规则和目录规则，如图 5-120 所示。

图 5-117　"镜像装配向导"对话框

图 5-118　选定镜像组件对话框

图 5-119　"创建基准面"对话框

图 5-120　"命名规则"和"目录规则"设置

在"镜像设置"中可以选择镜像类型，如"重用和重定位""关联镜像"和"非关联镜像"，如图 5-121 所示。单击"下一步"，进入"镜像检查"中，如图 5-122 所示，可更改镜像操作，如镜像平面、指定各个组件的多个定位方式等，如果不需更改，则继续单击"完成"。

图 5-121 镜像类型设置　　　　　图 5-122 编辑镜像操作界面

【案例 5-7】 通过"镜像装配"来装配车轮及相邻组件

本例使用"镜像装配"来完成车轮以及车轮周围组件的安装。在提供的装配体中左侧车轮已经安装完成。

1）启动 NX，打开文件 des06_Go-Kart.prt，如图 5-123 所示。

启动"镜像装配"命令，单击"下一步"，选择如图 5-124 所示的组件。

2）单击"下一步"，选择绝对坐标系的 XOZ 平面作为镜像平面；并且在下面的步骤定义命名规则和输出路径，以及选择最合适的镜像设置，即可完成镜像装配，如图 5-125 所示。

图 5-123 车轮模型

图 5-124 选择组件　　　　　图 5-125 完成镜像后的模型

5.6 装配间隙分析

使用间隙检查命令可以在装配中检查选定组件与其他组件之间可能存在的干涉。在 NX

的间隙分析里面，包括以下四种干涉类型：

1）"软"干涉：对象之间的最小距离小于或等于安全区域。

2）"接触"干涉：对象相互接触但不相交。

3）"硬"干涉：对象彼此相交。

4）"包容"干涉：一个对象完全包含在另一个对象内。

5.6.1 新建间隙集及干涉分析

单击"装配"选项卡→"间隙"命令组→"新建集"，打开"间隙分析"对话框，如图5-126所示。对话框中常用选项说明如下：

1）间隙集名称：给所添加的间隙集命名。

2）间隙介于：用于确定需要检查间隙的对象。其选项有"组件"和"体"。

3）集合：选项"一"代表有一组对象集合，组内对象两两之间做间隙干涉分析。选项"二"代表有两组对象集合，组内对象不做间隙干涉分析，两组之间的对象做两两之间的干涉分析。如图5-127所示，每一组集合所包括的内容，都可以通过"集合一"和"集合二"的选项来决定。各选项含义如下：

① 所有对象：集合包括当前装配中所有的对象。

② 所有可见对象：集合包括当前装配中所有可见对象。

③ 选定的对象：集合包括用户自己选定的对象。

④ 所有非选定对象：集合包括所有用户没有选定的对象。

图 5-126 "间隙分析"对话框

图 5-127 "要分析的对象"选项界面

4）"默认安全区域"：定义安全间隙距离并应用到所有的对象中。如果等于0，代表只要最小距离不等于0，都不算有软干涉。此选项常用于检测"软干涉"，如图5-128所示。

图 5-128 "默认安全区域"选项界面

完成"新建集"后，就会自动跳转到"间隙浏览器"，并自动执行一次间隙检查，检查的结果显示在对话框里。对于每个干涉，报告都会列出来。如图5-129所示。

如果要查看导致干涉的组件，可以在对话框中选中想要查看的干涉条目，所对应的组件在图形窗口中就会被选中并高亮显示，如图5-130所示。

用户也可以通过右击菜单选择"研究干涉"，或者勾选干涉条目前面的检查框□，来让图形窗口只显示所涉及的组件，并且以红色线来显示干涉的地方。该功能支持同时查看多组

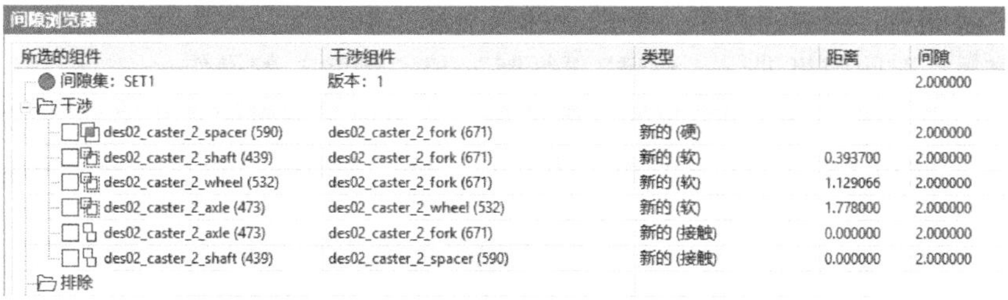

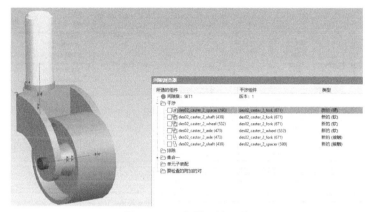

图 5-129 "间隙浏览器"对话框

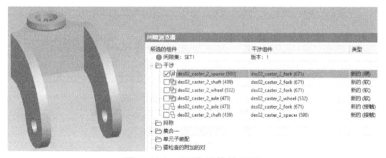

图 5-130 查看干涉组件

干涉，如图 5-131 所示。

图 5-131 干涉组件的显示

【注意】用于间隙分析的几何体可以是轻量级几何体，或者是精确几何体。这个可以通过"间隙分析"对话框中"设置"里面的"计算时使用"选项来决定。轻量级设置速度最快也最不精确，而精确设置没有轻量级快，但最精确，如图 5-132 所示。

图 5-132 干涉几何体分析精度选项

5.6.2 编辑间隙集及干涉分析

用户可以通过"间隙浏览器"来查看、编辑或者操作已经定义好的间隙集，如图 5-133 所示。各选项说明如下：

1）执行分析：重新对间隙集用之前的配置进行分析。

2）编辑间隙集：编辑间隙集，如检查间隙对象，默认安全区域等。

3）间隙集：对间隙集进行"新建""复制"和"删除"的操作。

4）清除结果：清除当前间隙集的分析结果。一般用于编辑间隙集之后，或者间隙集所涉及的对象有所改动之后，可以先清除已有结果，然后再通过"执行分析"产生新的结果。

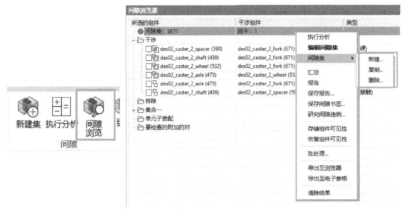

图 5-133　"间隙浏览器"编辑页面

5.7　爆炸视图

爆炸视图是在装配模型中按装配关系沿指定的轨迹拆分原来位置的视图，方便用户查看装配体中零件间的相互装配关系，如图 5-134 所示。

5.7.1　创建爆炸视图

1. 通过"新建爆炸"对话框创建爆炸视图

在"装配"选项卡中"爆炸视图"命令组里，单击"新建爆炸"，弹出"新建爆炸"对话框。在"名称"文本框中输入爆炸图名称，单击"确定"创建爆炸视图，如图 5-135 所示。

创建新的爆炸图后视图并没有发生变化，接下来可使用"自动爆炸"初步分散组件。

2. 通过"自动爆炸"产生初步爆炸视图

在"爆炸视图"命令组里，

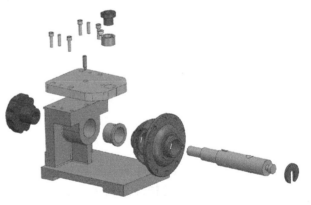

图 5-134　爆炸视图

图 5-135　创建爆炸视图界面

单击"自动爆炸",在弹出的"类选择"对话框中选中需要爆炸的对象,单击"确定",如图 5-136 所示。在所弹出的"自动爆炸组件"对话框中输入组件间的距离,得到"自动爆炸"的结果,如图 5-137 所示。

图 5-136 创建"自动爆炸"视图界面

图 5-137 "自动爆炸"结果

5.7.2 编辑爆炸视图

采用"自动爆炸"方式一般不能得到理想的爆炸效果,通常还需要对爆炸视图进行调整。

1)在"爆炸视图"命令组里,单击"编辑爆炸",打开"编辑爆炸"对话框。首先通过"编辑爆炸"对话框里的"选择对象"来选择需要移动的组件,如图 5-138 所示。

2)然后在对话框中选中"移动对象"选项,通过手柄拖动组件到合适的位置后,即可得到新的爆炸图,如图 5-139 所示。

图 5-138 "编辑爆炸"对话框   图 5-139 编辑后的爆炸图

【注意】在移动好某一组件之后，切换到"选择对象"，如果之前的对象仍然选中，可以在图形窗口空白处单击一下取消选中。

5.7.3 取消爆炸视图

爆炸操作完成后，如果不需要该操作，通过在"爆炸视图"命令组中单击"取消爆炸组件"，在所弹出的"类选择"对话框中，框选爆炸的所有组件，即可取消爆炸视图，如图 5-140 所示。

5.7.4 删除爆炸视图

如果不需要爆炸视图，通过在"爆炸视图"命令组中单击"删除爆炸"，在所弹出的"爆炸图"对话框中，选中需要删除的爆炸视图，单击"确定"即可，如图 5-141 所示。

图 5-140 取消爆炸视图界面

图 5-141 删除爆炸视图界面

5.8 习题

1. 思考题

1）采用自底向上的方法装配组件的过程是什么？组件的定位方式有哪些？

2）自顶向下的装配方法有哪两种？各方法的设计思路如何？

3）什么时候使用阵列组件？什么时候使用镜像装配？

4）爆炸视图有什么作用？

2. 上机操作题

装配体的装配如图 5-142 所示，并创建图 5-143 所示爆炸视图。打开文件 ex5_1.prt，具体装配关系可参看同目录下 ex5_1_done.prt 的装配导航器。

图 5-142 装配图

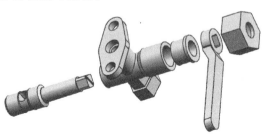

图 5-143 爆炸视图

第6章
CHAPTER 6

工程制图 ◀

工程图是利用二维图形来表现三维零部件外形、尺寸、技术要求和标题栏的工具，如图6-1所示。NX 的制图模块可以制作出符合我国国家标准的工程图样，并且与模型完全关联的制图注释，可随着模型的变化而更新。

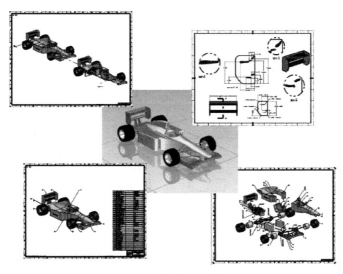

图 6-1　模型的工程图

6.1　工程制图概述

6.1.1　视图的基本概念

1. 投影角简介
我国的工程图样是按正投影法并采用第一角画法绘制的，而有些国家（如英国、美国等）的图样是按正投影法并采用第三角画法绘制的。

如图 6-2 所示，由三个互相垂直相交的投影面组成的投影体系，把空间分成了八个部分，每一部分为一个分角，依次为Ⅰ、Ⅱ、Ⅲ、Ⅳ、…、Ⅶ、Ⅷ分角。将机件放在第一分角进行投射，称为第一角画法。而将机件放在第三分角进行投射，称为第三角画法，如图 6-3 所示。

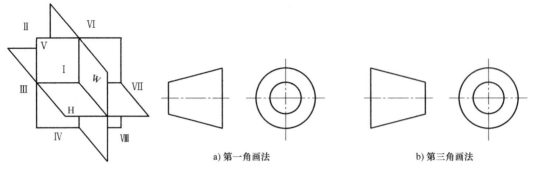

a) 第一角画法   b) 第三角画法

图 6-2 空间投影面   图 6-3 第一角和第三角画法

为了区别这两种画法，规定在标题栏中专设的格内用规定的识别符号表示。

2. 基本视图

机件在基本投影面上的投影称为基本视图。将机件置于由六个基本投影面构成的投影体系中，分别向六个基本投影面投射，得到六个基本视图：主视图、俯视图、左视图、右视图、仰视图和后视图，基本视图的配置关系如图 6-4 所示。

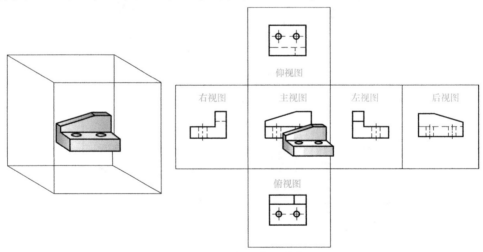

图 6-4 基本视图的配置关系

在六个基本视图中，三视图投影的"三等"规律仍然存在，即右视图与左视图反映物体高度、宽度方向的尺寸，仰视图与俯视图反映物体长度、宽度方向的尺寸，后视图与主视图反映物体长度、高度方向的尺寸，如图 6-5 所示。

采用第三角画法时也可以将物体放在正六面体中，分别从物体的六个

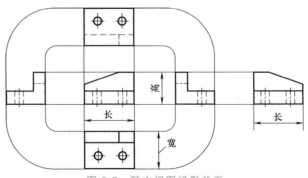

图 6-5 基本视图投影关系

方向向各投影面进行投影，如图 6-6 所示，得到六个基本视图，即在三视图的基础上增加了后视图（从后往前看）、左视图（从左往右看）、底视图（从下往上看）。第三角画法视图的配置关系如图 6-7 所示。

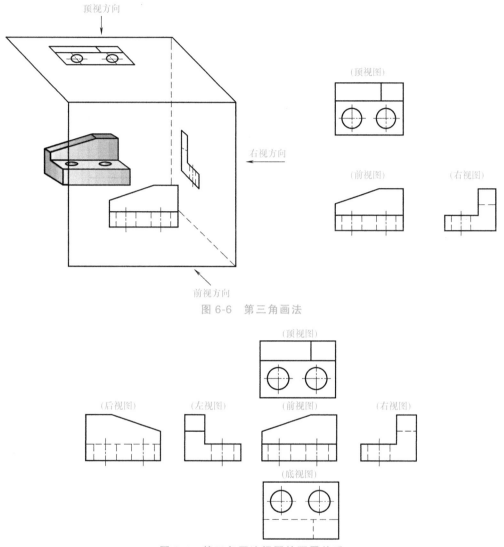

图 6-6　第三角画法

图 6-7　第三角画法视图的配置关系

3. 轴测图

用正投影法绘制的三视图能确切地表达物体的形状，其缺点是立体感差，不易想象物体的形状。因此在工程上常采用轴测图作为辅助图样，如图 6-8 所示。

（1）正等轴测图　三个轴向伸缩系数均相等，如图 6-8a 所示。

（2）正三轴测图　三个轴向伸缩系数均不相等，如图 6-8b 所示。

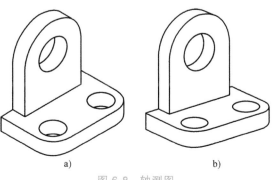

a)　　　　　　　　b)

图 6-8　轴测图

6.1.2 图纸幅面和格式

绘制工程图样时，根据国家标准 GB/T 14689—2008《技术制图　图纸幅面和格式》，如图 6-9 所示，应优先采用表 6-1 中规定的基本幅面，必要时也允许选用加长幅面。

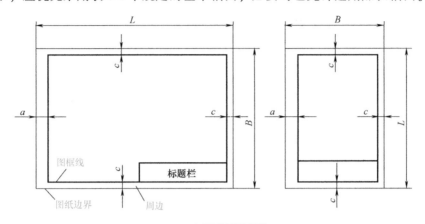

a) 需要装订的图样

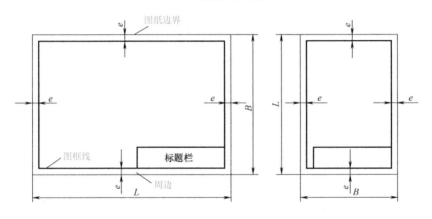

b) 不需要装订的图样

图 6-9　图框格式

表 6-1　图纸幅面尺寸　　　　　　　　　　　　　　　　　　　　　　　　　　（单位：mm）

图纸基本幅面				
第一选择				
幅面代号	A0	A1	A2	A3	A4
$B×L$	841×1189	594×841	420×594	297×420	210×297
e	20		10		
c	10			5	
a	25				

具体工程图模板的创建参见附录。

6.1.3 NX 制图模块

在 NX 中单击"应用模块"→"制图"，如图 6-10 所示，快捷键为<Ctrl+Shift+D>，系统将切换到"制图"应用模块，并显示工程图设计界面，如图 6-11 所示。该模块主要有图纸、视图、尺寸、注释、草图、表和显示等组。除标准工具和命令外，"制图"用户界面还能对图 6-12 所示内容进行设置。

图 6-10　应用模块

图 6-11　制图模块功能

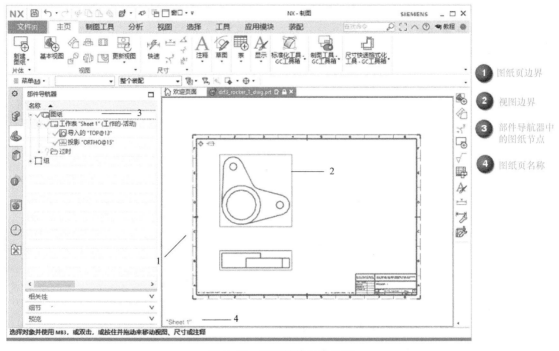

图 6-12　制图模块用户界面

6.1.4　NX 制图流程

NX 制图流程如图 6-13 所示。

图 6-13　NX 制图流程

1. 设置制图标准和图纸首选项

在创建图纸之前，确定制图标准和用户默认设置，以定义图纸、视图、注释和尺寸的默认行为、样式和外观。这样就可以在创建和填充图纸时尽可能高效地工作。

2. 新建图纸

3. 添加和管理视图

使用"基本视图"命令将第一个视图和投影视图添加到图纸中，并根据需要添加局部放大图和剖视图等各种视图。

在"部件导航器"中的"图纸"节点下查看和管理图纸页和视图。

4. 添加尺寸和注释

在功能区选择"主页"选项卡：

1）使用"尺寸"组中的命令添加尺寸。

2）使用"注释"组中的命令添加其他文本内容。

"尺寸"和"注释"与视图中的几何体关联，并随视图一起移动。如果编辑模型，则尺寸和注释会随即更新以反映更改结果。

5. 添加零件明细表

6.2 工程图管理

6.2.1 新建图纸

NX 提供两种方法来创建图纸：

1. 在模型文件中新建图纸

将图纸直接放在包含 3D 数据的装配或部件文件中，如图 6-14 所示。

创建方法：

1）打开一个不包含图纸的部件。

2）选择"应用"选项卡→"制图"，或按<Ctrl+Shift+D>键。

3）在"图纸页"对话框中单击"使用模板"。

2. 新建主模型图纸

模型文件与图样文件分开管理，部件将作为组件被添加到图样文件中，如图 6-15 所示。

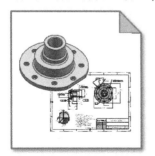

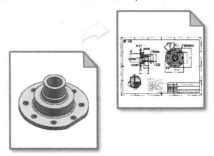

图 6-14　在模型文件中新建图纸　　　　图 6-15　新建主模型图纸

使用不同的 NX 应用模块并共享同一个模型，这种团队导向型的产品设计称为并行工程。新建主模型图纸允许团队同时使用部件、部件的组件或部件的图样，因而可支持此类并行工程环境。

创建方法：

1）选择"文件"选项卡→"打开"，并选择主模型部件或装配文件。

2）选择"文件"选项卡→"新建"，单击"图纸"选项卡。

3）在模板组的关系列表中，选择"引用现有部件"。

4）从模板列表中，选择合适的图纸模板。

5）单击"确定"，创建新的图纸部件。

6）在"装配导航器"  中可以看到 ，表示正在装配文件中操作，而原

部件文件已添加为其组件。

新建图纸页对话框如图 6-16 所示，各选项含义如下：

（1）大小

1）使用模板：创建图纸页时选择现有模板。

2）标准尺寸：选择已存在图幅尺寸框大小。

3）定制尺寸：用于指定图纸页的高度和长度。

4）大小：用于从列表框中选择标准的英制或公制图纸大小（标准尺寸）。

5）高度：用于设置图纸的高度（定制尺寸）。

6）长度：用于设置图纸的长度（定制尺寸）。

7）比例：用于从列表中选择默认视图比例，或为所有添加到图纸的视图设置特定默认比例（标准尺寸和定制尺寸）。

（2）预览 仅当选择"使用模板"选项时出现，显示选定图纸页模板的预览。

（3）名称 仅对"标准尺寸"和"定制尺寸"选项可用。

1）图纸中的图纸页：列出工作部件中的所有图纸页。

2）图纸页名称：设置默认的图纸页名称，或输入特有的图纸页名称。可为名称输入多达 128 个字符。

图 6-16　新建图纸页对话框

3）页号：图纸页号由页号①、可选分隔符③和可选副页号②组成，如图 6-17 所示。第一个页号必须和"制图首选项"的"图纸页"选项卡上指定的初始页号相匹配。如果需要副编号，它必须和"制图首选项"中指定的"初始副编号"相

图 6-17　图纸页号格式

匹配。初始字符、次要字符及分隔符显示在"部件导航器"中的"页号"列下。

4）版本：用于输入新图纸页的唯一版次代字。版次代字显示在"图纸页版本"列下的"部件导航器"中。要编辑图纸的版次代字，在"部件导航器"中右击其图纸页节点，然后选择"递增页版本"，将使用下一个可用版次代字。

（4）设置

1）单位：指定图纸页的单位。如果要将度量单位从英寸改为毫米或从毫米改为英寸，则"大小"选项也将作出相应更改，以匹配选定的度量单位。

2）投影法：指定第一角投影或第三角投影。所有的投影视图和剖视图均将根据设置的投影角显示。

（5）与制图预设置相关的功能

1）始终启动视图创建：在创建不含视图的图纸页时，可选择要启动的视图类型。

2）视图创建向导：在插入一个不含任何视图的图纸页之后，打开视图创建向导对话框（选中"始终启动视图创建"时可用）。

3）基本视图命令：在插入一个不含任何视图的图纸页之后，打开基本视图对话框（选中"始终启动视图创建"时可用）。

3. 新建图纸页方法

1）在"制图"应用模块中，用以下方法之一打开"图纸页"对话框。

① 选择"主页"选项卡→"新建图纸页"。

② 选择"菜单"→"插入"→"图纸页"。

③ 在"部件导航器"中，右击"图纸"节点并选择"插入图纸页"。

2）选择大小。

用户根据需要选择已有模板或输入尺寸建立空白图纸模板，从比例列表中选择已有比例或者定制比例。

3）设置名称：键入新的图纸页名称、页号和版本。

4）展开设置组并更改制图单位和投影角。

5）单击"确定"以创建定制图纸页。图纸页显示有虚线边界。

【案例 6-1】 新建主模型图纸

新建主模型图纸过程见表 6-2。

表 6-2 新建主模型图纸过程

操作步骤	操作图示
打开文件 drafting_arm_1.prt	

（续）

操作步骤	操作图示
在"文件"选项中选择"新建",文件类型为"图纸" 选择"A3-无视图",确认"要创建图纸的部件"为指定的模型文件,单击"确定",完成图纸文件的创建	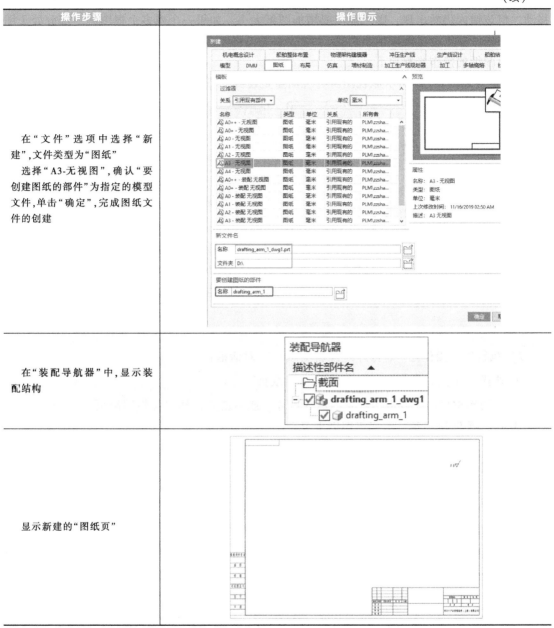
在"装配导航器"中,显示装配结构	
显示新建的"图纸页"	

6.2.2 编辑图纸

修改图纸大小是通过从右上角缩减图纸边界来更改图纸大小的，如图 6-18 所示。

在编辑图纸并将图纸从大变小时，在某些情况下，若选择的图纸较小，则视图有可能完全显示在新的图纸边界之外。如果出现此种情况，会显示出错消息"不能修改图纸。图纸太小"。为了避免出现

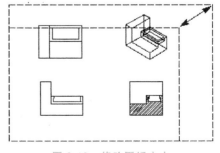

图 6-18 修改图纸大小

该错误，建议在缩减图纸大小之前先将制图视图向图纸的左下角移动。如果所有的视图都已移动，但该错误仍然出现，则可能需要增加图纸大小。如果一个或多个视图的一部分处于图纸的范围内，就不会出现该出错消息。

编辑图纸的操作步骤如下：

1）先将如图 6-19a 所示原视图所有视图重定位到图纸的左下角，如图 6-19b 所示。

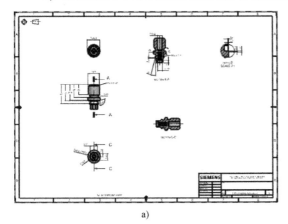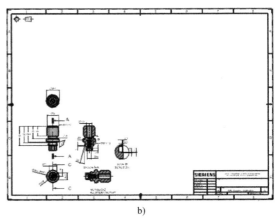

a)   b)

图 6-19   原视图重定位到图纸的左下角

2）执行以下操作之一，打开"编辑图纸页"对话框：

① 选择"主页"选项卡，选择"编辑图纸页" 。

② 在图形窗口中，双击图纸页的虚线边界，或右击并选择"编辑图纸页"。

③ 在"部件导航器"中双击图纸页节点。

④ 在"部件导航器"中右击图纸页节点，并选择"编辑图纸页"。

⑤ 选择"菜单"→"编辑"→"图纸页"。

3）在"图纸页"对话框中，通过从大小列表中选择一个较小的尺寸来缩减图纸页大小。

4）单击"确定"以接受新的图纸页大小，如图 6-20a 所示。

5）根据需要重定位视图和任何其他注释，如图 6-20b 所示。

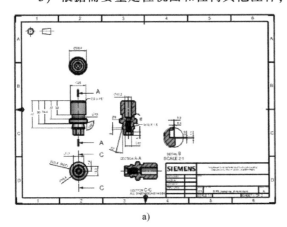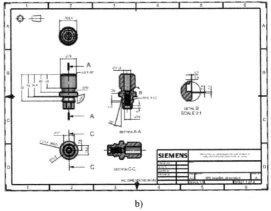

a)   b)

图 6-20   新视图及重定位视图

6.2.3　图纸更新

三维模型经过修改以后，创建的视图未处于最新状态，可以通过以下操作更新视图：

1）在"部件导航器"中右击"图纸"页节点，并选择"更新"。

2）在"部件导航器"中右击"工作表"页节点，并选择"更新"。

3）在"部件导航器"中右击视图页节点，并选择"更新"。

4）单击需要更新的视图，选择"菜单"→"编辑"→"视图"→"更新"。

5）在"主页"选项卡中单击"更新视图"。

6）在图形窗口中，右击需要更新的视图，单击"更新"。

6.2.4　删除图纸

删除图纸有以下操作方法：

1）在"部件导航器"中右击"图纸"页节点，并选择"删除"。

2）单击需要删除的视图，选择"菜单"→"编辑"→"删除"。

3）单击需要删除的视图，按下键盘上的<Delete>键。

4）在图形窗口中，右击需要删除的视图，单击"删除"。

6.3　生成视图

下面主要介绍如何使用 NX 制图模块视图组中的命令生成产品视图，如图 6-21 所示。

图 6-21　NX 制图应用模块

使用 NX 制图应用模块创建视图，用户可执行以下操作：

1）从模型视图或空视图自动创建标准正交视图。

2）创建所有符合制图标准的视图，包括局部放大图、剖视图、局部剖视图和剖视图类型。

3）在放置视图的同时预览和编辑视图。

4）使用关联或临时辅助线对齐视图。

5）用定制方位创建视图。

6）修改基本视图的透视性。

7）通过对话框、屏显快捷菜单或部件导航器访问视图的创建和编辑选项。

6.3.1　基本视图

使用"基本视图"命令可将保存在部件中的任何标准建模或定制视图添加到图纸页

中。单个图纸页可能包含一个或多个基本视图。基本视图既可作为独立视图，也可作为其他视图的父视图，如剖视图和局部放大图。当用户将视图放在图纸页上时，会看到一个预览窗口，可以在将视图添加至图纸之前，通过预览窗口查看、更改样式设置并重新定向视图。

NX 基本视图命令提供的一些选项可用于以下几个方面：

1）从主模型部件、当前部件或其他已加载的部件添加任何视图。

2）指定视图在图纸上的位置和方向。

3）定义视图比例和设置。

4）控制装配图纸上视图中的组件外观。

创建基本视图的主要步骤：

1）打开模型，选择"应用模块"选项卡→"设计"组→"制图"。

2）选择"主页"选项卡→"视图"组→"基本视图"命令，打开"基本视图"对话框，如图 6-22 所示。

3）选择需要生成基本视图的模型，默认会使用目前工作部件中的三维模型。

用户也可以在"已加载的部件"和"最近访问的部件"显示的对象中选择需要的部件，或者单击"打开"浏览和打开其他部件，并从这些部件中添加视图。

4）选择要使用的模型视图，在下拉菜单中有八个预设视图可供选择，分别是俯视图，前视图，右视图，后视图，仰视图，左视图，正等测图和正三轴测图。

用户也可以使用"视图定向工具"手动定义模型展示的角度。

5）设置视图比例，默认的视图比例等于图纸比例。

6）进入"设置"调整视图的显示样式。对于装配图样，还可以指定一个或多个组件为非剖切组件。也就是说，如果从基本视图创建剖视图，则指定的组件将在剖视图中显示为未剖切。

图 6-22 "基本视图"对话框

7）将视图移至图形窗口中合适的位置，单击以放置视图。

如图 6-23 所示，NX 提供了以下几种视图放置和对齐方法（投影视图、局部放大图和剖视图等命令中有相同的选项，不做再赘述）。

自动判断：通过当前视图位置自动判断最佳放置方法，并使用该方法对齐视图。

水平：将所选视图与另一视图水平对齐。

竖直：将所选视图与另一视图竖直对齐。

垂直于直线：将所选视图与指定的另一视图相关的参考线垂直对齐。使用指定矢量指定直线。

叠加：将所选视图与另一视图水平/竖直对齐，以便使视图相互叠加。

铰链副：适用于投影视图和剖视图。使用父视图的铰链线对齐视图。铰链方法使用 3D 模型上的点对齐视图。对于投影视图，此方法仅在投影视图从导入视图创建时可用。

关联对齐：在两个视图之间创建永久视图对齐。关联对齐会强制对齐，即使视图更改或移动。当放置下的方法设置为除"自动判断"以外的任何方法时可用。

光标跟踪："偏置"选项在视图中心之间设置为固定距离时启用。"XC 和 YC"选项为沿 X 和 Y 轴方向设置视图中心之间的距离。如果没有指定任何值，则偏置与坐标框会在移动光标时跟踪视图。

在创建视图时，用户可以在图形窗口中右击以打开快捷菜单。菜单选项针对不同的视图类型各有不同，例如基本视图快捷菜单中除了一些对话框中已有的选项还支持一键修改预览样式，显示或关闭视图标签、比例标签，如图 6-24 所示。

图 6-23　视图设置选项

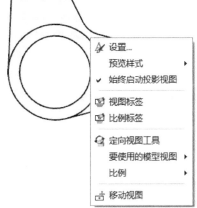

图 6-24　基本视图快捷菜单

编辑视图时可以使用以下任一方法显示"设置"对话框，可以编辑视图的外观和常规属性。

1）双击视图边界。

2）在部件导航器中右击视图节点并选择"设置"。

3）右击一个或多个视图边界，然后从快捷菜单选择"设置"，或单击快捷工具栏上"设置"。

4）单击"编辑设置"命令，然后从图纸页选择一个或多个视图。

5）高亮显示视图边界，按住鼠标右键，然后从径向工具栏上选择"设置"。

删除视图有以下几种方法：

1）高亮显示视图边界，按住鼠标右键，然后从推断式工具栏选择"删除"。

2）在"部件导航器"中，右击要移去的视图并从快捷菜单选择"删除"。

3）从图形窗口或"部件导航器"中选择一个或多个视图，右击并选择"删除"。

4）需要注意的是，一旦从图样移去一个视图，所有关联到该视图的制图对象或视图修改参数将被删除。所有的视图均支持编辑和删除操作，后续章节将不再赘述。

6.3.2　投影视图

使用"投影视图"命令可以从现有基本、图纸、正交视图或辅助视图中选择投影视图。投影视图基于正投影的规则。根据制图首选项设置，它们既可以是第一角投影，也可以是第三角投影。

在基于模型的制图过程中，投影视图无法直接被添加到图纸页，而必须以子视图的形式从现有视图中派生得来。投影视图将从选定的父视图中继承其比例和隐藏边的显示设置。

当创建完基本视图后，继续移动鼠标将添加投影视图。创建投影视图的主要步骤：

1）单击"主页"选项卡→"视图"组→"投影视图"命令，或者右键单击父视图边界，选择"添加投影视图"，弹出"投影视图"对话框，如图6-25所示。

2）选择父视图。

3）定义铰链线矢量方向，有两种方式可供选择：

① 自动判断：为视图自动判断铰链线和投影方向。当用户环绕父视图的中心移动光标时，NX会根据鼠标移动位置自动判断视图投射方向并自动判断正交对齐和辅助对齐。

② 已定义：为视图手动定义铰链线和投影方向。

4）将视图移至图形窗口中合适的位置，单击以放置视图。

【案例6-2】 创建基本视图和投影视图

创建如图6-26所示图形的基本视图和投影视图，具体过程见表6-3。

图6-25 "投影视图"对话框

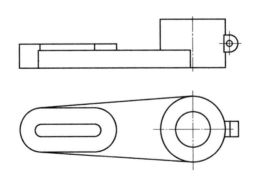

图6-26 文件 case1_BasicView. prt 图形

表6-3 创建基本视图和投影视图步骤

操作步骤	操作图示
打开文件 case1_BasicView. prt，选择"应用模块"选项卡→"设计"组→"制图"，进入制图模块	文件(F) 主页 曲线 曲面 装配 建模 钣金 外观造型 制图 布局 PMI 装配 运动仿真设计 更多 设计

（续）

操作步骤	操作图示
添加基本视图 1）单击"主页"选项卡→"视图"组→"基本视图"命令 2）模型视图选择"前视图" 3）视图比例选择 1：1 4）保留其他默认设置，在图形界面中单击以放置视图	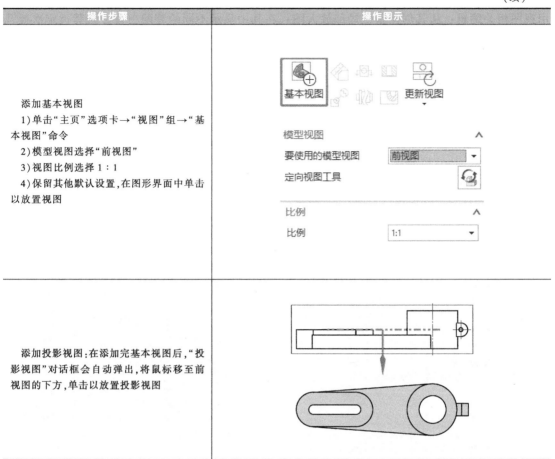
添加投影视图：在添加完基本视图后，"投影视图"对话框会自动弹出，将鼠标移至前视图的下方，单击以放置投影视图	

6.3.3 局部放大图

使用"局部放大图" 命令可以以较大比例显示现有视图或剖视图的一部分，以便查看其中的对象和添加注释。其主要用于表达模型上的细小结构，或在视图上由于过小难以标注尺寸的模型，如退刀槽、键槽和密封圈等细小部位。局部放大图与其中显示的模型几何元素完全关联，并且会在模型几何元素发生更改时进行更新。如果父视图包含 2D 几何体（如草图、曲线或剖面线），则其关联副本将放置在局部放大图中。

NX 提供了两种模式创建局部放大图，即与父视图关联或独立于父视图。

关联的局部放大图始终从其父视图继承视图设置并且始终与其父视图关联，因此如果删除父视图，也会删除相关的局部放大图。如果父视图为剖视图，那么删除它时将会删除相关的局部放大图和独立的局部放大图。对于该后果，系统会提示相关警告信息。

独立的局部放大图可以像任何其他视图一样进行编辑。如果要编辑局部放大图的任何设置，必须先将其转换为独立的局部放大图。对于独立的局部放大图，可以删除原始父视图，而局部放大图不受影响。将局部放大图设为独立后，在父视图中所做的任何其他设置和视图相关编辑将不再对其有影响。此操作不可逆。但是，对独立局部放大图进行的视图边界更改仍会反映在父视图中。对于独立的局部放大图，可执行以下操作：

编辑其所有视图设置；更改视图中的可见图层；在其中添加、编辑和移除曲线；对其应用视图相关编辑；从其创建其他局部放大图；在其中显示不同的装配布置；为其指定次要几何体组件。

创建局部放大图的主要步骤：

1）单击"主页"选项卡→"视图"组→"局部放大图"命令，或者右击父视图边界，选择"添加局部放大图"，"局部放大图"对话框如图 6-27 所示。

2）选择局部放大图的边框类型如图 6-28 所示。

3）定义局部放大图边界。在想要创建局部放大图的父视图中定义"圆心-半径"或者"矩形拐角点"绘制局部放大图的边界。

4）定义局部放大图的比例，默认比例比父视图的比例因子大一倍，并取整数倍。

5）定义父项上的标签，如图 6-29 所示。

图 6-27 "局部放大图"对话框

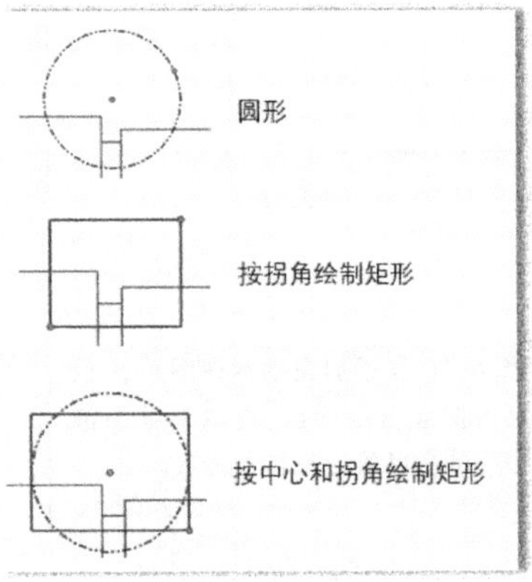

图 6-28 局部放大图边框的三种类型

图 6-29 定义父项上的标签

6）放置视图。

7）如需要独立的局部放大图，可以右击生成的局部放大图，选择"转换为独立的局部放大图"，如图 6-30 所示。

【案例 6-3】 创建局部放大图

创建图 6-31 所示的局部放大图，具体步骤见表 6-4。

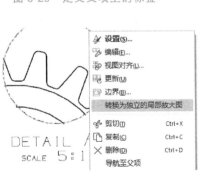

图 6-30 生成独立局部放大图界面

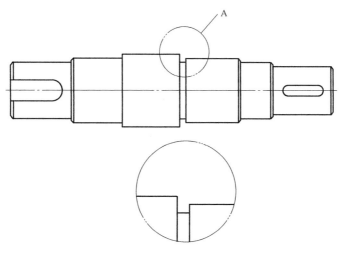

图 6-31 文件 case2_DetailView.prt 图形

表 6-4 创建局部放大图步骤

操作步骤	操作图示
打开文件 case2_DetailView.prt,选择"主页"选项卡→"视图"组→"局部放大图"	基本视图　　　　　　　　　　　　　更新视图
边界选择"圆形"	◯ 圆形 ▼
在俯视图退刀槽处定义局部放大图边界	
视图比例选择 2 : 1 选择"标签"样式	比例　　　　　　　　　　　　∧ 比例　　　　　2:1　　　　　▼ 父项上的标签　　　　　　　　∧ 标签　　　　　标签　　　　　▼
将鼠标移至父视图下方,单击添加局部放大图	

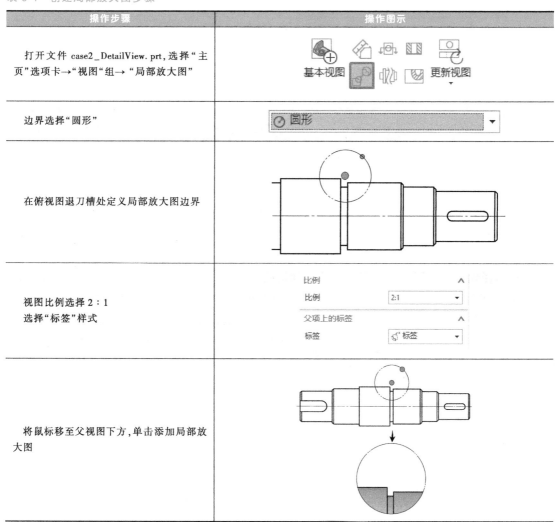

6.3.4　简单剖视图

使用"剖视图"  命令中的简单剖方法可以创建简单剖视图，如图 6-32 所示。简单剖视图由穿过部件的单一剖切平面剖切而形成。剖切线平行于铰链线，并含有两个表示投射方向的箭头线段。

a) 简单剖/阶梯剖　　　　　　　　b) 半剖　　　　　　　　c) 旋转剖

图 6-32　"剖视图"对话框

"剖切线"对话框如图 6-33 所示，其中一些选项说明如下：

1）剖切线的两种定义方法，如图 6-33 所示：

① 动态：用于以交互方式创建剖切线。

② 选择现有的：用于选择现有的独立剖切线。

2）设置剖视图方向的三种方法，如图 6-34 所示：

图 6-33　剖切线定义界面　　　　　　　　图 6-34　剖视图方向设置界面

① 正交的：创建正交的剖视图。

② 继承方向：根据另一个现有视图的方向调整剖视图的方向。

③ 剖切现有的：将剖切操作应用于现有视图。如果选择投影视图来定义剖切，则不能将该剖切应用于投影视图的父视图。

创建简单剖视图的主要步骤：

1）选择"主页"选项卡→"视图"组→"剖视图"或者右击父视图边界，选择"添加剖视图"。

2）在"剖视图"对话框的"剖切线"组中，将方法设置为"简单剖/阶梯剖"。

3）将动态剖切线移至父视图中，选择一个点以放置剖切线符号。

4）在视图外部拖动光标，直到视图正确定位，单击以放置视图。

另外，使用简单剖方法创建断面图时，由于断面图仅表达断面处的形状，如发现生成的剖视图中包含零件其他部分外轮廓，可以右击选中该投影视图，进入"设置"→"截面"→"格式"中不勾选"显示背景"和"显示前景"两个选项，效果如图 6-35 所示。

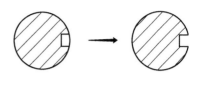

图 6-35　创建断面图

【案例 6-4】　创建简单剖视图

创建图 6-36 所示的剖视图，具体步骤见表 6-5。

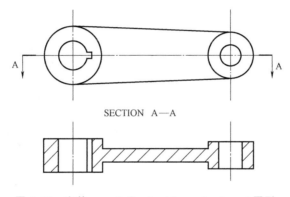

SECTION　A—A

图 6-36　文件 case3_SectionView_simple.prt 图形

表 6-5　创建简单剖视图步骤

操作步骤	操作图示
打开文件 case3_SectionView_simple.prt，选择"主页"选项卡→"视图"组→"剖视图"	基本视图　更新视图
将方法设置为"简单剖/阶梯剖"	剖切线 定义　　动态 方法　　简单剖/阶梯剖
将动态剖切线移至父视图中选择一侧通孔圆心处作为剖切位置点	

（续）

操作步骤	操作图示
剖视图方向选择"正交的"	 视图原点　　　　　　　　　　　　∧ 方向　　　　　　　正交的　　　▼
在视图外部拖动光标至父视图下方，单击以放置剖视图	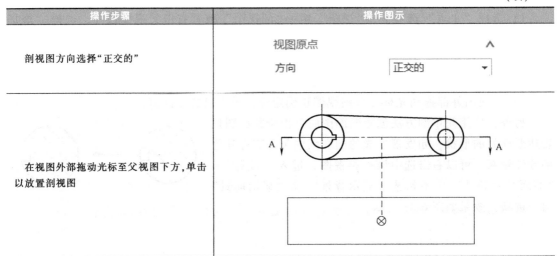

6.3.5　阶梯剖视图

　　阶梯剖视图由穿过部件的多个剖切线段组成。所有剖切线段都与铰链线平行，并通过一个或多个折弯线段相互附着。阶梯剖视图是在全剖视图的基础上添加/删除线段和移动线段从而获得阶梯剖视图效果，如图 6-37 所示。

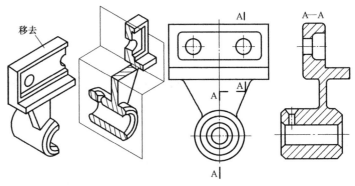

图 6-37　阶梯剖视图

　　使用"剖视图" 命令中的"简单剖/阶梯剖"方法可以创建阶梯剖视图。它和简单剖视图唯一的区别是用户需要在剖切线中定义多个剖切线段。

　　创建阶梯剖视图的主要步骤：

　　1）选择"主页"选项卡→"视图"组→"剖视图"或者右击父视图的边界，然后选择"添加剖视图"。

　　2）在"剖视图"对话框的"剖切线"组中，方法设为"简单剖/阶梯剖"。

　　3）将动态剖切线移至父视图中，定义第一个剖切点。

　　4）将视图移动到所需剖切的方向，右击打开快捷菜单，单击"截面线段"。

　　5）捕捉父视图中其他位置添加截面线段，可适当移动折弯线段手柄使剖切线位置更合理。

　　6）在图形窗口中，右击并选择视图原点，将光标移动到所需位置，单击以放置阶梯剖视图。

【案例 6-5】　创建阶梯剖视图

　　创建如图 6-38 所示的阶梯剖视图，具体步骤见表 6-6。

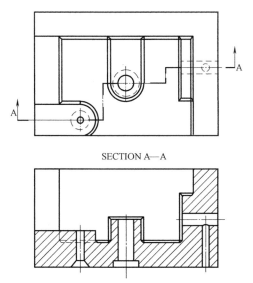

SECTION A—A

图 6-38　文件 case4_SectionView_stepped. prt 图形

表 6-6　创建阶梯剖视图步骤

操作步骤	操作图示
打开文件 case4_SectionView_stepped. prt，选择"主页"选项卡→"视图"组→"剖视图"命令	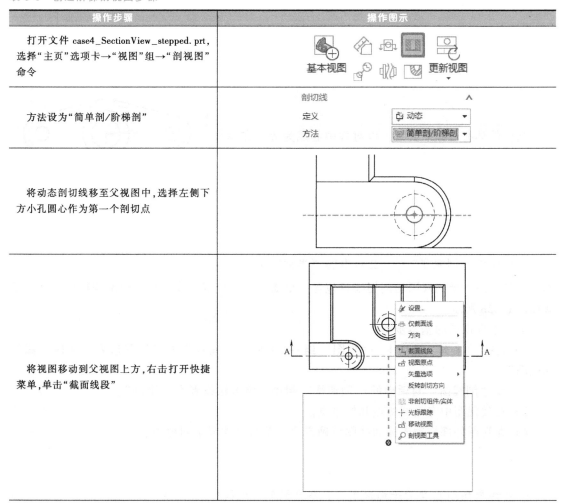
方法设为"简单剖/阶梯剖"	
将动态剖切线移至父视图中，选择左侧下方小孔圆心作为第一个剖切点	
将视图移动到父视图上方，右击打开快捷菜单，单击"截面线段"	

（续）

操作步骤	操作图示
分别选择父视图中间小孔圆心点和右侧隐藏线处小孔中心线位置添加截面线段,可适当移动折弯线段手柄使剖切线位置更合理	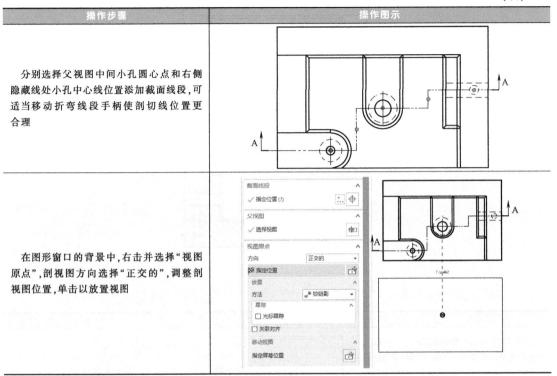
在图形窗口的背景中,右击并选择"视图原点",剖视图方向选择"正交的",调整剖视图位置,单击以放置视图	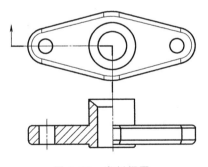

6.3.6 半剖视图

当机件具有对称平面时,以对称中心线为界,在垂直于对称平面的投影面上投射得到由半个剖视图和半个视图合并组成的图形称为半剖视图。半剖视图既充分地表达了机件的内部结构,又保留了机件的外部形状,因此它具有内外兼顾的特点。但半剖视图只适宜于表达对称的或基本对称的机件,如图 6-39 所示。

可以使用"剖视图" ▥ 命令中的"半剖方法"来创建半剖视图,半剖视图的剖切线只包含一个箭头、一个折弯线段和一个剖切线段。其对话框如图 6-32b 所示。

创建半剖视图的基本步骤:

1)选择"主页"选项卡→"视图"组→"剖视图"或者右击父视图边界,选择"添加剖视图"。

2)在"剖视图"对话框的"剖切线"组中,将方法设置为"半剖"。

3)在父视图中定义剖切点和折弯点。

4)在视图外部拖动光标到视图正确定位。单击以放置半剖视图。

图 6-39 半剖视图

【案例 6-6】 创建半剖视图

创建如图 6-40 所示的半剖视图,具体步骤见表 6-7。

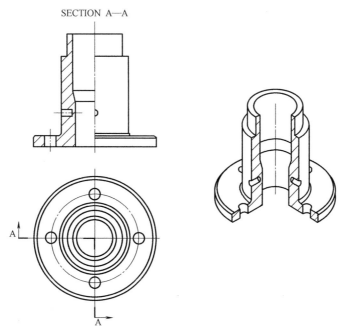

图 6-40 文件 des07_intro.prt 图形

表 6-7 创建半剖视图步骤

操作步骤	操作图示
打开文件 des07_intro.prt,选择"主页"选项卡→"视图"组→"剖视图"	基本视图 更新视图
方法选择"半剖"	剖切线 ∧ 定义 动态 方法 半剖
捕捉现有俯视图左侧小孔圆心放置第一个剖切点	
选择零件整体圆心放置折弯点	

（续）

操作步骤	操作图示
剖视图方向选择"正交的"	 视图原点 ∧ 方向　　　　　正交的　▼
将鼠标移至俯视图上方,单击以放置视图	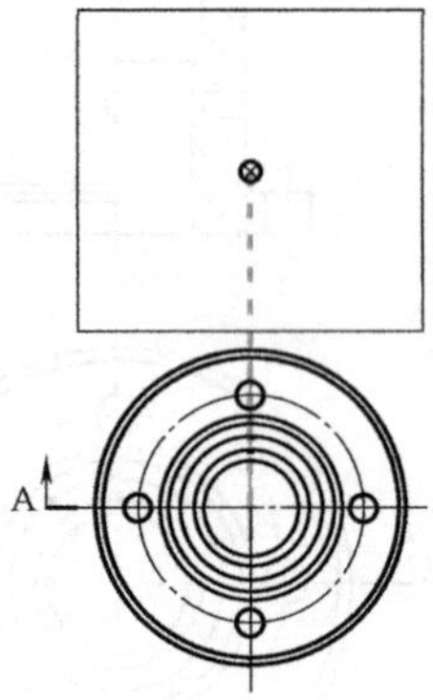
使用"基本视图"命令创建"正等测图"	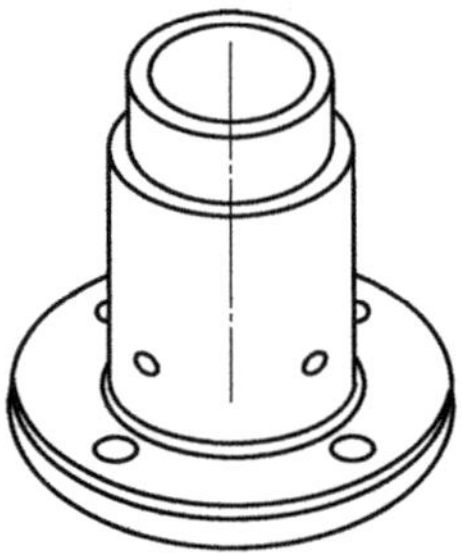
再次单击"剖视图"命令,方法选择"半剖",捕捉现有俯视图下侧小孔圆心放置第一个剖切点,选择零件整体圆心放置折弯点	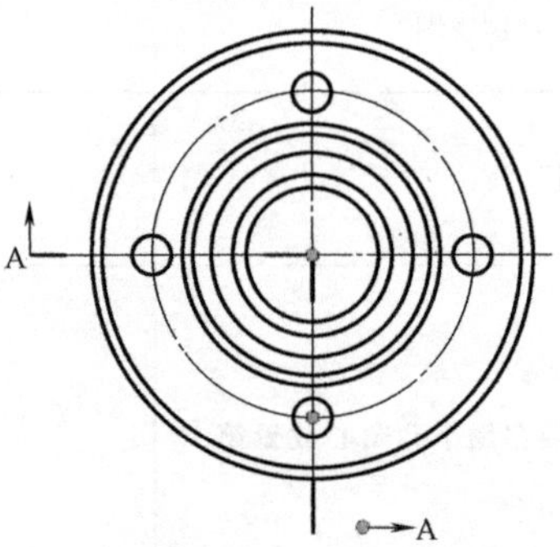
将鼠标移至俯视图左侧,确定好剖切方向后,右击打开快捷菜单选择"方向"→"剖切现有的"	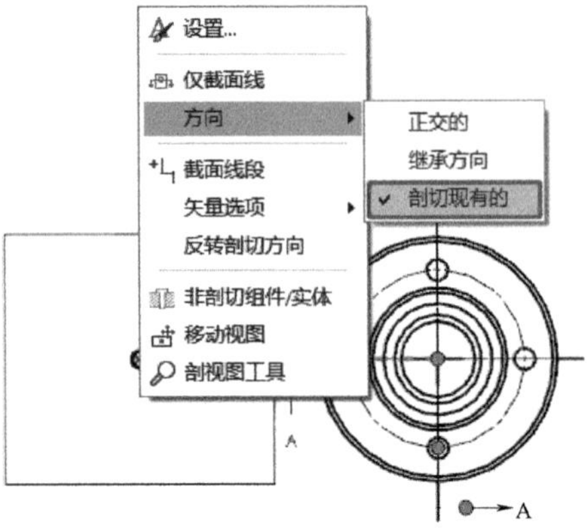

（续）

操作步骤	操作图示
选择"基本视图"命令创建"正等测图"	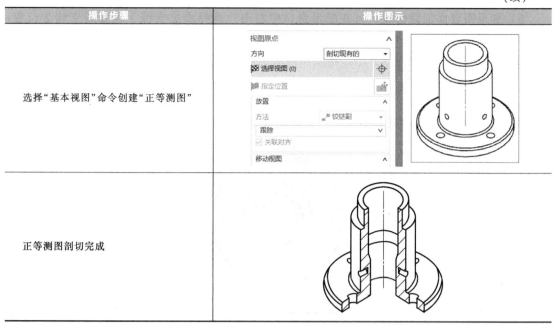
正等测图剖切完成	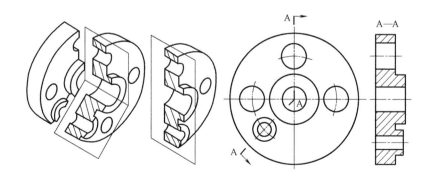

6.3.7 旋转剖视图

假想用两个相交的剖切平面剖开零件的方法称为旋转剖。对于旋转剖视图，剖切线符号包含两个支线，它们围绕通常位于圆柱形或锥形部件的轴上的公共旋转点旋转。每个支线包含一个或多个剖切线段，通过圆弧折弯段互相连接。旋转剖视图在公共平面上展开所有单个的剖切段。

使用"剖视图" 命令中的"旋转"方法可以创建旋转剖视图，如图 6-41 所示。

图 6-41 旋转剖视图

创建旋转剖视图的主要步骤：

1）单击"主页"选项卡→"视图"组→"剖视图"命令打开对话框。

2）在"剖视图"对话框的"剖切线"组中将方法选择为"旋转"。

3）在父视图中定义旋转点（一般为模型圆心）放置剖切线符号。

4）在父视图中定义支线 1 定位点。

5）在父视图中定义支线 2 定位点。

6）如果需要添加截面线，可在图形窗口中右击并选择添加支线 1 位置或支线 2 位置；然后在父视图中单击"添加截面线"。

7）右击并选择视图原点，然后将视图拖动至合适位置，单击以放置旋转剖视图。

【案例 6-7】 创建旋转剖视图

创建如图 6-42 所示的旋转剖视图，具体步骤见表 6-8。

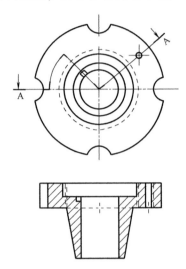

图 6-42 文件 case6_SectionView_revolved. prt 图形

表 6-8 创建旋转剖视图步骤

操作步骤	操作图示
打开文件 case6_SectionView_revolved. prt，选择"主页"选项卡→"视图"组→"剖视图"命令	基本视图 更新视图
方法选择"旋转"	剖切线 定义 动态 方法 旋转
在父视图中选择模型中的圆心作为旋转点放置剖切线符号，选择父视图右上角的圆孔圆心作为支线 1 定位点，选择父视图左侧圆弧中点作为支线 2 定位点	

（续）

操作步骤	操作图示
右击打开快捷菜单并选择"添加支线 2 位置"	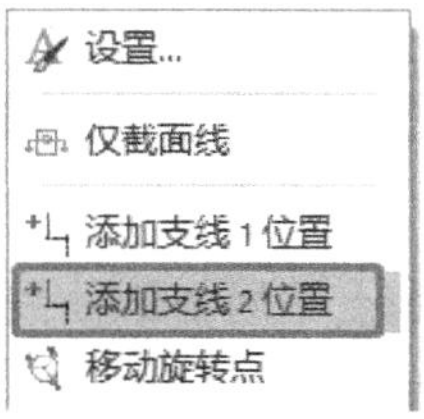 设置… 仅截面线 添加支线1位置 添加支线2位置 移动旋转点
选择父视图隐藏线矩形中点添加截面线	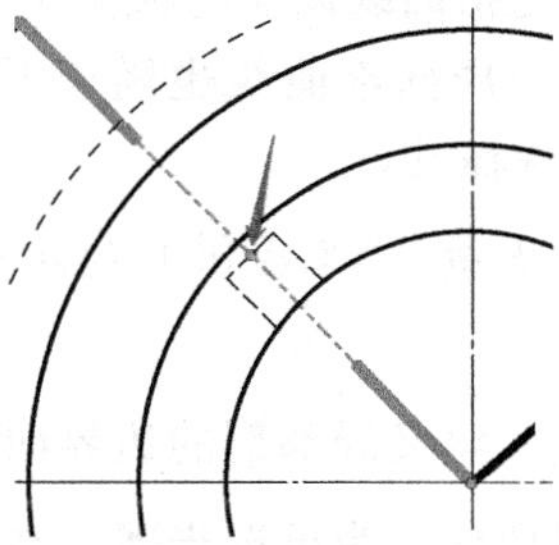
单击并拖动剖切线以优化剖切线段、折弯线段、旋转原点和箭头的放置位置	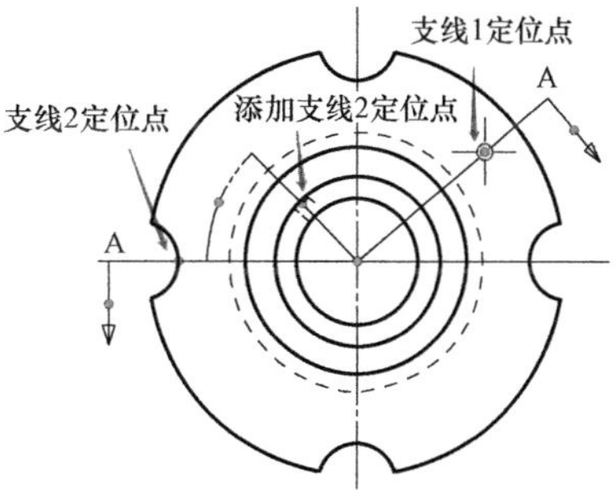 支线2定位点　添加支线2定位点　支线1定位点 A A
在图形窗口的背景中,右击选择"视图原点",然后将视图拖动至合适位置,单击以放置视图	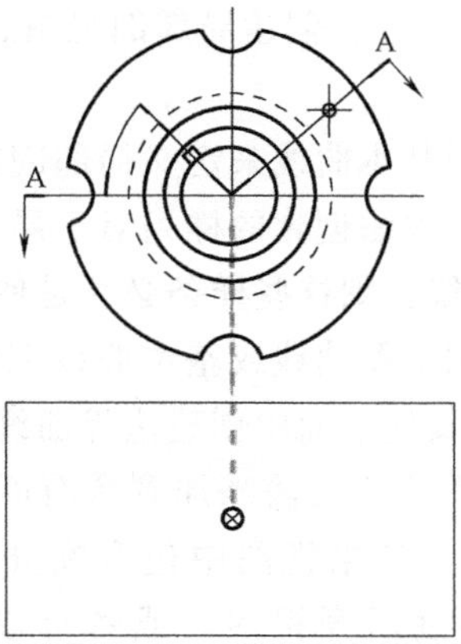 A A

6.3.8　局部剖视图

局部剖视图主要用于表达不宜采用全剖视图或半剖视图的机件。使用"局部剖视图"命令,通过移除部件的某个外部区域来查看部件的

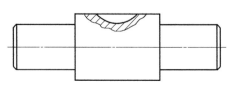

图 6-43　局部剖视图

内部情况，如图 6-43 所示。

"局部剖"对话框如图 6-44 所示，其中主要图标的说明如下：

图 6-44 "局部剖"对话框

选择视图：在当前图纸页上选择将要显示局部剖的视图。

指出基点：基点是局部剖曲线（闭环）沿着拉伸矢量方向扫掠的参考点。基点还用作不相关局部剖边界曲线的参考（不相关是指曲线以前与模型不相关）。如果基点发生移动，不相关的局部剖曲线也随着基点一起移动。使用捕捉点选项之一选择基点。

指出拉伸矢量：NX 提供并显示一个默认的拉伸矢量，它与视图平面垂直并指向观察者。

选择曲线：定义局部剖的边界曲线。

修改边界曲线：为可选步骤，在此可以编辑用于定义局部剖边界的曲线。

创建局部剖视图的主要步骤：

1）在父视图中添加草图创建代表局部剖视图边界的曲线。

2）单击"主页"选项卡→"视图组"→"局部剖视图"命令，选择"创建"。

3）选择父视图。

4）从图纸页上的任意视图中选择一个基点，并且确定拉伸方向。如果默认的视图法向矢量不符合要求，可以使用矢量反向或从矢量构造器列表中选择一个选项来指定不同的拉伸矢量。

5）激活"选择曲线"图标，选择步骤 1）中创建的草图曲线。

6）单击"确定"，创建局部剖视图。

注意：

1）如果使用基本曲线来定义局部剖视图边界，它们必须是非关联曲线。

2）通过拟合方法创建的样条对于局部剖视图边界不可选。如果希望使用样条作为局部剖视图的边界曲线，则这些样条必须是使用通过点或根据极点创建的。

3）可以使用草图曲线或基本曲线创建局部剖边界，但草图曲线通常适用于 2D 图纸平面。如果需要在其他平面中创建边界曲线，必须展开视图并创建基本曲线。

4）由于草图曲线无法添加到含有断开视图的视图中，因此建议在创建局部剖视图之后添加断开视图。如果视图中包含断开视图，可以先抑制这些断开视图、创建局部剖视图，然后取消抑制断开视图。或者可以展开该视图并添加线框曲线以定义局部剖视图边界。

5）用于定义基点的曲线不能用作边界曲线。

6）对于局部剖视图，所有轻量级视图和旋转视图均不可选。

【案例 6-8】 创建局部剖视图

创建如图 6-45 所示的局部剖视图，具体步骤见表 6-9。

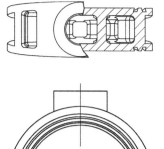

图 6-45　文件 case7_break_out. prt 图形

表 6-9　创建局部剖视图步骤

操作步骤	操作图示
打开文件 case7_break_out. prt,右击选中俯视图,选择"活动草图视图" 使用草图曲线命令创建代表局部剖视图边界的曲线	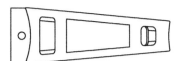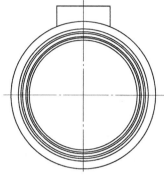
选择"主页"选项卡→"视图"组→"局部剖视图"命令	基本视图　　　　　更新视图
选择"创建"	⦿ 创建　　○ 编辑　　○ 删除
⊞ 选择添加了活动草图的俯视图 ⊡ 选择投影视图的圆心作为基点 ⊡ 拉伸方向默认判断为向上	拉伸矢量方向 基点

（续）

操作步骤	操作图示
单击鼠标中键以转至"选择曲线" ，选择前面创建的草图曲线，单击"应用"以创建局部剖视图	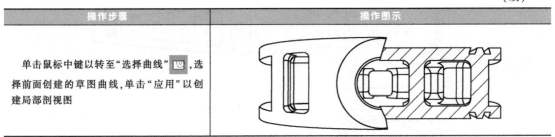

6.3.9 断开视图

使用"断开视图" 命令可向视图中添加多条水平或竖直断开线，如图 6-46 所示。默认情况下，如果视图中几何元素的宽大于高，NX 则设置视图中第一个断开的方向为水平，否则断开方向设为竖直。用户还可以通过指定矢量来定义断开方向，"断开视图"对话框如图 6-47 所示。但是，将新的断裂线添加到已含有视图断裂线的视图时，断裂线的方向必须与之前的断裂线平行或垂直。

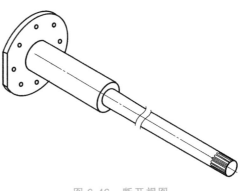

图 6-46　断开视图

用户可以在基本视图、投影视图、2D 图纸视图、借助简单剖或阶梯剖切线创建的剖视图和局部剖视图中添加断裂线。当制图首选项对话框中设置"传播断开视图"选项时，断开视图将自动传播到投影视图和剖视图中。此时在投影视图和剖视图中创建的断开视图是独立的，可以进行修改或删除。

目前有两种断开视图类型可供选择，如图 6-48 所示：

图 6-47　"断开视图"对话框

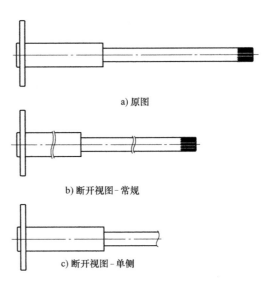

a) 原图

b) 断开视图 - 常规

c) 断开视图 - 单侧

图 6-48　断开视图类型

1）常规：向视图中添加两条断裂线，表示图纸上的概念性缝隙。

2）单侧：仅向视图中添加单条断裂线。第二条虚拟断裂线位于穿过部件对应端的位置且不可见。

创建断开视图的主要步骤：

1）单击"主页"选项卡→"视图"组→"断开图"命令，或者右击父视图选择"添加断开视图"命令。

2）选择断开视图类型。

3）定义断开的方向。

4）定义第一条、第二条断裂线锚点。

5）在对话框"设置"组中可以修改断裂线样式、幅值、延伸、颜色、宽度和进行其他设置，如图6-49所示。

6）单击"确定"生成断裂线。

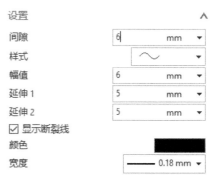

图 6-49　设置断裂线

【案例 6-9】　创建断开视图

创建如图6-50所示断开视图，具体步骤见表6-10。

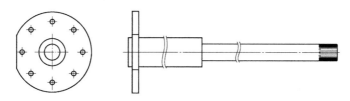

图 6-50　文件 case8_break_view.prt 图形

表 6-10　创建断开视图步骤

操作步骤	操作图示
打开文件 case8_break_view.prt，单击"主页"选项卡→"视图"组→"断开视图"命令	基本视图　更新视图
选择图纸右侧投影视图为父视图，断开类型选择"常规"	类型 常规
如图添加第一锚点和第二锚点，单击"应用"生成第一组断裂线	

（续）

操作步骤	操作图示
继续添加第二组断裂线,同样选择当前视图作为父视图,方向选择"平行"	 方向 ∧ 方位 平行 ✓ 指定矢量 反向 ✗
添加第二组断裂线锚点,单击"确定"生成第二组断裂线	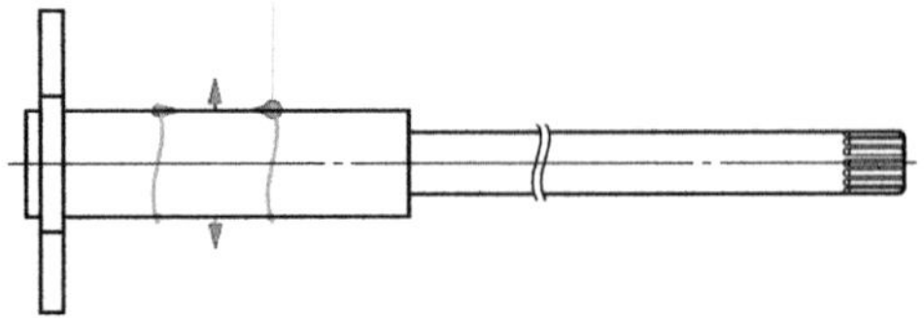

6.4 尺寸标注

为了表达工程图的尺寸和公差信息,必须进行工程图的标注。NX 提供快速标注尺寸、线性尺寸、径向尺寸、角度尺寸、倒斜角尺寸和坐标尺寸多种标注功能。可以使用 NX 中交互、屏幕控制设置并更改尺寸、尺寸线和延伸线的关联和外观。

6.4.1 快速尺寸标注

快速尺寸 标注功能,可用单个命令和一组基本选择选项对常用的尺寸类型快速创建不同的尺寸。如图 6-51 中所示为 8 种常规尺寸类型,标注尺寸时具有自动判断功能,可基于选定的对象和光标位置确定要创建的尺寸类型。

 水平   竖直  点对点 垂直

 圆柱   角度   半径   直径

图 6-51 常规的尺寸类型

"快速尺寸"对话框如图 6-52 所示。

（1）参考

1）选择第一个对象:允许选择尺寸所关联的几何体,并定义测量方向的起点。

2）选择第二个对象:允许选择尺寸所关联的几何体,并定义测量方向的终点。

（2）原点

1）指定位置 ⊥x :用于指定无指引线的注释的位置。

2）对齐

① 自动对齐:用于控制注释的关联性。

关联:将注释关联到对齐对象。对齐行处于活动状态。

非关联:注释不与对齐对象关联,但对齐线是活动的。

关:定位注释时没有活动对齐线。

② 层叠注释:用于将注释与现有注释层叠。层叠布置的放置位置和间距参数由"制图首选项"对话框中层叠节点上的选项控制。

③ 水平或竖直对齐：用于将注释与其他注释对齐。

④ 相对于视图的位置（仅在"制图"应用模块中可用）：用于将任何注释的位置关联到制图视图。

⑤ 相对于几何体的位置：用于将带指引线的注释的位置关联到模型或曲线几何体。如果几何体在视图内移动，注释与关联几何体保持恒定距离。

⑥ 捕捉点处的位置：可以使用"捕捉点"选项放置注释。可以将光标放到任何几何体上，选择一个可用的捕捉点，然后单击以放置注释。

⑦ 页边空白处的位置：可将注释放置在与模型几何体预置距离的位置上。临时虚线显示为注释被拖拽越过边距。

【注意】如果要控制初始边距偏置和后续边距间距，可以在"制图首选项"对话框中将第一偏置选项和间距选项设为合适的值。

⑧ 锚点：用于设置注释对象中文本的控制点。

图 6-52 "快速尺寸"对话框

3）注释视图 ⊕。用于在选定的视图中放置注释对象。如果必要，制图视图的边界会扩大以包含注释对象。

（3）测量　设置要创建的尺寸的类型。

① 自动判断：NX 根据光标的位置和选择的对象自动判断要创建的尺寸类型。

② 水平：仅用于创建水平尺寸。

③ 竖直：仅用于创建竖直尺寸。

④ 点到点：用于创建从一个点到另一个点的尺寸并且（可选）指定表示测量方向的矢量。如果不指定矢量，则测量方向是两个指定点之间的矢量。

⑤ 垂直：仅用于创建使用一条基线和一个点定义的垂直尺寸。基线可以是现有的直线、线性中心线、对称线或圆柱中心线。

⑥ 圆柱形：创建一个等于两个对象或点位置之间的线性距离的圆柱尺寸。直径符号会自动附加至尺寸。圆柱尺寸可用于对整个直径或半径进行尺寸标注。NX 使用所选对象的类型以及选择顺序来确定尺寸表示真实直径还是半径。

⑦ 角度：仅在两个选定对象之间创建角度尺寸。

⑧ 半径：仅用于创建简单的半径尺寸。选择球面时，将使用"S"前缀自动创建半径尺寸。

⑨ 直径：仅用于创建直径尺寸。选择球面时，将使用"S"前缀自动创建直径尺寸。

（4）驱动　向图纸中创建的草图添加尺寸驱动时，用于设置要创建的尺寸类型。

① 自动判断：NX 能够根据选定对象确定要创建的尺寸类型。如果选定几何体支持驱动尺寸，则创建一个驱动尺寸。

② 驱动：根据驱动草图曲线参数的表达式创建尺寸。编辑尺寸和更改表达式文本框中的值时，草图参数将随之变化。设置后，只可以选择能创建有效驱动尺寸的对象。

③ 从动：仅可将尺寸创建为制图尺寸。

（5）设置

1）设置 ⚟：打开"设置"对话框后可以更改所创建的尺寸的显示内容。只有当"快速尺寸"对话框打开时此操作才能影响所创建尺寸的设置。如果关闭该对话框或启动其他命令，设置会还原为其默认值。

2）选择要继承的尺寸 ✐：将选择的现有尺寸的样式设置应用到所创建或编辑的尺寸中。

可以使用快速尺寸命令根据支持的某一尺寸类型来创建尺寸。在编辑模式下，选定的尺寸将调用与其尺寸类型相关的对话框。

创建快速尺寸的主要步骤：

1）在主选项卡中选择"快速尺寸"。

2）选择第一个对象。

3）选择第二个对象。

4）确定合适的测量方式。

5）单击以放置尺寸。

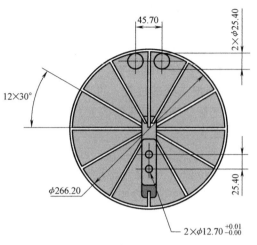

图 6-53 文件 rapid. prt 图形

【案例 6-10】 创建快速尺寸

根据图 6-53 所示，创建快速尺寸，具体步骤见表 6-11。

表 6-11 创建加粗快速尺寸步骤

操作步骤	操作图示
打开文件 rapid. prt，选择"主页"选项卡→"尺寸"组→"快速" ⚡	新建图纸 ▼ 片体 ▼ 视图 更新视图 快速 线性 尺寸 ▼
单击"重置" ↻ 来重置对话框中的选项	⚙ 快速尺寸 ↻ ？ ✕
选择第一个凸台的边上的点	
在周围移动光标并观察临时显示的不同尺寸，NX 会基于选择和光标位置确定创建的尺寸类型	

（续）

操作步骤	操作图示
在图形窗口中,选择"第一个对象"访问手柄以重新指定第一个尺寸点	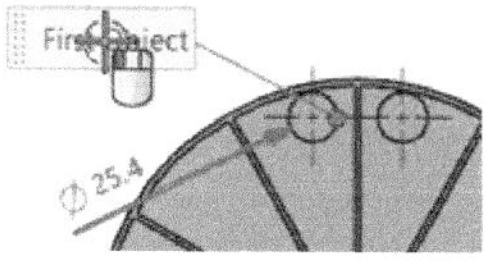
选择第一凸台的圆弧中心	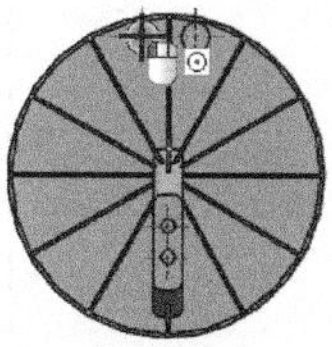
选择第二凸台的中心,NX 会判断水平尺寸	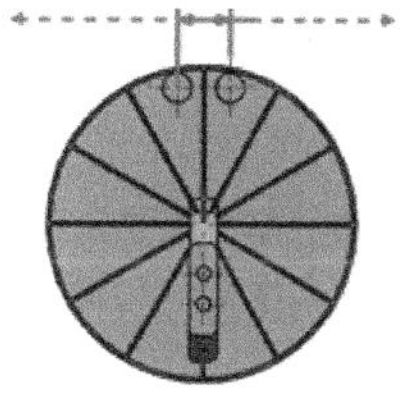
单击以放置尺寸	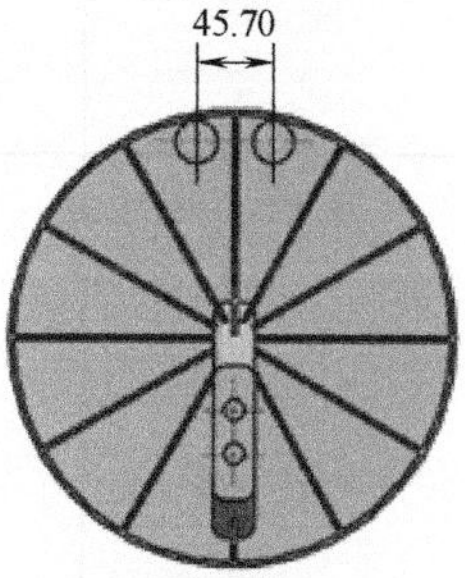
选择两个竖直圆孔的中心,然后单击以放置竖直尺寸 【注意】如果选择错误的对象,单击"重置" ⟲ 以随时清除选择并重置对话框里的选项	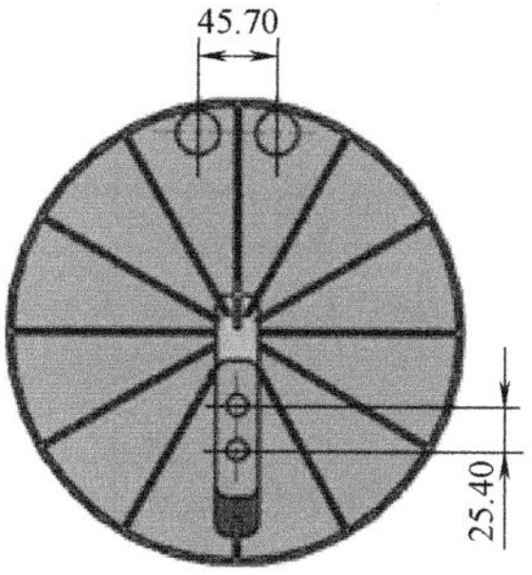
选择该肋板的内边 【注意】确保选择该边,而不是该边上的某个点	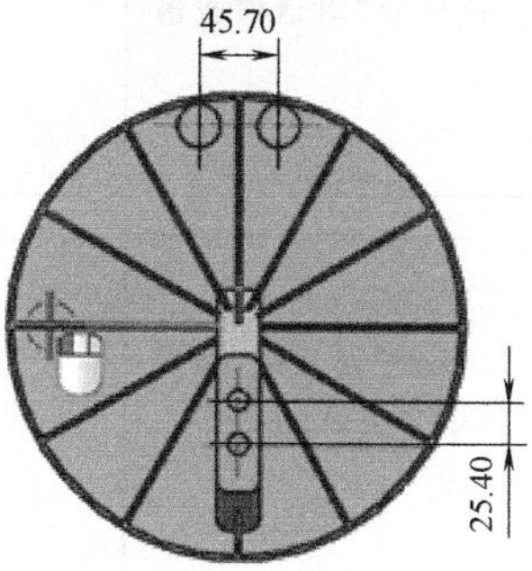

（续）

操作步骤	操作图示
选择肋板对边	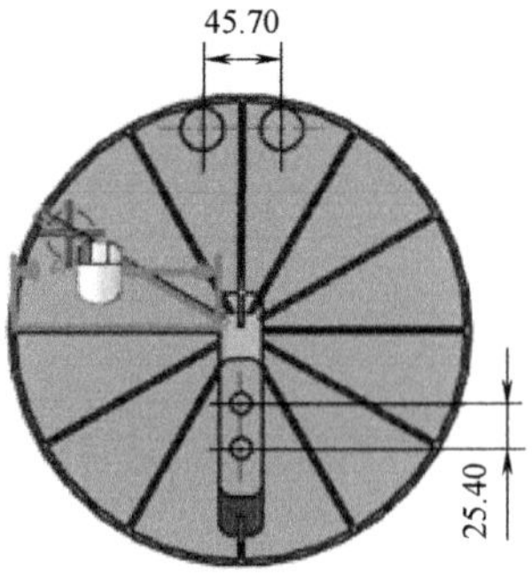
在放置角度尺寸之前,暂停光标直至显示"场景"对话框,在之前"附加文本框"中,输入"12×"	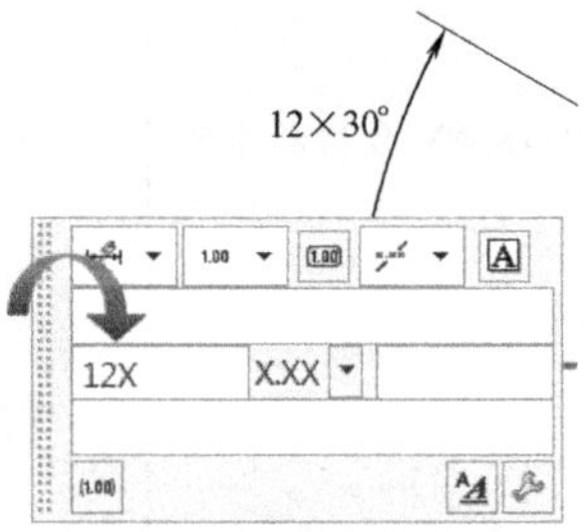
单击以放置角度尺寸	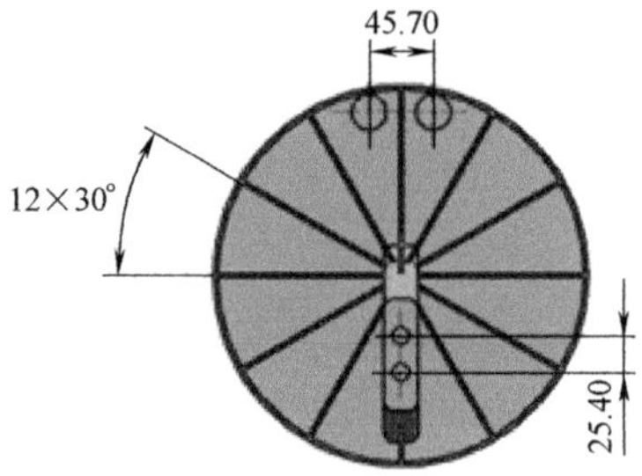
再次选择其中一个凸台的边,然后定位光标直到显示圆柱尺寸 【注意】12×附加到圆柱尺寸上。由于快速命令仍处于活动状态,因此对尺寸显示所做的更改将一直保留,直到清除了场景对话框中的更改,重置"快速尺寸"对话框或退出"快速尺寸"命令	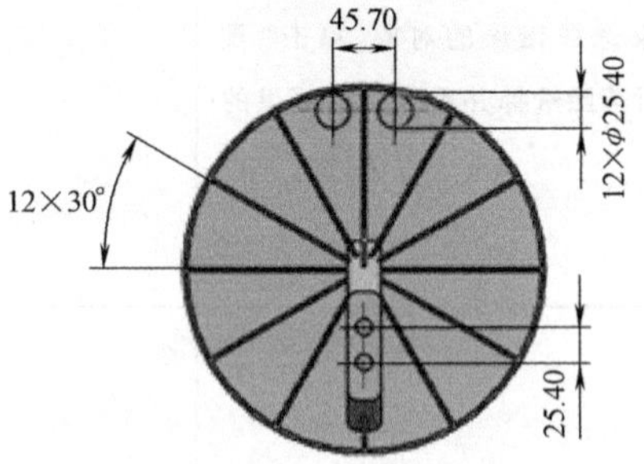
暂停光标直至显示"场景"对话框,然后在之前"附加文本框"中将值更改为"2×"	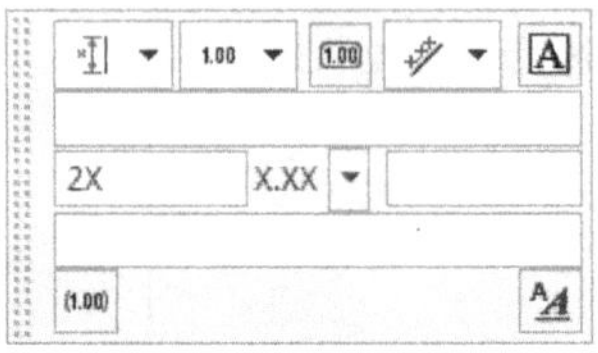

（续）

操作步骤	操作图示
单击以放置尺寸	
在"快速尺寸"对话框中,单击"重置"以重置所有选项	⚙ 快速尺寸　　　↺ ? ✕
在"测量"组的方法列表中选择"直径"	测量　　　　　　　　　　∧ 方法　　　　　　⚹ 直径　　▾
选择底板外边缘	
单击以放置直径尺寸	
（可选）使用"场景"对话框创建孔尺寸 【注意】可以使用公差列表和"场景"对话框中的文本框来设置公差	

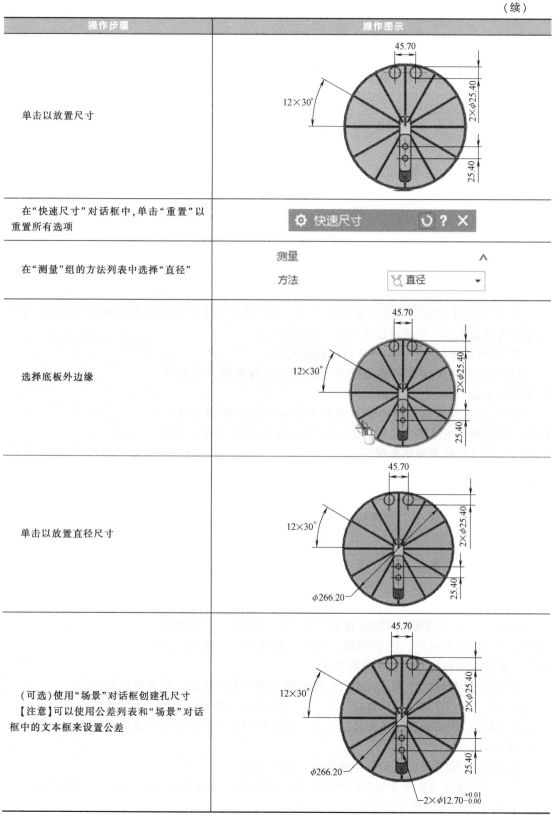

6.4.2 线性尺寸标注

使用"线性尺寸"  标注命令可将如图 6-54 所示六种不同类型线性尺寸中的一种创建为独立尺寸，或者创建为一组链尺寸或基线尺寸。

图 6-54 线性尺寸类型

通过线性尺寸标注命令可以执行以下操作：

1）能够根据选定对象自动判断要创建的线性尺寸的类型。

2）在创建或编辑尺寸的同时动态地更改线性尺寸的类型。

3）在对图纸上的草图曲线标注尺寸时，确定哪些尺寸在更改时会影响草图曲线，这种尺寸称为驱动尺寸。此选项仅相应的尺寸类型可见。

4）手动放置尺寸，或者 NX 自动放置尺寸。

5）可将基线尺寸集转换为链尺寸集，也可将链尺寸集转换为基线尺寸集。

6）在使用设置对话框中的替代尺寸文本创建或编辑尺寸的同时，手动替代尺寸的计算值。除驱动尺寸和 PMI 尺寸外，所有其他尺寸都可使用此替代选项。

"线性尺寸"对话框如图 6-55 所示。各选项说明如下：

（1）参考

选择第一个对象 ：允许选择尺寸所关联的几何体，并定义测量方向的起点。

选择第二个对象：允许选择尺寸所关联的几何体，并定义测量方向的终点。

（2）原点　参见"快速尺寸"→"原点"组选项。

图 6-55 "线性尺寸"对话框

（3）尺寸集　当驱动方法设置为自动判断或驱动，并且测量类型设置为常规时可用。用于创建、编辑和管理水平、竖直、点对点、垂直或圆柱尺寸的链和基线尺寸。

1）无：未创建尺寸集，或者选定尺寸被从尺寸集中移除，仍为单个尺寸。

2）链：用于创建一系列链接尺寸，或者将现有的基线尺寸集转变为链接的尺寸集。

3）基线：用于创建一系列基线尺寸，或者将现有的链接尺寸集转变为基线尺寸集。

（4）测量

1）方法：设置要创建的尺寸的类型。各类型如下：

① 自动判断：NX 基于选择的对象和光标位置来自动判断要创建的线性尺寸的类型。

② 水平：仅用于创建水平尺寸。

③ 竖直：仅用于创建竖直尺寸。

④ 点到点：用于创建从一个点到另一个点的尺寸并且（可选）指定表示测量方向的矢量。如果不指定矢量，则测量方向是两个指定点之间的矢量。

⑤ 垂直：仅用于创建使用一条基线和一个点定义的垂直尺寸。基线可以是现有的直线、线性中心线、对称线或圆柱中心线。

⑥ 柱面：创建一个等于两个对象或点位置之间的线性距离的圆柱尺寸。直径符号会自动附加至尺寸上。圆柱尺寸可用于对整个直径或半个直径进行尺寸标注。NX 使用所选对象的类型以及选择顺序来确定尺寸表示真实直径还是半径。

⑦ 孔标注：可根据轴与视图平面垂直或平行的孔的特征参数创建关联的圆柱孔或螺纹标注。支持以下类型：常规孔、钻形孔、螺钉间隙孔、螺纹孔、符号螺纹，还支持孔的阵列和螺纹特征。

2）使用测量方向：当测量方法设为点到点时可用。

使用通过矢量对话框 或矢量 列表指定的矢量可以设置点到点尺寸的测量方向。可再次单击以将测量方向反转为默认方向。

3）备选尺寸端点。

4）使用基线：当测量方法设为圆柱时可用。用于选择位于圆柱中心的线作为圆柱中心线，但不出现在标注尺寸的视图中。

5）为深度创建辅助尺寸：当测量方法设为孔标注时可用。

创建线性孔标注时，可以根据轴与视图平面平行的孔特征的参数同时创建一个或多个独立深度尺寸，如图 6-56 所示。

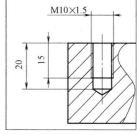

图 6-56　创建孔标注

（5）驱动

1）方法：当测量方法设为孔标注时不可用。

① 自动判断：能够根据选定对象确定要创建的尺寸类型。如果选定几何体支持驱动尺寸，则创建一个驱动尺寸。

② 驱动：根据驱动草图曲线参数的表达式创建尺寸。编辑尺寸和更改表达式文本框中的值时，草图参数将随之变化。设置后，只可以选择能创建有效驱动尺寸的对象。

③ 从动：仅可将尺寸创建为制图尺寸。

2）移除表达式，测量几何体，在编辑驱动草图尺寸时可用。选择不同的参考对象或更改测量方法时，将表达式值更改为与目标几何体相符。

3）保留表达式，调整几何体，当编辑驱动草图尺寸时可用。选择不同的参考对象或更改测量方法时，保留目前表达式的值。几何体尺寸已重新确定，与表达式相符。

（6）设置

1）设置 ：打开"设置"对话框后可以更改所创建的尺寸的显示内容。只有当"快速尺寸"对话框打开时，此操作才能影响所创建尺寸的设置。如果关闭该对话框或启动其他命令，设置会还原为其默认值。

2）选择要继承的尺寸 ：将选择的现有尺寸的样式设置应用到所创建或编辑的尺寸。

创建线性尺寸的主要步骤：

1）在主选项卡中选择"线性尺寸"。

2）选择第一个对象。

3）选择第二个对象。

4）确定合适的测量方式。

5）单击放置尺寸。

【案例 6-11】 创建水平尺寸和竖直尺寸

创建水平和竖直尺寸，具体步骤见表 6-12。

表 6-12 创建水平和竖直尺寸步骤

操作步骤	操作图示
打开文件 drf5_fixture_2_dwg.prt，选择"主页"选项卡→"尺寸"组→"线性"	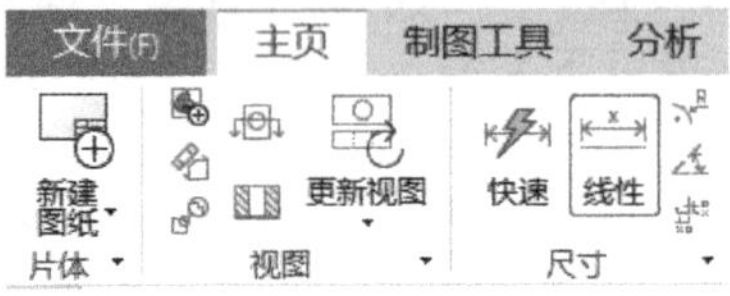
在"测量"组方法列表中选择"竖直"	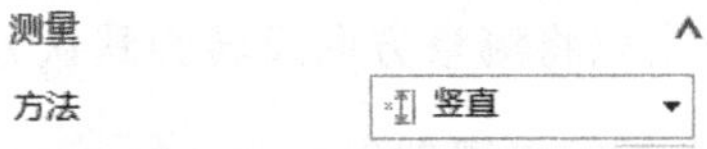
选择该面的边 【注意】确保只选择该边，而不是该边上的某个点	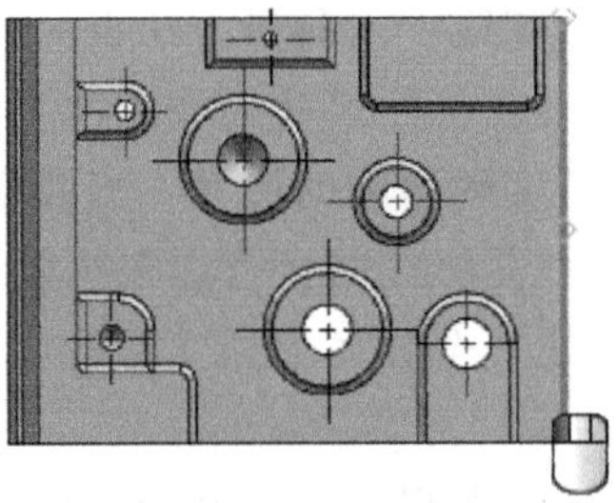
单击放置竖直尺寸，由于已选择了一个边，不必再选择另一个对象来创建竖直尺寸	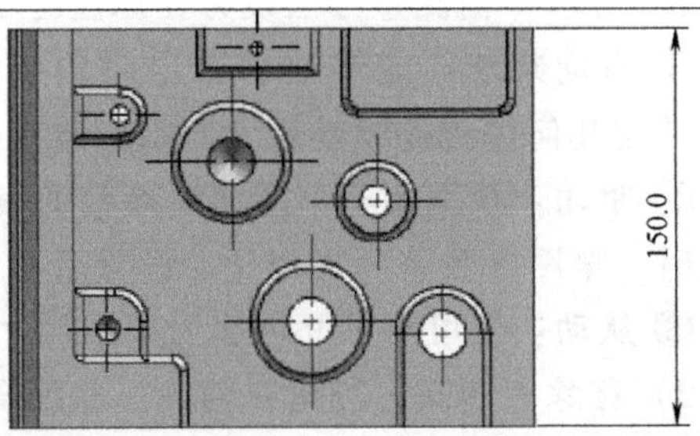
在"测量"组的方法列表中选择"水平"	
将光标置于该面的边上，直至"快速选择"光标变为可用。单击该边，从快速选择菜单中选择体的面 通过选择面而不是边，即使移除边或对边进行倒圆处理，尺寸也将仍保持与体的关联	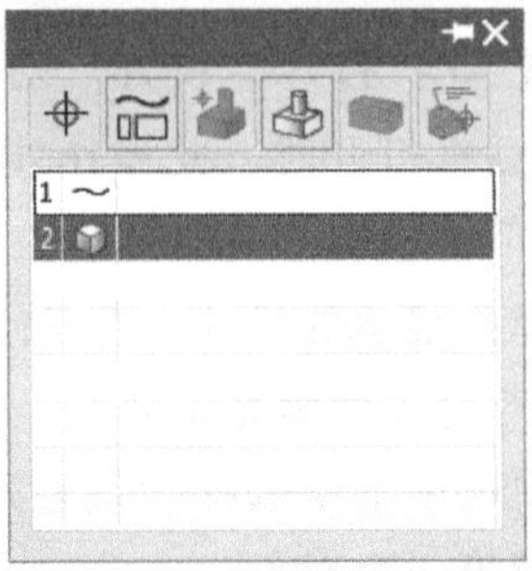

（续）

操作步骤	操作图示
在参考组中,确保使选择的第二个对象高亮显示,然后选择孔的中心点	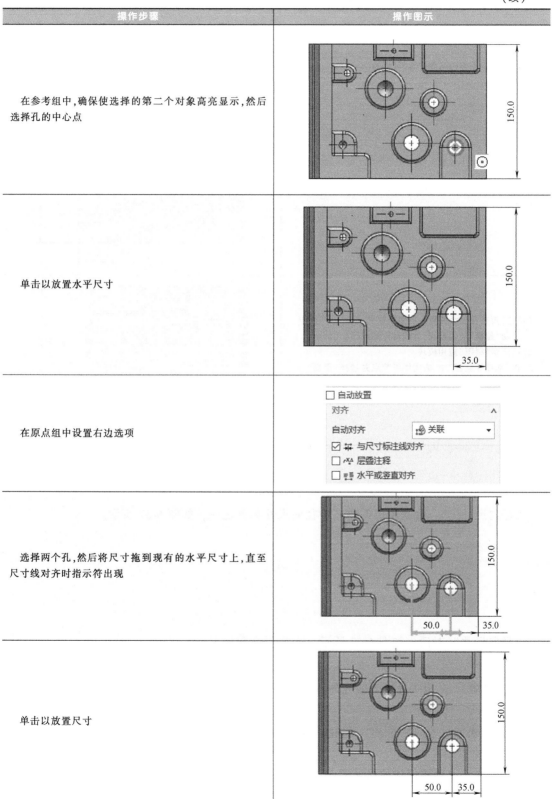
单击以放置水平尺寸	
在原点组中设置右边选项	
选择两个孔,然后将尺寸拖到现有的水平尺寸上,直至尺寸线对齐时指示符出现	
单击以放置尺寸	

（续）

操作步骤	操作图示
在"测量"组的方法列表中选择"竖直"	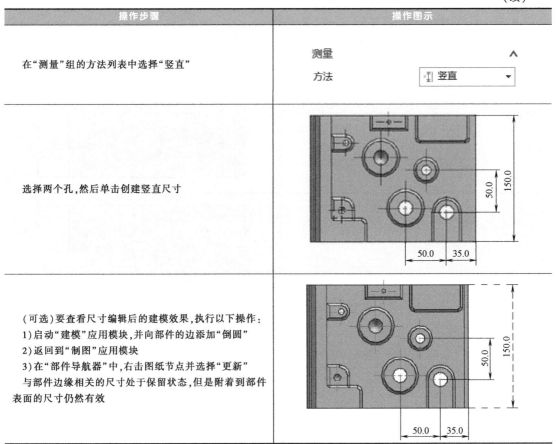
选择两个孔,然后单击创建竖直尺寸	
(可选)要查看尺寸编辑后的建模效果,执行以下操作: 1)启动"建模"应用模块,并向部件的边添加"倒圆" 2)返回到"制图"应用模块 3)在"部件导航器"中,右击图纸节点并选择"更新" 与部件边缘相关的尺寸处于保留状态,但是附着到部件表面的尺寸仍然有效	

6.4.3 径向尺寸标注

"径向尺寸" 命令用于创建三种径向尺寸类型之一，如图 6-57 所示。

半径　　　　　　直径　　　　　　孔标注

图 6-57　三种径向尺寸类型

"径向尺寸" 对话框如图 6-58 所示，各选项说明如下：

（1）参考

选择对象：用于选择关联几何体。

（2）原点

参见 "快速尺寸"→"原点" 组选项。

（3）测量

1）方法：设置要创建的尺寸类型。

① 自动判断：能够根据光标位置和选择的对象自动判断要创建的径向尺寸类型。

② 半径：仅用于创建半径尺寸。选择球面时，将使用"S"前缀自动创建半径尺寸。

③ 直径：仅用于创建直径尺寸。选择球面时，将使用"S"前缀自动创建直径尺寸。

④ 孔标注：可根据轴与视图平面垂直或平行的孔的特征参数创建关联的圆柱孔或螺纹标注。支持常规孔、钻形孔、螺钉间隙孔、螺纹孔、符号螺纹，还支持孔的阵列和螺纹特征。

2）创建带折线的半径：当测量方法设置为径向时可用，为中心点远超过视图边界或在图纸之外的圆弧创建半径尺寸。此类型的径向尺寸要有一个缩短的或带有折线的半径显示，如图6-59所示。

3）选择折叠位置：当测量方法设置为径向并且选定了创建带折线的半径时可用，用于在选择捕捉点、偏置中心点或屏幕位置时确定折叠的开始位置。

4）为深度创建辅助尺寸：当测量方法设置为孔标注时可用，创建径向孔标注时，可以根据轴与视图平面平行的孔特征的参数同时创建一个或多个独立深度尺寸。

（4）驱动

1）方法：当测量方法设为孔标注时不可用。

① 自动判断：能够根据选定对象确定要创建的尺寸类型。如果选定几何体支持驱动尺寸，则需要创建一个驱动尺寸。

② 驱动：根据驱动草图曲线参数的表达式创建尺寸。编辑尺寸和更改表达式文本框中的值时，草图参数将随之变化。设置后，只可以选择能创建有效驱动尺寸的对象。

图6-58 "径向尺寸"对话框

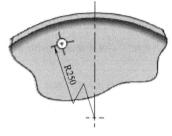

图6-59 创建带折线半径

③ 从动：仅可将尺寸创建为制图尺寸。

2）移除表达式，测量几何体：在编辑驱动草图尺寸时可用，选择不同的参考对象或更改测量方法时，需要将表达式值更改为与目标几何体相符。

3）保留表达式，调整几何体：当编辑驱动草图尺寸时可用，选择不同的参考对象或更改测量方法时，保留目前表达式的值。几何体尺寸已重新确定，与表达式相符。

（5）设置 参见线性尺寸设置。

创建径向尺寸的主要步骤：

1）在主选项卡中选择"径向尺寸"。

2）选择对象。

3）确定合适的测量方式。

4）单击放置尺寸。

【案例 6-12】 创建径向尺寸

创建如图 6-60 所示的径向尺寸，具体步骤见表 6-13。

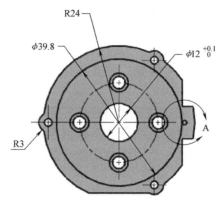

图 6-60　文件 drf7_ 85_ pkg_ motor_ mount_ plate. prt 图形

表 6-13　创建径向尺寸步骤

操作步骤	操作图示
打开文件 drf7_85_pkg_motor_mount_plate. prt,选择"主页"选项卡→"尺寸"组→"径向"	文件(F)　主页　制图工具　分析 新建图纸　更新视图　快速　线性 片体　视图　尺寸
单击"重置" 来重置对话框中的选项	径向尺寸
在"测量"组的方法列表中选择"自动判断"	测量 方法　自动判断
拾取圆形边	A
将光标暂停在临时位置,然后在"场景"对话框的尺寸类型列表中选择"直径"	X.XX φ39.8　A

（续）

操作步骤	操作图示
单击以放置尺寸	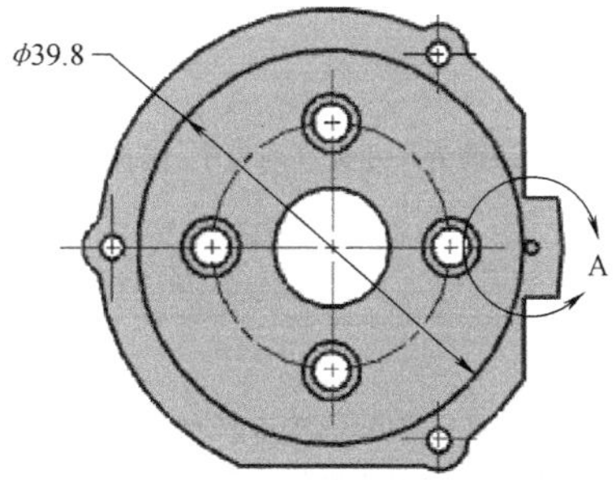
选择中心孔	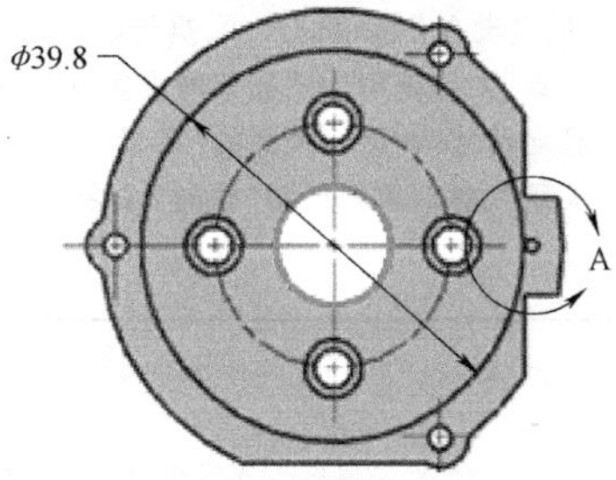
在"场景"对话框中，执行以下操作： 从公差列表①中，选择单向正公差 $^{+X}_{0}$ 在公差值框②中，输入 0.10mm	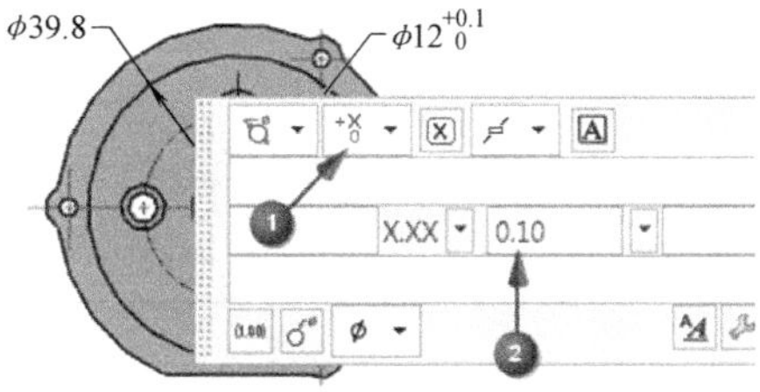 $\phi12^{+0.1}_{0}$
单击以放置尺寸	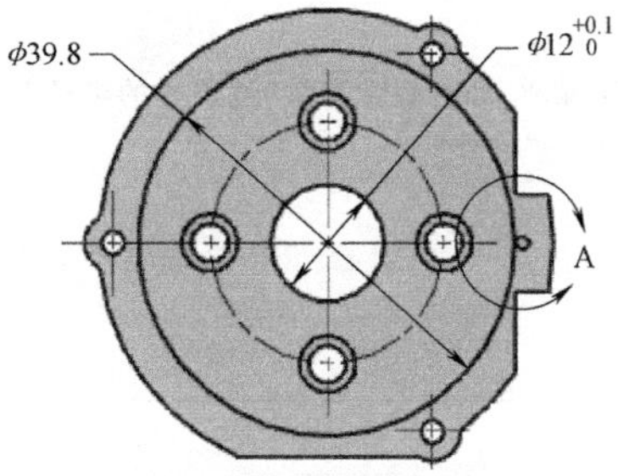
选择部件的外边缘	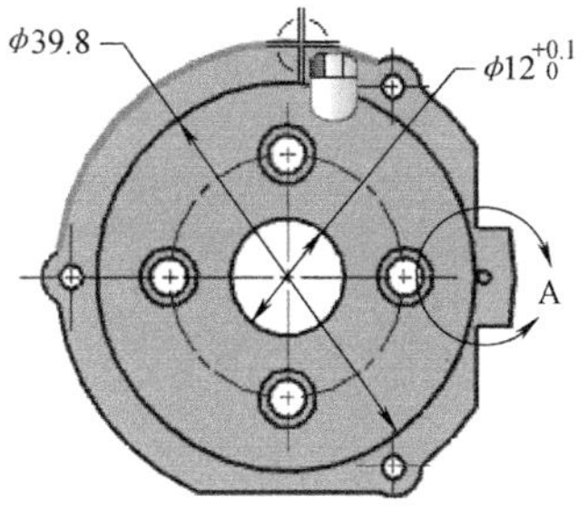

（续）

操作步骤	操作图示
在"场景"对话框的尺寸类型列表中,选择"径向"	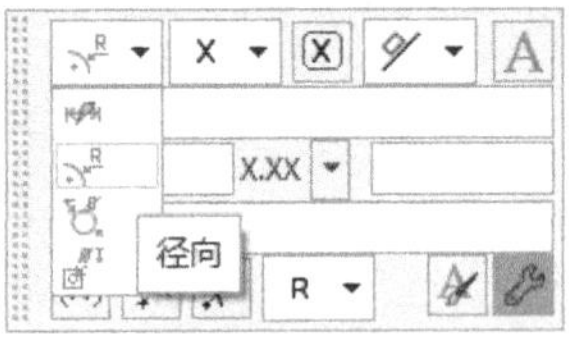
右击并选择过圆心的半径,单击以放置尺寸 【注意】因为在前一个步骤中设置了公差显示,当径向命令仍然处于活动状态时,公差将显示在每个随后创建的尺寸上。要创建没有公差值的尺寸,执行以下某一操作: 1)使用"场景"对话框中的图标和列表重置公差显示 2)单击"径向尺寸"对话框顶部的"重置" 3)单击"关闭",然后重新启动"径向"命令	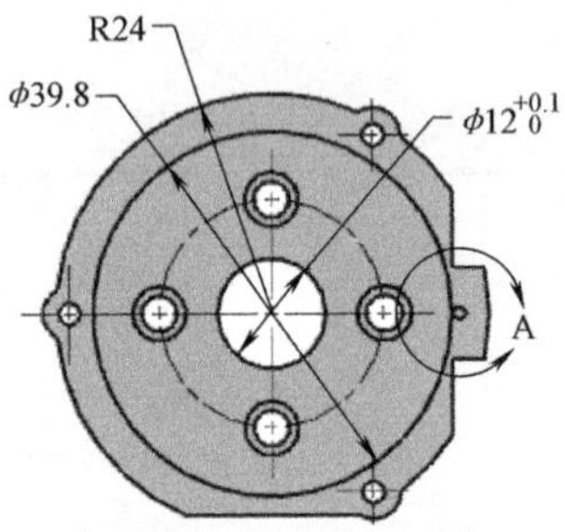
选择此孔周围的外部圆弧边	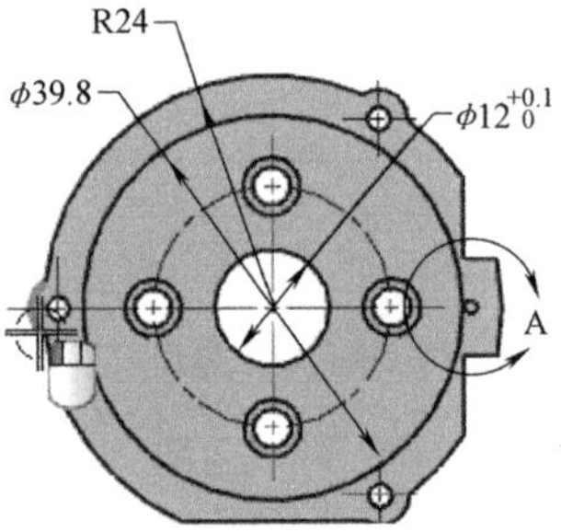
右击打开菜单,如有必要清除"过圆心的半径",并选择"箭头方向"→"向外"	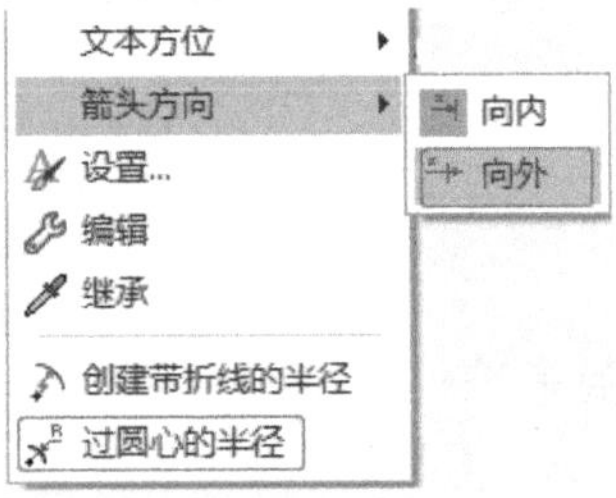
单击以放置尺寸	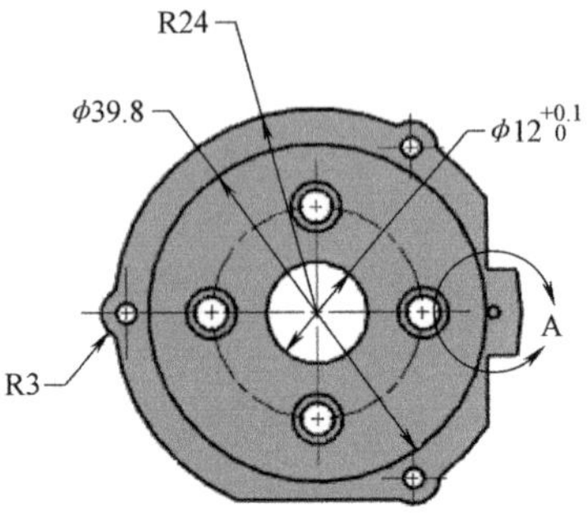

6.4.4　角度尺寸标注

使用"角度尺寸" 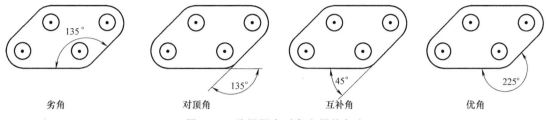 命令测量视图中两个对象之间的角度。选择的对象可以是以下情况的任意组合：直线、尺寸延伸线、模型边、中心线符号组件、圆柱与平表面、用户定义的矢量。当在一个视图中选择两个对象时，可以为图 6-61 所示任一角度标注尺寸。

图 6-61　选择两个对象之间的角度

角度尺寸单位可以显示：整数度数，分数度数（用小数或分数格式表示），度数，分和秒。通过设置显示为分数首选项，可以将角度尺寸指定为圆弧的分数。选择"首选项"→"制图"→"尺寸节点"→"文本节点单位页"→"显示为分数"，如图 6-62 所示。

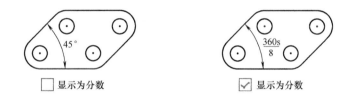

图 6-62　角度设置显示为分数

"角度尺寸"对话框如图 6-63 所示，各选项说明如下：

（1）参考

1）测量类型：当设置了"启用定向"尺寸☑制图首选项时可用。

一般 ↦ ：添加无附加隐含信息的简单尺寸。

定向的 ↦ ：指定从一个特征到另一个特征的测量值和方向。尺寸原点符号 ⊕ 表示所有公差均应用于第二个特征。

2）选择模式：当驱动方法设为自动判断或从动时可用。选择模式有以下两种：

① 对象：选择视图中的一个线性对象，以自动判断正在确定尺寸的第一个或第二个对象的矢量。

② 矢量和对象：用于通过线性对象自动判断矢量，或通过矢量对话框或矢量列表定义显式矢量。

（2）原点　参见"快速尺寸"→"原点组"选项。

（3）测量

图 6-63　"角度尺寸"对话框

内错角 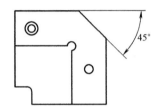：用于切换尺寸已确定对象的优角和劣角测量。

（4）驱动 参见径向尺寸驱动。

（5）设置 参见径向尺寸设置。

创建角度尺寸的主要步骤：

1）在主选项卡中选择"角度尺寸"。

2）选择第一个对象。

3）选择第二个对象。

4）确定合适的测量方式。

5）单击放置尺寸。

【案例6-13】 创建角度尺寸

创建如图6-64所示角度尺寸，具体步骤见表6-14。

45°

图6-64 文件 locator. prt 图形

表6-14 创建角度尺寸步骤

操作步骤	操作图示
打开文件 locator.prt,选择"主页"选项卡→"尺寸"组→"角度"	文件(F) 主页 制图工具 分析 新建图纸 更新视图 快速 线性 片体 视图 尺寸
在"参考"组中,确定"选择模式"设置为"对象"	参考 选择模式 对象
在视图中选择第一个对象	
选择第二个对象	

（续）

操作步骤	操作图示
将尺寸拖动至理想位置,然后单击确定其放置位置	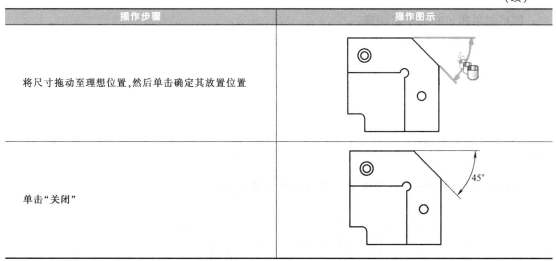
单击"关闭"	

6.4.5 倒斜角尺寸标注

使用"倒斜角尺寸" 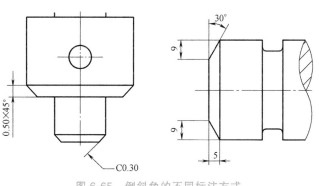 命令可以将倒斜角尺寸应用于45°倒斜角的边。当为一个与相邻直线边呈45°的倒斜角边标注尺寸时,不需要进一步选择。如不能检测相邻直线边,则必须选择相邻直线边或手工创建倒斜角尺寸如图6-65所示。

图 6-65　倒斜角的不同标注方式

【注意】对于任何不呈45°的倒斜角,必须使用其他尺寸标注方法来对它进行尺寸标注。

"倒斜角尺寸"对话框如图6-66所示,各选项说明如下:

（1）参考

选择倒斜角对象 ：选择要应用尺寸的对象。该对象必须位于参考边的45°位置。

选择参考对象 ：当不存在与倒斜角边相邻的合适参考边时,可选择一个参考对象。

（2）原点　参见"快速尺寸"→"原点组"选项。

（3）设置

设置 ：打开"设置"对话框后可以更改所创建的尺寸的显示内容。只有当"倒斜角尺寸"对话框打开时此操作才会影响所创建的尺寸设置。如果关闭该对话框或启动其他命令,设置会还原为其默认值。

选择要继承的尺寸 ：将选择的现有尺寸的样式设置

图 6-66　"倒斜角尺寸"对话框

应用到所创建或编辑的尺寸中。

创建倒斜角尺寸的主要步骤：

1）在主选项卡中选择"倒斜角尺寸"。

2）选择倒斜角对象。

3）选择参考对象（可选）。

4）设置标注样式。

5）单击放置尺寸。

【案例 6-14】 创建倒斜角尺寸

创建如图 6-67 所示倒斜角尺寸，具体步骤见表 6-15。

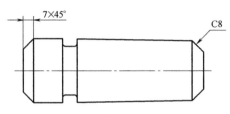

图 6-67　文件 chamfer.prt 图形

表 6-15　创建倒斜角尺寸步骤

操作步骤	操作图示
打开文件 chamfer.prt，选择"主页"选项卡→"尺寸"组→"倒斜角" 【注意】可单击尺寸组右边的三角符号，显示更多的命令	角度　倒斜角　坐标 快速　线性　径向　尺寸
在视图中选择一条边	
拖动倒斜角尺寸来指定它的方向，单击以放置尺寸 【注意】要将箭头移到两条延伸线的外侧，右击并选择"箭头方向"→"朝外"	7×45°　　7×45°
选择另一条边	

(续)

操作步骤	操作图示
使用符号文本设置倒斜角的格式 　a.当尺寸仍然处于预览模式时,右击并选择"设置" 　b.在"设置"对话框中选择"倒斜角"节点 　c.在"倒斜角"格式组中,从样式列表中选择"符号" 　d.在指引线格式组中,设置以下项:样式为"指引线与倒斜角垂直"　文本对齐为"短划线上方" 　e.选择前缀/后缀节点 　f.在倒斜角尺寸组中,设置以下项: 位置为"前面" 文本为 C 　g.单击"关闭"	
单击以将尺寸放在图纸页中	

6.4.6 坐标尺寸标注

使用"坐标尺寸" 命令测量公共原点与视图中某个对象之间的线性距离。坐标尺寸通常包含尺寸文本和一条单个延伸线,可显示或不显示尺寸线,如图 6-68 所示。

如图 6-69 所示中显示了组成坐标尺寸集合的所有常见元素。坐标原点、名称、基线、边距和相关尺寸合称为坐标尺寸集。

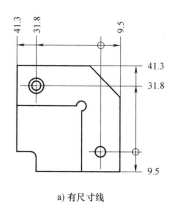

a) 有尺寸线　　　　b) 无尺寸线

图 6-68　坐标尺寸有无尺寸线图例

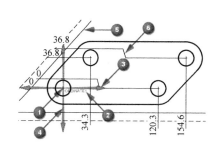

图 6-69　坐标尺寸集

1)坐标原点:所有坐标尺寸的公共起点。

2)坐标集名:用于在图纸页中标识坐标集。

3)基线:从原点开始测量时 X 轴方向的点。

4)垂直基线:从原点开始测量时 Y 轴方向的点。

5)边距:设置使尺寸相互对齐。

6）坐标尺寸：测量视图中从坐标原点到对象之间的距离。

坐标尺寸对话框如图 6-70 所示，各选项说明如下：

（1）类型

1）单个尺寸：用于在单个点处创建坐标尺寸，可以使用捕捉点过滤已经选择的尺寸。

2）多个尺寸：用于通过矩形框同时选择多个尺寸点，必须事先定义边距。

（2）参考

图 6-70 "坐标尺寸"对话框

1）选择原点 ⊥：用于选择视图中的一个点作为坐标尺寸集的原点。可以将"点"对话框 ⋯ 用于其他原点选项。

2）列表：在类型设为单个尺寸时可用。可以选择现有坐标原点的名称为原点指定新尺寸。原点可以位于任意图纸页的任何视图中。

3）选择对象 ⊞：用于选择进行尺寸标注的单个或多个对象。

4）矩形选择：当使用多个尺寸时，用于将矩形拖到视图的该区域以选择其中的对象。

① 仅选择圆弧中心：将矩形选择限制在整个和部分圆弧中心。

② 直径过滤器：当使用仅选择圆弧中心时，用于指定一系列可选择的孔尺寸。当设置为无时，不进行任何过滤。如果选择"小于"、"大于"或"等于"之类的选项，直径过滤器下方会出现相应的输入框，可以在其中输入大小值。

5）多个尺寸创建。

① 允许重复：当使用矩形选择时，创建相同值的多个坐标尺寸。

② 重定位现有尺寸：当使用矩形选择时通过坐标尺寸设置重定位现有尺寸。

（3）基线

1）指定矢量 ⊥：用于使用"矢量"对话框或"矢量"列表中的选项指定视图中用户定义的基线方向。

2）激活基线：使基线测量的正方向变为相反方向。单击 ⊠ 使其反向

3）激活垂直的：使副基线活动。此基线确定测量的 Y 方向。单击 ⊠ 使其反向

（4）原点

1）指定位置 ⊥：用于将一个新尺寸及其边距拖到图纸页上的某个位置。

2）自动放置：将尺寸置于最近的可用边距。

（5）边距

定义边距 ⊞：用于创建用户定义的边距。

（6）设置

设置 ⊿：打开"设置"对话框。

选择要继承的尺寸 ✐：允许选择希望继承其设置的现有坐标尺寸。

创建坐标尺寸的主要步骤：

1）在主选项卡中选择 "坐标尺寸"。

2）选择第一个对象。

3）选择第二个对象。

4）确定合适的测量方式。

5）单击放置尺寸。

【案例6-15】 创建坐标尺寸集

创建如图6-71所示坐标尺寸集，具体步骤见表6-16。

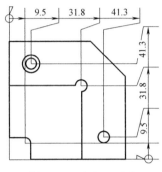

图6-71 坐标尺寸集

表6-16 创建坐标尺寸集步骤

操作步骤	操作图示
打开文件 locator. prt，选择"主页"选项卡→"尺寸"组→"坐标" 坐标	快速 线性 径向 角度 倒斜角 坐标 尺寸
从"类型"列表中选择"多个尺寸"	多个尺寸
在"选择原点" 激活的情况下，使用"两曲线相交" 对齐选项 选择部件的底边和左边	

（续）

操作步骤	操作图示
在"基线"组中选中"激活垂直的"复选框 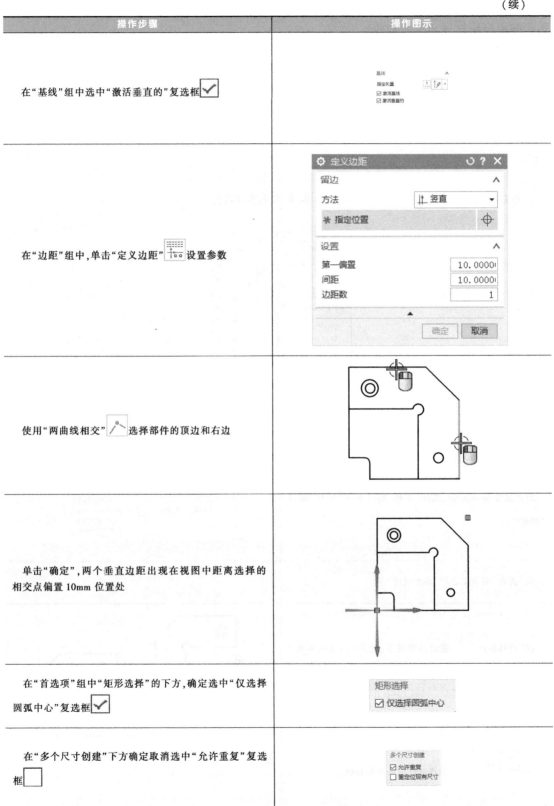	基线 指定矢量 ☑ 激活基线 ☑ 激活垂直的
在"边距"组中，单击"定义边距" 设置参数	**定义边距** 留边 方法　　竖直 ※ 指定位置 设置 第一偏置　　10.00001 间距　　　　10.00001 边距数　　　　　　1 确定　取消
使用"两曲线相交" 选择部件的顶边和右边	
单击"确定"，两个垂直边距出现在视图中距离选择的相交点偏置 10mm 位置处	
在"首选项"组中"矩形选择"的下方，确定选中"仅选择圆弧中心"复选框	矩形选择 ☑ 仅选择圆弧中心
在"多个尺寸创建"下方确定取消选中"允许重复"复选框	多个尺寸创建 ☑ 允许重复 ☐ 重定位现有尺寸

（续）

操作步骤	操作图示
将一个矩形拖到视图中该区域,尺寸将被创建并自动与两个边距对齐	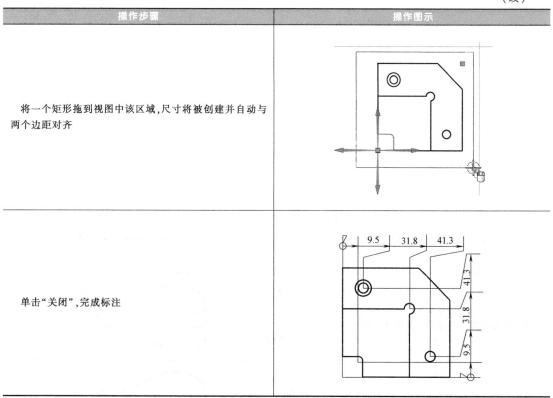
单击"关闭",完成标注	

6.4.7 尺寸精度和公差标注

要编辑单个尺寸的公差,双击该尺寸,然后在"场景"对话框和列表中进行相应的公差编辑,如图 6-72 所示,也可在右键快捷菜单中编辑。根据选择的公差类型,提供合适的公差值和精度。

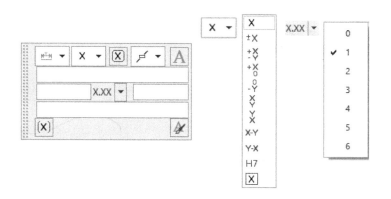

图 6-72 公差"场景"对话框和列表

精度:是指小数位数,也就是指定尺寸公差值的精度（0 到 6 位）。

公差类型:公差类型见表 6-17。

表 6-17　公差类型

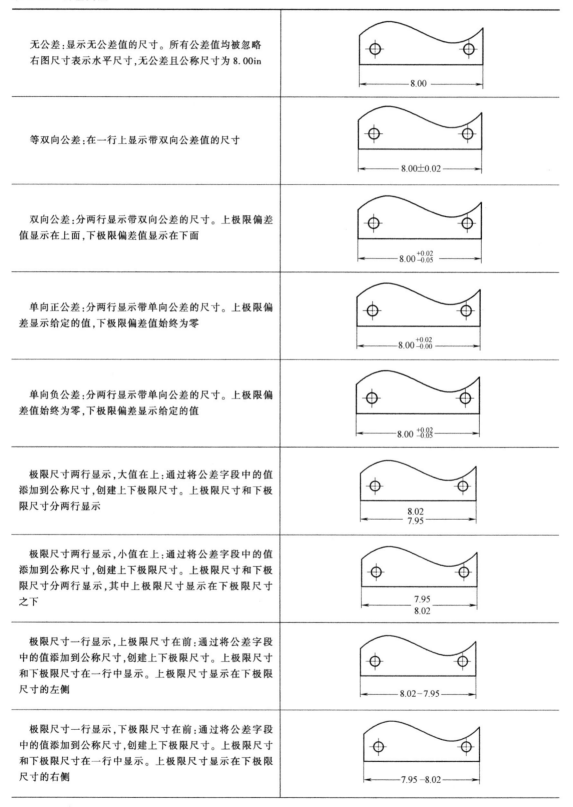

说明	图示
无公差:显示无公差值的尺寸。所有公差值均被忽略 右图尺寸表示水平尺寸,无公差且公称尺寸为 8.00in	8.00
等双向公差:在一行上显示带双向公差值的尺寸	8.00±0.02
双向公差:分两行显示带双向公差的尺寸。上极限偏差值显示在上面,下极限偏差值显示在下面	$8.00^{+0.02}_{-0.05}$
单向正公差:分两行显示带单向公差的尺寸。上极限偏差显示给定的值,下极限偏差值始终为零	$8.00^{+0.02}_{-0.00}$
单向负公差:分两行显示带单向公差的尺寸。上极限偏差值始终为零,下极限偏差显示给定的值	$8.00^{+0.02}_{-0.05}$
极限尺寸两行显示,大值在上:通过将公差字段中的值添加到公称尺寸,创建上下极限尺寸。上极限尺寸和下极限尺寸分两行显示	8.02 7.95
极限尺寸两行显示,小值在上:通过将公差字段中的值添加到公称尺寸,创建上下极限尺寸。上极限尺寸和下极限尺寸分两行显示,其中上极限尺寸显示在下极限尺寸之下	7.95 8.02
极限尺寸一行显示,上极限尺寸在前:通过将公差字段中的值添加到公称尺寸,创建上下极限尺寸。上极限尺寸和下极限尺寸在一行中显示。上极限尺寸显示在下极限尺寸的左侧	8.02－7.95
极限尺寸一行显示,下极限尺寸在前:通过将公差字段中的值添加到公称尺寸,创建上下极限尺寸。上极限尺寸和下极限尺寸在一行中显示。上极限尺寸显示在下极限尺寸的右侧	7.95－8.02

（续）

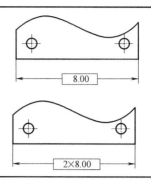

尺寸显示为包含在矩形框中的一个值。不显示公差值
　提示:要在公称尺寸框中创建一个带有乘数的公称尺寸,将文本控制字符 <#An>(其中 n 是一个数值)输入附加文本字段。这个乘数表示该尺寸在图中使用的次数或处数。右图所示为 <#A2>的结果

表 6-18 中列出孔、轴及配合公差。

表 6-18　孔、轴及配合公差

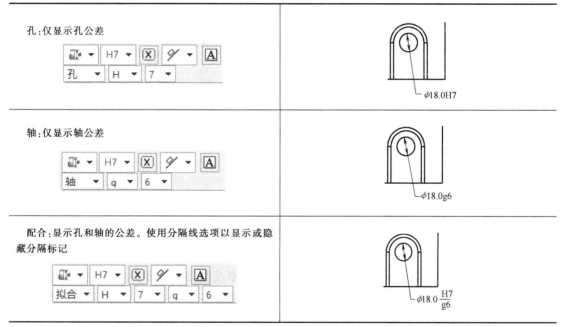

孔:仅显示孔公差	
轴:仅显示轴公差	
配合:显示孔和轴的公差。使用分隔线选项以显示或隐藏分隔标记	

注:H7 为限制和拟合尺寸指定显示的限制和拟合公差类型。

6.5　注释和符号

　　下面将介绍如何在工程图中使用注释功能。利用注释功能,用户可以完成向工程图中添加注释文本、几何公差、表面粗糙度、焊接符号等。

6.5.1　注释文本

　　注释文本在图样文件中用于添加一般技术要求、热处理要求、公差要求、零件倒角、装

配要求、涂装要求、补焊件要求、锻件要求和切削加工要求等。

"注释"对话框如图 6-73 所示。各选项说明如下：

（1）原点　参见"快速尺寸"→"原点组"选项。

（2）指引线

1）选择终止对象 ：用于为指引线选择终止对象。

2）带折线创建：在指引线中创建折线。

3）指定折线位置：用于在指引线上找到折线位置。（仅当"带折线创建"复选框选中时出现）

4）类型：显示指引线类型。

仅列出注释对象的适当指引线类型。在制图"首选项"对话框的"公共"节点→"直线/箭头"节点中，包含用来控制指引线默认外观的选项。

普通指引线：创建带有短划线的指引线。短划线的默认长度由制图首选项对话框中"直线/箭头"节点的短划线组中的长度选项控制。

全圆符号：创建带有短划线和圆圈符号的指引线。

无短划线：创建不带短划线的指引线。此选项仅可用于符号标注和基准目标符号。

图 6-73　"注释"对话框

延伸：创建与直边平行的指引线。此选项仅可用于符号标注符号。

标志：创建一条从直线端点到注释符号（如几何公差框）拐角的延伸线。延伸线附着的角要根据该延伸线（水平或竖直）的角度和指定原点的位置而定。

此指引线类型也可用于直接将文本和制图符号放置到现有尺寸或注释的指引线中。

基准：创建可以与面、实体边或实体曲线、文本、几何公差框、短划线、尺寸延伸线以及中心线类型关联的基准特征指引线，如中心标记、对称线、2D 中心线、3D 中心线。

基准指引线的类型根据对象自动判断。

【注意】可以拖动基准特征符号来更改其指引线段长度，但三角形和指引线的第一段始终保持垂直于三角形所附着的边或面。

以圆点终止：在延伸线上创建基准特征指引线，该指引线在附着到选定面的点上终止。

全面符号：用于指示公差应用于部件的所有三维轮廓。仅对"特征控制框"可用。

显示快捷方式：在对话框中显示指引线类型图标，以供快速选择。

5）样式。

① 箭头：显示箭头样式。

② 短划线侧：可控制指引线短划线的放置。

左：将指引线置于制图注释或符号的左侧。

右：将指引线置于制图注释或符号的右侧。

自动判断：将符号置于制图注释或符号的合适侧。

③ 短划线长度：设置指引线短划线的长度。

6）添加新集 ⊕：添加额外的指引线或删除现有指引线。

① 列表：列出每条指引线的信息并允许添加或删除指引线。

ID：按数字顺序列出每条指引线。

类型：显示指引线类型。

折线：显示每条指引线的折线的数目。

移除 ✕：删除选定的指引线。

② 全部应用样式设置：选择此选项时，将对为注释对象创建的所有指引线应用相同的指引线类型、箭头样式和短划线长度。

【注意】如果希望从注释对象的两侧创建指引线，则不要选择此选项。

（3）文本输入

1）编辑文本。

① 清除 ✎：清除编辑窗口中的所有文本。

② 剪切 ✂：从编辑窗口剪切高亮显示的文本。当文本高亮显示时才可用。在剪切文本后，将从编辑窗口中移除文本并将其复制到剪贴板中。这样，可以将剪切文本重新粘贴回编辑窗口，或插入到支持剪贴板的任何其他应用程序中。

③ 复制 ▢：将高亮显示的文本从编辑窗口复制到剪贴板。当文本高亮显示时才可用。这样，可以将复制的文本重新粘贴回编辑窗口，或插入到支持剪贴板的任何其他应用程序中。

④ 粘贴 ▢：将文本从剪贴板粘贴到编辑窗口中的光标位置。如果在编辑窗口中高亮显示了文本，高亮显示的文本将会被剪贴板中的文本所替换。剪贴板文本可以来自对话框中执行的"剪切"或"复制"命令，或来自任何支持剪贴板的应用程序。

⑤ 删除文本属性 ▢：根据光标的位置移除文本属性标记（由"<>"括起的属性代码）。

当光标位于一对属性标记之间时，移除此对标记。位于嵌套的属性标记对之间时，移除最里面的一对标记。未在属性标记对之间时，将移除光标位置左边的属性标记。具体示例见表 6-19。

表 6-19　根据光标位置移除文本示例

当光标位于 X 时，单击 ▢	生成的文本
<D1>ooXo <U>ooo<U><D>	ooo <U>ooo<U>
<D1>ooo <U>ooXo<U><D>	<D1>ooo ooo<D>
<D1>ooo <U>ooo<U>X<D>	<D1>ooo <U>ooo<D>

注：▢ 选择下一个符号表示从光标位置，选择下一个符号或由"<>"括起的属性。文本窗口将根据需要进行滚动，以便显示选定的文本符号。

2）格式设置。

① 字体菜单：在系统字体目录中列出由 UGII_CHARACTER_FONT_DIR 环境变量指定的所有可用字体。从此菜单中选择某个字体，会将适当的控制字符插入到所选的字体中。

② 字符比例因子菜单：从此菜单中选择一个比例因子，插入控制字符以按该比例因子更改字符大小。

B：插入粗体文本的控制字符。

I：插入斜体文本的控制字符。

U：插入下划线文本的控制字符。

O̅：插入上划线文本的控制字符。

X^2：插入上标文本的控制字符。

X_2：插入下标文本的控制字符。

$\Omega_\oplus$：用于插入最近使用的符号、几何公差（GD&T）符号、制图符号、Unicode 符号。

③ 文本输入框：显示输入的文本或添加的符号。

3）符号。

类别列表：显示对应的符号图标，符号图标会插入相应的符号代码。

：用于插入制图符号。

：用于插入几何公差符号。可用符号取决于所选公差标准。单击"验证框语法"，根据所选标准检查文本语法。

$1/2$：用于插入上面和下面文本字段内容的代码，以在注释中构成分数或两行文本。分数要求在两个文本字段中都输入文本；两行文本可从任一或两个文本字段中创建文本，从列表中选择分数类型，指定要创建的分数种类；单击"插入分数" $1/2$，在文本框中插入文本编码。

：用于在文本输入框的光标位置插入定制符号库或工作部件中的定制符号。定制符号的形式见表 6-20。

表 6-20　定制符号形式

无:将符号与文本字符串下方一段距离处对齐。该距离是文本高度的函数,且不能更改	
顶部:将符号与文本字符串的顶部对齐	
中间:将符号的中心与文本字符串的中心对齐	

（续）

底部:将符号的底部与文本字符串的底部对齐	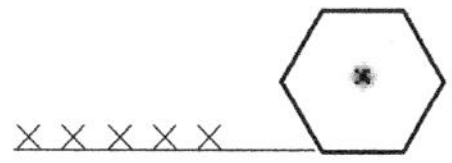
锚点:将定制符号的锚点与文本字符串的底部对齐	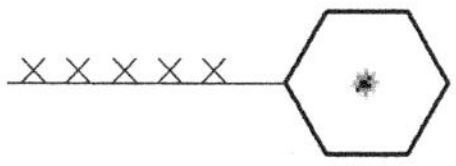

：用户定义。

符号库：可以从以下选项指定符号库 显示部件、 当前目录、 实用工具目录。

设置组：大小设置方法有以下两种：

① 比例和宽高比：将按照比例因子直接缩放符号高度，并按照高度乘以宽高比的值来缩放符号宽度。

② 长度和高度：应用指定的距离值以确定符号大小。

当插入定制符号时，符号大小将应用到文本中的所有符号；符号大小的代码在文本窗口中不显示。

：用于将关联的控制字符插入文本窗口，有以下4种： 插入表达式、 插入对象属性、 插入部件属性、 插入图纸页区域：打开图纸页区域参考对话框，以将关联的图纸页和区域位置以及视图名称插入文本字符串。

4）导入/导出。

插入文件中的文本：将操作系统文本文件中的文本插入当前光标位置。

注释另存为文本文件：将文本框中的当前文本另存为 ASCII 文本文件。

（4）继承

选择注释：用于添加与现有注释的文本、样式和对齐设置相同的新注释。还可以用于更改现有注释的内容、外观和定位。

（5）设置

设置：打开"设置"对话框，为当前注释或标签设置文字样式。

竖直文本：选中该选项后，在编辑窗口中从左到右输入的文本将从上到下显示。在编辑窗口中输入的新行将在之前的列的左边显示为新列。

斜体角度：相应字段中的值将设置斜体文本的倾斜角度。

粗体宽度：设置粗体文本的宽度。

文本对齐：在编辑标签（文本带有指引线）时，可指定指引线短划线与文本和文本下划线对齐。文本对齐形式见表6-21。

表 6-21　文本对齐形式

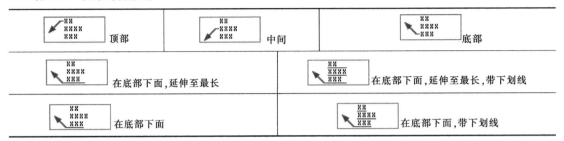

创建注释文本的主要步骤：

1）按以下方法之一打开"注释"对话框：

① 选择"主页"选项卡→"注释"组→"注释" A。

② 选择"菜单"→"插入"→"注释"→"注释"。

2）（可选）设置指引线，选择终止对象。

3）在"文本输入"框中输入所需的文本，编辑文本格式、字体。

4）文本将显示在文本框中以及图形窗口中的光标处。

5）将光标移动至所需位置并单击以放置注释。

【案例 6-16】　创建注释文本

创建注释文本，具体步骤见表 6-22。

表 6-22　创建注释文本步骤

操作步骤	操作图示
打开文件 locator. prt，选择"主页"选项卡→"注释"组→"注释" A	
在"文本输入"框中输入所需的文本，编辑文本格式、字体	
将光标置于几何体上，单击并拖动以创建指引线	

（续）

操作步骤	操作图示
若要创建多条指引线,在不同的几何体上单击并拖动	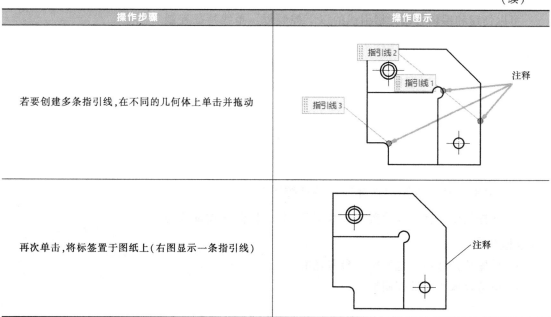
再次单击,将标签置于图纸上(右图显示一条指引线)	

6.5.2　基准和几何公差

几何公差包括形状公差和位置公差。任何零件都是由点、线、面构成的，这些点、线、面称为要素。机械加工后零件的实际要素相对于理想要素总有误差，包括形状误差和位置误差。这类误差影响机械产品的功能，设计时应规定相应的公差并按规定的标准符号标注在工程图样上。

几何公差内容用框格表示，框格内容自左向右第一格是几何公差项目符号，第二格为公差数值，第三格以后为基准，即使指引线从框格右端引出也是这样。

1. 基准特征符号

使用"基准特征符号"命令创建几何公差基准特征符号（带或不带指引线），以便在图样上指明基准特征。

"基准特征符号"对话框如图 6-74 所示，各选项说明参见前面内容。

创建"基准特征符号"的主要步骤：

1）在主选项卡中选择"基准特征符号"。

2）进行合适类型设置。

3）选择对象。

4）单击设置尺寸。

图 6-74　"基准特征符号"对话框

2．特征控制框

可以创建和编辑有或无指引线的以下控制框：单线特征控制框、多线公差框、复合特征控制框以及下方有一个或多个附加公差框的复合特殊控制框。

"特征控制框"对话框如图 6-75 所示。各选项说明详见案例操作步骤。

创建"特征控制框"的主要步骤：

1）按以下方法之一打开"基准特征符号"对话框：

① 选择"主页"选项卡→"注释"组→"特征控制框" 。

②"菜单"→"插入"→"注释"→"特征控制框"。

2）在框组中，将特性设置为"位置" ⊕，将框样式设置为"复合框" 𝌆。

3）设置公差选项，选择第一参考基准。

4）单击以放置特征控制框。

【案例 6-17】 创建基准特征符号及特征基准框

创建如图 6-76 所示的基准特征符号及特征基准框，具体过程见表 6-23 和表 6-24。

图 6-75 "特征控制框"对话框

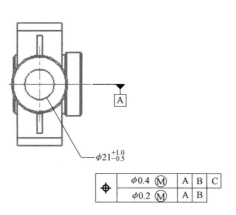

$\phi21^{+1.0}_{-0.5}$

⊕	$\phi0.4$ Ⓜ	A	B	C
	$\phi0.2$ Ⓜ	A	B	

图 6-76 案例 6-17 图形

表 6-23 创建基准特征符号过程

操作步骤	操作图示
按以下方法之一打开基准特征符号对话框 1）选择"主页"选项卡→"基准特征符号" 2）选择"菜单"→"插入"→"注释"→"基准特征符号"	

（续）

操作步骤	操作图示
（可选）在"指引线"组中,选择所需的指引线类型	
（可选）设置指引线类型的样式,如要创建填充基准三角形特征,可将指引线类型设置为基准,然后将箭头样式设置为填充基准	
在"基准标识符"组中,确认字母框中显示的基准字母是正确的	
用光标高亮显示边缘 单击以放置符号	

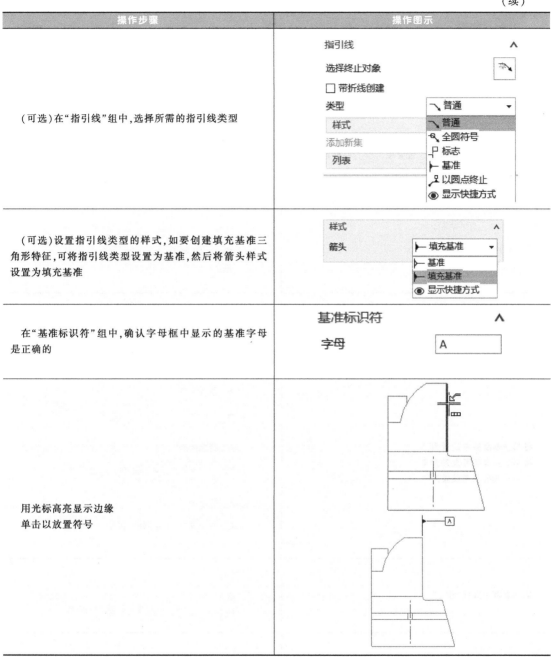

表 6-24　创建组合特征控制框步骤

操作步骤	操作图示
选择"主页"选项卡→"注释"组→"特征控制框"	

（续）

操作步骤	操作图示
在"对齐"组中,选择"层叠注释"和"水平或竖直对齐"	 对齐 ∧ 自动对齐　　　　　关联 ▼ ☑ 层叠注释 ☑ 水平或竖直对齐
在框组中,将特性设置为"位置度" ⊕ ,将框样式设置为"复合框"	 框 ∧ 特性　　　　　　⊕ 位置度 ▼ 框样式　　　　　⊞ 复合框 ▼
使"框 1"在列表中高亮显示	列表 ∧ 框 1 ⇧ 框 2 ⇩
设置公差选项	 公差 ∧ ☐ 单位基础值 ∅ ▼ 0.4 Ⓜ
将第一基准参考设置为 A 将第二基准参考设置为 B 将第三基准参考设置为 C	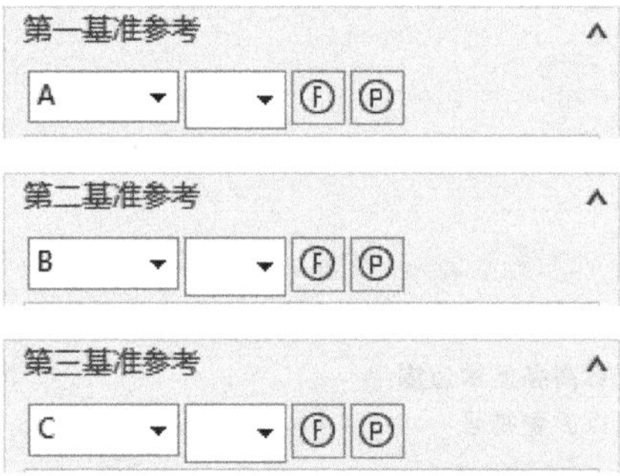 第一基准参考 ∧ A ▼ ▼ Ⓕ Ⓟ 第二基准参考 ∧ B ▼ ▼ Ⓕ Ⓟ 第三基准参考 ∧ C ▼ ▼ Ⓕ Ⓟ
从列表框中选择"框 2"	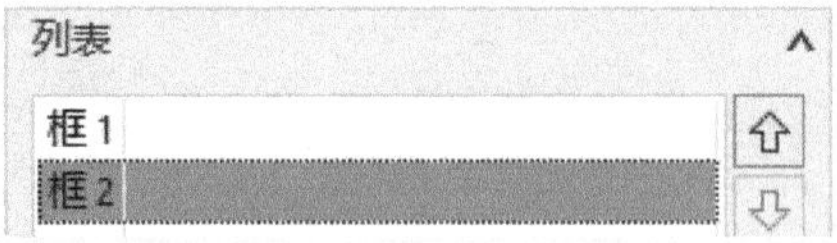 列表 ∧ 框 1 ⇧ 框 2 ⇩
根据需要设置公差和基准参考,在此示例中,公差设置为 0.2mm,第一基准参考是 A,第二基准参考是 B	 公差 ∧ ∅ ▼ 0.2 Ⓜ 第一基准参考 ∧ A ▼ ▼ Ⓕ Ⓟ 第二基准参考 ∧ B ▼ ▼ Ⓕ Ⓟ

（续）

操作步骤	操作图示
创建下方有两个附加公差框的复合特征控制框,先定位,使其在孔尺寸下方层叠;在"指引线"组中,单击选择终止对象,然后单击孔边缘以附加指引线 【注意】确定在选择孔边缘之前,选择条中的曲线上的点选项可用 在"指引线"组中,将指引线类型设置为基准,然后单击孔尺寸短划线并拖动以定位复合特征控制框 【注意】要在复合框中添加第三行,可单击"添加新框" ⊕	
单击以放置复合特征控制框	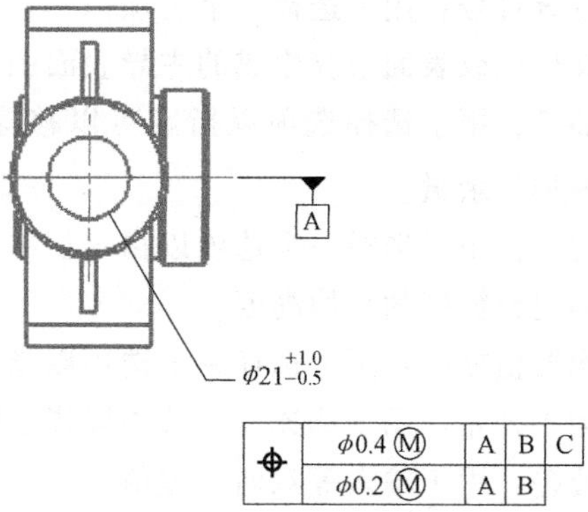

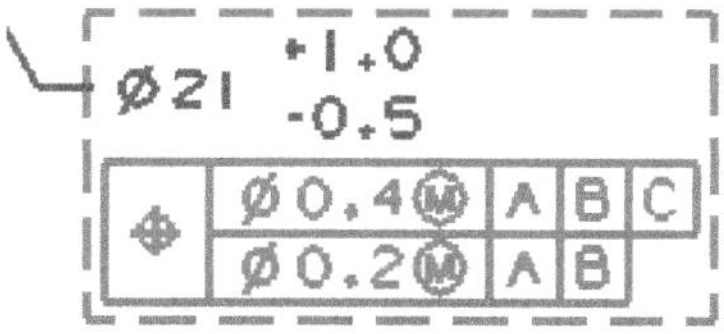

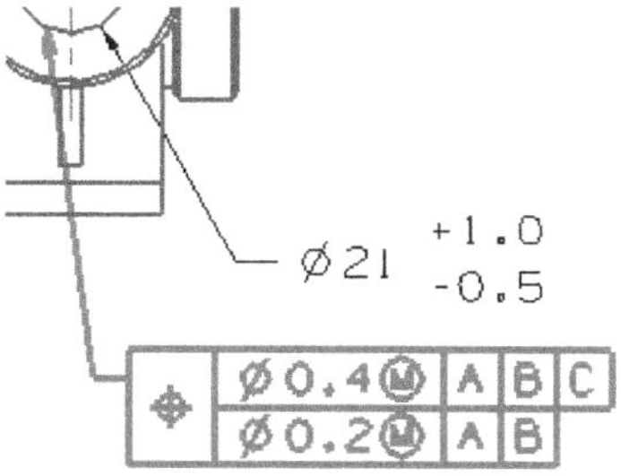

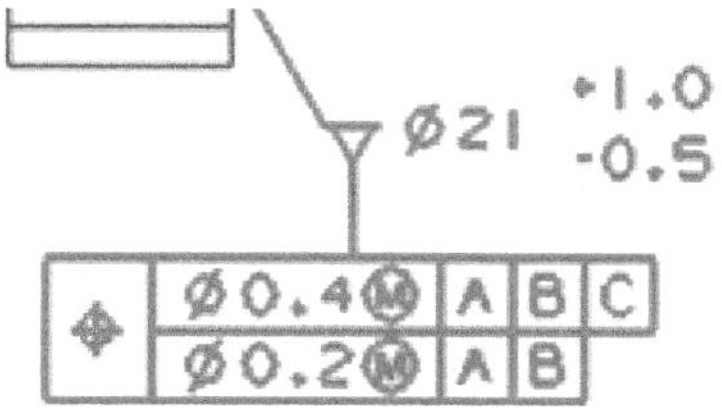

6.5.3 表面粗糙度

表面粗糙度是指加工表面具有的较小间距和微小峰谷的不平度。其两波峰或两波谷之间的距离（波距）很小（在1mm以下），属于微观几何形状误差。表面粗糙度值越小，则表面越光滑。表面粗糙度一般是由所采用的加工方法和其他因素所决定的，例如加工过程中刀具与零件表面间的摩擦、切屑分离时表面层金属的塑性变形以及工艺系统中的高频振动等。由于加工方法和工件材料的不同，被加工表面留下痕迹的深浅、疏密、形状和纹理程度都有差别。

表面粗糙度与机械零件的配合性质、耐磨性、疲劳强度、接触刚度、振动和噪声等有密切关系，对机械产品的使用寿命和可靠性有重要影响。一般标注采用 Ra。

国家标准规定表面粗糙度代号是由规定的符号和有关参数组成。

"表面粗糙度"对话框如图 6-77 所示，各选项说明如下：

1）原点：参见"快速尺寸"→"原点组"选项。

2）指引线：参见"注释文本"→"指引线"选项。

3）属性。

① 除料：用于指定符号类型。

② 图例：显示表面粗糙度符号参数的图例。显示的参数以及符号周围的参数布置取决于部件关联的制图标准和除料设置。

图 6-77 "表面粗糙度"对话框

③ 粗糙度：用于选择一个值以指定表面粗糙度。粗糙度是指加工过程形成的表面不规则性。具体参数如下：

上部文本：用于选择一个值以指定表面粗糙度的最大限制。

下部文本：用于选择一个值以指定表面粗糙度的最小限制。

生产过程：用于选择一个选项以指定生产方法、处理或涂层。

波纹：用于选择一个选项以指定波纹。波纹是比粗糙度间距更大的表面不规则性。

放置符号：用于选择一个选项以指定放置方向。放置是由工具标记或表面条纹生成的主导表面图样的方向。

加工：用于选择选项以指定可以移除的最小许用材料，也称为加工余量。

切除：用于选择一个选项以指定粗糙度切除。粗糙度切除是表面不规则性的采样长度，用于确定粗糙度的平均高度。

次要粗糙度：用于选择一个选项以指定次要粗糙度值。

加工公差：用于选择一个选项以指定加工公差的公差类型。

公差：用于输入等双向公差值。

公差上限：用于输入上极限偏差值。

公差下限：设置公差下极限偏差值。

4）继承。

选择表面粗糙度：可选择从其继承内容和样式的现有表面粗糙度符号。

5）设置。

设置：打开"设置"对话框，其中包含用于指定显示实例样式的选项。

角度：更改符号的方位。输入值或从列表选择一个选项以设置角度。

圆括号：在表面粗糙度符号旁边添加左括号、右括号或两者都添加。

反转文本：更改时单击符号中的文本读取方向。

创建表面粗糙度符号的主要步骤：

1）在主选项卡中选择"表面粗糙度符号"。

2）进行表面粗糙度设置。

3）选择对象。

4）单击放置表面粗糙度符号。

【案例 6-18】 创建表面粗糙度符号

创建带有多条指引线的表面粗糙度符号，具体步骤见表 6-25。

表 6-25 创建表面粗糙度符号步骤

操作步骤	操作图示
打开文件 surface_finish_symbol_1.prt，选择"主页"选项卡→"表面粗糙度符号"	
在"表面粗糙度符号"对话框的"指引线"组中进行设置	类型 普通；样式；箭头 填充箭头
在"属性"组中将"除料"设为"修饰符，需要除料，全圆符号"	属性；除料 修饰符，需要除料，全圆符号
在"指引线"组中单击"选择终止对象"，并选择指定位置	指引线；选择终止对象；φ4.60 φ4.20 φ1.00±0.01
创建下一条指引线之前，在列表中右击选择"添加新指引线"，选择第二个终止对象，重复前两步以添加第三条指引线	属性；列表；ID 类型 折线；1 普通指引线 0；2 普通指引线 0；新建 普通指引线；添加新指引线...

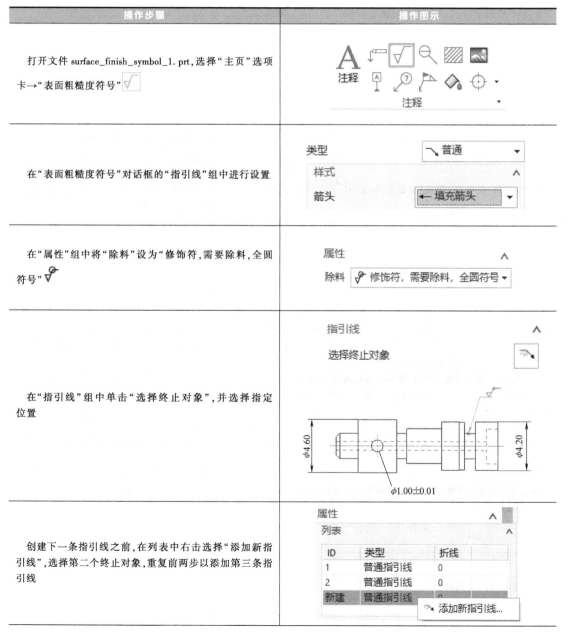

（续）

操作步骤	操作图示
单击以放置符号	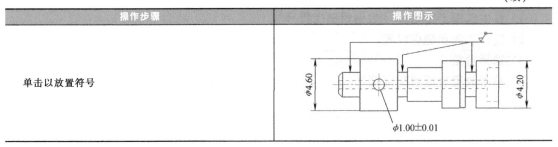

在尺寸线和中心线上创建表面粗糙度符号过程见表6-26。

表6-26 在尺寸线和中心线上创建表面粗糙度符号过程

操作步骤	操作图示
选择"主页"选项卡→"注释"→"表面粗糙度符号"√	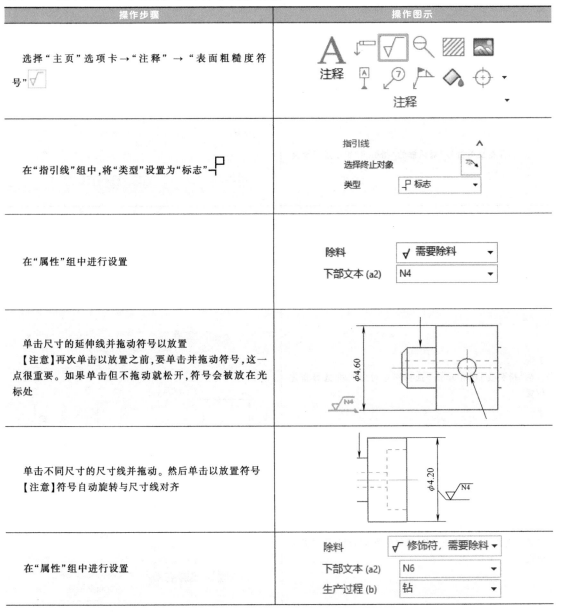
在"指引线"组中,将"类型"设置为"标志"┌	
在"属性"组中进行设置	
单击尺寸的延伸线并拖动符号以放置 【注意】再次单击以放置之前,要单击并拖动符号,这一点很重要。如果单击但不拖动就松开,符号会被放在光标处	
单击不同尺寸的尺寸线并拖动。然后单击以放置符号 【注意】符号自动旋转与尺寸线对齐	
在"属性"组中进行设置	

（续）

操作步骤	操作图示
单击孔尺寸的指引线并拖动以放置符号	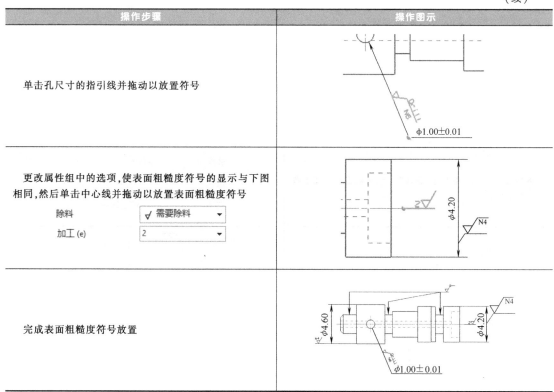
更改属性组中的选项,使表面粗糙度符号的显示与下图相同,然后单击中心线并拖动以放置表面粗糙度符号 除料　　√ 需要除料　▼ 加工 (e)　　2　　　　▼	
完成表面粗糙度符号放置	

创建与表面关联的表面粗糙度符号步骤见表 6-27。

表 6-27　创建与表面关联的表面粗糙度符号步骤

操作步骤	操作图示
选择"主页"选项卡→"注释"→"表面粗糙度符号"√	注释 ... 注释
在"指引线"组中,将类型设置为"标志"⌐	指引线 ∧ 选择终止对象 类型　　⌐ 标志　▼
单击表面边并拖动以放置符号 除料　　√ 需要除料　▼ 下部文本 (a2)　N4　　　▼	

（续）

操作步骤	操作图示
重复前面的步骤将表面粗糙度符号放在倒斜角边上	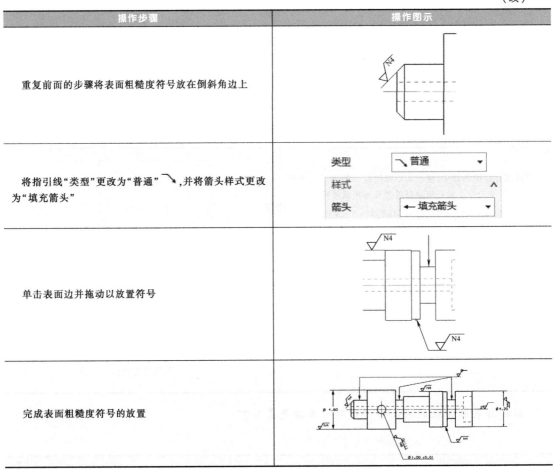
将指引线"类型"更改为"普通"，并将箭头样式更改为"填充箭头"	
单击表面边并拖动以放置符号	
完成表面粗糙度符号的放置	

创建不带指引线的表面粗糙度符号，将表面粗糙度符号关联到现有文本步骤见表6-28。

表6-28　将表面粗糙度符号关联到现有文本步骤

操作步骤	操作图示
选择"主页"选项卡→"表面粗糙度符号"	
在"原点"组确定将自动对齐设为"关联"，并选择所有对齐选项	

（续）

操作步骤	操作图示
（可选）设置表面粗糙度符号的属性选项	除料 ✓ 需要除料 ▼
定位表面粗糙度符号，直到出现对齐辅助线，单击以放置不带指引线的符号 【注意】表面粗糙度符号现在与现有注释水平对齐。如果重新定位注释，则表面粗糙度符号也重新定位	✓ — UNLESS OTHERWISE NOTED
将不带指引线的表面粗糙度符号关联到表面，在设置组中，进行以下操作： 将角度设置为180° 选中"反转文本"复选框	角度 180 ° ▼ ☑ 反转文本
将符号定位在表面边上，然后单击以放置	
完成表面粗糙度符号的放置	

6.5.4 焊接符号

焊接符号是一种工程语言，能简单、明了地在图样上表达焊缝的形状、几何尺寸和焊接方法。我国的焊接符号是由国家标准 GB 324—2008《焊缝符号表示法》规定的，焊接符号可以表示出：所焊焊缝的位置，焊缝横截面形状（坡口形状）及坡口尺寸，焊缝表面形状特征，以及焊缝某些特征或其他要求。

使用"焊接符号" 命令可在部件及图纸中创建各种焊接符号。焊接符号属于关联性符号，在其所关联的几何体发生变化或标记为过时时会重新放置。如图6-78所示。可以编辑焊接符号的属性，如文字大小、字体、比例和箭头尺寸。

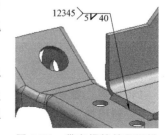

图 6-78 带有焊接符号图样

NX 可以创建符合 ASME、ISO、DIN、JIS、ESKD 和 GB 标准的焊接符号，如图 6-79 所示。

下列符号是连续参考线上方和下方的可用符号的示例。焊接符号类型最初由部件中设置的制图标准控制。可以通过更改"制图首选项"对话框中的焊接标准设置来更改可用的焊接符号类型。

"焊接符号"对话框如图 6-80 所示，各选项说明如下：

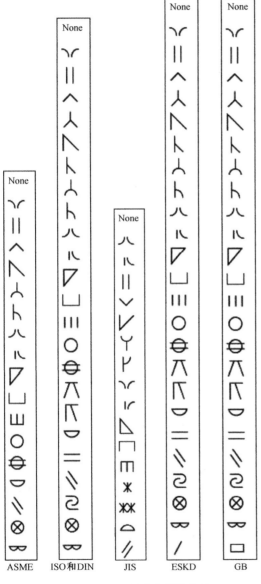

图 6-79　NX 可创建的焊接符号

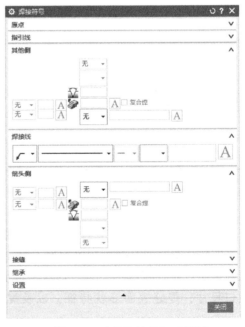

图 6-80　"焊接符号"对话框

1）原点：参见"快速尺寸"→"原点组"选项。

2）指引线：参见"注释文本"→"指引线"选项。

3）其他侧：

① 精加工符号：列出焊接符号的精加工方法。所选表面处理方法的首字母已添加至焊接符号上方。"无"则不显示符号，这是默认设置。

② 特形焊接符号：列出补充特形焊接符号，以标识焊接表面的形状或焊接的执行方法。"无"则不显示符号，这是默认设置。具有以下参数：

⨆ 圆角焊边：仅限 ISO、DIN 和 ESKD 标准。

Ⓜ 固定垫板条：仅限 ISO、DIN、GB 和 ESKD 标准。

ⓂⓇ 可拆卸垫板条：仅限 ISO、DIN、GB 和 ESKD 标准。

Ω 平齐：仅限 ESKD 标准。

⌣ 分级连接加工：仅限 ESKD 标准。

▽ 背面余高：仅限 ANSI/AWS、ISO 和 JIS 标准。

③ 坡口角度或埋头角度 ⩒：用于设置焊接符号的角度值。该值位于参考线的上面或下面，具体情况取决于在参考线的哪一侧输入值。度数符号会自动添加到焊接符号上角度的末尾。

④ 焊接数或焊接的根部间隙或深度 ✍：用于设置焊接符号的焊接数、根部间隙或焊接深度。要对文本进行其他更改，单击"注释编辑器" Ⓐ，并使用文本对话框定义新值。当焊接穿透板的深度时，可以省略斜角对接焊或 V 形坡口焊焊接符号中的深度值的显示。为此，可将在符号中显示深度用户默认设置，若完全穿透则忽略。

⑤ 复合焊接：选择此选项时，将角焊符号添加到平头对接焊、斜角坡口焊、J 形坡口焊或半喇叭形坡口焊的顶部。 ⫤ 表示斜角坡口焊和角焊复合焊接符号。

⑥ 复合焊接大小字母代码（仅限 ISO、DIN、GB 和 ESKD 复合焊接）：选择复合焊接时可用。在复合焊接符号中列出角焊的焊接大小（尺寸）字母代码。

⑦ 复合焊接大小：选择复合焊接时可用。在复合焊接符号中设置角焊大小的值。

⑧ 焊接大小字母代码（仅限 ISO、DIN、GB 和 ESKD 焊接）：列出主要焊接符号的焊接大小（尺寸）字母代码。

⑨ 焊接大小：设置主要焊接符号大小的值。

⑩ 焊接符号：列出可以选择的构成焊接符号。可用符号取决于制图首选项对话框的焊接选项中设置的标准。如果对焊接线任一侧的符号选择"无"，则焊接线该侧的所有选项变为不活动。如果在焊接线的任一侧选择"未指定"，则焊接线该侧的所有选项将变得可用。如果要添加焊接信息而不指定焊接类型，使用此设置。例如，如果要指定背面余高的深度，如图 6-81 所示。

⑪ 长度和（或）螺距：设置焊接符号的长度和（或）螺距值。

4）焊接线。焊接线设置界面如图 6-82 所示。图中各部分含义如下：

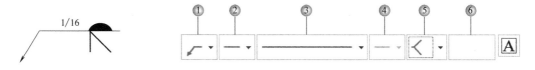

图 6-81　指定背面余高焊缝　　　　　　图 6-82　焊接线设置界面

❶用于指定普通符号或现场焊接（上方）符号。🞄现场焊接（上方）仅对 ESKD 标准可用。

❷仅适用于 ESKD 和 GB 标准焊接，用于指定焊接的形状。

❸列出 ID 线选项，各 ID 线含义如图 6-83 所示。

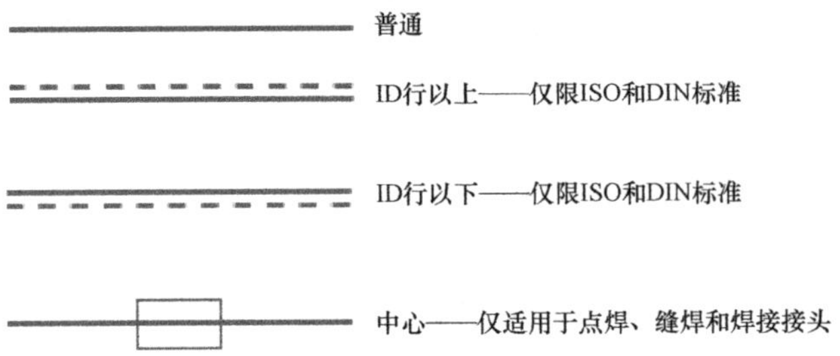

图 6-83　ID 线选项

对于 ISO 和 DIN 标准，还可以使用虚线，用户默认设置是在焊接线上方或下方放置虚线。

❹列出焊接符号的交错焊接注释符号。🞄交错焊接符号仅适用于 ESKD 标准。

❺列出参考线的焊尾选项。

❻设置焊接符号的规格详细信息。

5）箭头侧。其他侧组中描述的选项在箭头侧组中也可用。但如果某些符号显示在参考线的箭头侧，则它们会进行反向。

6）焊缝。

① 顶缝。

🞄选择对象：用于选择顶缝对象。

翻转方向：反转顶缝的方向。

② 边缝：显示边缝表示。边缝轮廓取决于特形焊接符号和焊接符号。受支持的符号有凸、凹和水平轮廓类型。但并非所有类型都支持。

🞄选择对象：用于选择侧缝对象。

竖直翻转：翻转边缝的竖直方向。

7）继承。

🞄选择焊接符号或特征：用于选择现有焊接符号或焊接特征以继承其焊接信息。

现在还可以从使用基于规则的结构焊接应用模块创建的焊接轻量级表示继承焊接符号信息。

8）设置。

🞄设置：打开"设置"对话框，为焊接符号设置样式选项。

焊接间距因子：设置焊接符号的不同组成部分之间的间距。因子是焊接符号的文本高度的函数。输入的值必须是大于零的实数。

创建符合 GB 标准的焊接符号主要步骤：

（1）设置焊接标准

1）要设置焊接标准，选择"文件"选项卡→"首选项"→"制图"。

2）在"制图首选项"对话框中，展开"公共"节点，然后选择"标准"节点。

3）在焊接列表的标准组中，选择 GB。

4）单击"确定"，然后关闭"制图首选项"对话框。

（2）创建焊接符号

1）选择"主页"选项卡→"注释"→"焊接符号" 🏳。

2）从"其他侧"组的表面粗糙度符号列表中，选择合适选项。

3）从焊接大小字母代码列表中，选择"无"。

4）在焊接大小框中，输入合适数值。

5）将焊接符号设置为"角焊"。

6）从"指引线"组的类型列表中，选择"全圆"符号 🔍。

7）确定未选中"带折线创建"选项。

8）在部件上单击一次可创建第一个指引线点。

9）（可选）再次单击可将指引线添加到符号。

10）单击将符号放置到图纸上。

【案例 6-19】 创建具有焊接属性但没有特定焊接类型的符号

如图 6-84 所示，创建具有焊接属性但没有特定焊接类型的符号，具体步骤见表 6-29。首先将制图标准设置为 GB。

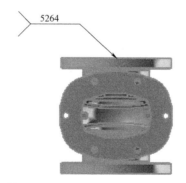

图 6-84　文件 drf3_ 1001-1_ valve_ body_ dwg_ 2.prt 图形

表 6-29　创建具有焊接属性但没有特定焊接类型的符号步骤

操作过程	操作图示
打开文件 drf3_1001-1_valve_body_dwg_2.prt，设置焊接标准，选择"文件"选项卡→"首选项"→"制图"	

（续）

操作过程	操作图示
在"制图首选项"对话框中，展开"公共"节点，然后选择"标准"节点 在焊接列表的"标准"组中，选择 GB	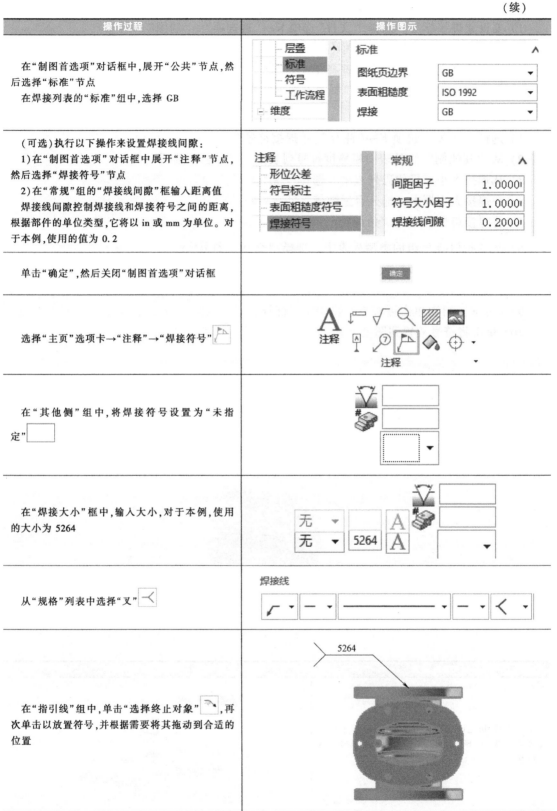
（可选）执行以下操作来设置焊接线间隙： 1）在"制图首选项"对话框中展开"注释"节点，然后选择"焊接符号"节点 2）在"常规"组的"焊接线间隙"框输入距离值 焊接线间隙控制焊接线和焊接符号之间的距离，根据部件的单位类型，它将以 in 或 mm 为单位。对于本例，使用的值为 0.2	
单击"确定"，然后关闭"制图首选项"对话框	
选择"主页"选项卡→"注释"→"焊接符号"	
在"其他侧"组中，将焊接符号设置为"未指定"	
在"焊接大小"框中，输入大小，对于本例，使用的大小为 5264	
从"规格"列表中选择"叉"	
在"指引线"组中，单击"选择终止对象"，再次单击以放置符号，并根据需要将其拖动到合适的位置	

6.5.5 剖面线和填充

1. 剖面线

剖面线是零件的剖切面在图纸上的表现形式，其实是不存在的线。如果部件是一个零件，其剖面线画法应一致，但有时在剖面再作局部剖，就要画成不同倾斜角度或间距的剖面线，以便看清结构。

使用"剖面线" 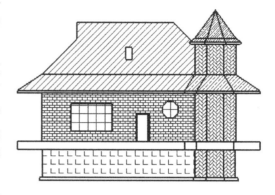 命令为指定区域填充图样，如图 6-85 所示。剖面线对象包括剖面线图样以及定义边界实体。可使用面或支持的曲线类型的闭环中的单个选项定义剖面线边界区域，这些受支持的曲线类型包括实体边、截面边、轮廓线和基本曲线。

图 6-85 为指定区域填充图样

"剖面线"对话框如图 6-86 所示，各选项说明如下：

（1）边界

1）选择模式—边界曲线

①选择一组封闭曲线。使用选择条上的"曲线规则"选项指定选项。

② 列出现有边界。可以编辑或移除现有边界，通过单击"新建"添加新的边界，单击 ⊠ 移除现有边界。

③ 公差：在表示封闭边界的边界曲线之间设置允许的最大缝隙。

2）选择模式—区域中的点

① 要搜索的区域：用于在要处理的曲线周围创建边框，便于进行边界检测。这样可以缩短在包含大量曲线和边的图纸中检测封闭边界所需的时间。

② 指定内部位置：用于指定要定位剖面线的区域。

③ 忽略内边界：排除剖面线的孔和岛，如图 6-87 所示。

④ 列出现有边界。可以编辑或移除现有边界，通过单击"新建"添加新的边界。单击 ⊠ "移除"从剖面线移除现有边界。

⑤ 公差：在表示封闭边界的边界曲线之间设置允许的最大缝隙，而且在选择边界曲线的过程中，可以用于选择"曲线规则"选项。

⑥ 缝隙：用于检测边界曲线中的缝隙，这些缝隙会造成剖面线渗色。小于此数字的所有缝隙都将被检测到。

（2）要排除的注释

图 6-86 "剖面线"对话框

① 选择注释：用于选择要从剖面线图样中排除的注释，如图 6-88 所示。文本区将放在选定注释的周围。

图 6-87 剖面线忽略内边界选项

图 6-88 "要排除的注释"界面

② 自动排除注释：选择此选项时，将在剖面线边界中任意注释周围添加文本区（选择区域中的点后会显示）。

③ 单独设置边距：在希望单独指定两个或多个排除的注释周围的边距值时设置此选项。

④ 边距值：按文本高度百分比来设置剖面线图样中排除的注释周围空间的大小。

（3）设置

① 断面线定义：显示当前剖面线文件的名称。NX 在两个单独的剖面线定义文件 xhatch.chx 和 xhatch2.chx 中提供 20 余种 ANSI Y14.2M 剖面线图样，如图 6-89 所示，"断面线定义"界面如图 6-90 所示。

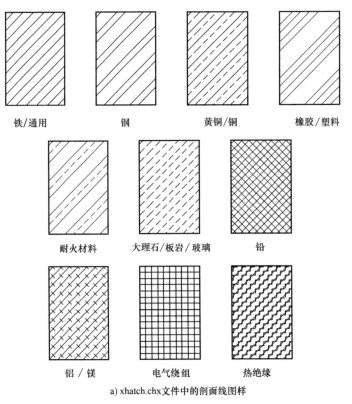

a）xhatch.chx文件中的剖面线图样

图 6-89 剖面线图样

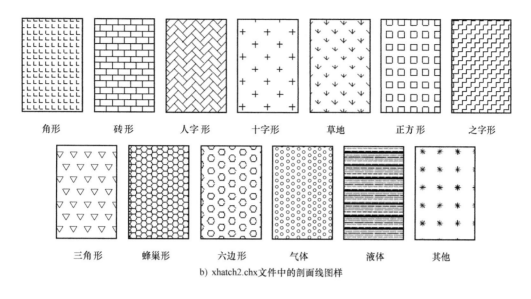

| 角形 | 砖形 | 人字形 | 十字形 | 草地 | 正方形 | 之字形 |

| 三角形 | 蜂巢形 | 六边形 | 气体 | 液体 | 其他 |

b) xhatch2.chx文件中的剖面线图样

图 6-89　剖面线图样（续）

② 图样：列出剖面线文件中包含的剖面线图样。

③ 距离：设置剖面线之间的距离。

④ 角度：设置剖面线的倾斜角度。

⑤ 颜色：指定剖面线颜色。

⑥ 宽度：指定剖面线密度。

⑦ 边界曲线公差：控制如何逼近沿不规则曲线的剖面线边界，如样条和二次曲线。其值越小，就越逼近。但是值越小，构造剖面线图样所需的时间就越长。

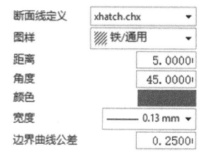

图 6-90　"断面线定义"界面

创建剖面线的主要步骤：

1）在"主页"选项卡中选择"剖面线"。

2）在"边界"组中，选择合适区域。

3）在"设置"组中，按照需要更改设置。

4）单击"确定"，完成剖面线。

2. 区域填充

使用"区域填充" 命令可创建一个区域填充对象，该对象包括由一组边界曲线封闭的指定图样的复杂线。区域填充还包括实心填充，用彩色或灰度填充边界内的区域。

使用"区域填充"对话框可创建和编辑区域填充对象的属性，包括边界曲线、图样类型以及图样线的颜色、线宽、角度和公差，提供了十个填充图样样式来表示普通图样。

"区域填充"对话框如图 6-91 所示，各选项说明如下：

（1）边界

1）选择模式—边界曲线。

① 选择一组封闭曲线。使用选择条上的"曲线规则"选项指定选项。

② 列出现有边界。可以编辑或移除现有边界，也通过单击"新建"添加新的边界，单击 ⊠ 移除现有边界。

③ 公差：表示封闭边界的边界曲线之间设置允许的最大缝隙。

2）选择模式—区域中的点。

① 要搜索的区域：用于在要处理的曲线周围创建边框，便于进行边界检测。这样可以缩短在包含大量曲线和边的图纸中检测封闭边界所需的时间。

② 指定内部位置：用于指定要定位剖面线的区域。

③ 忽略内边界：排除剖面线的孔和岛，如图 6-92 所示。

④ 列出现有边界。可以编辑或移除现有边界，通过单击"新建"添加新的边界，单击 ⊠ "移除"从剖面线移除现有边界。

⑤ 公差：在表示封闭边界的边界曲线之间设置允许的最大缝隙，而且在选择边界曲线的过程中，可以用于选择"曲线规则"选项。

⑥ 缝隙：用于检测边界曲线中的缝隙，这些缝隙会造成剖面线渗色。小于此数字的所有缝隙都将被检测到。

图 6-91 "区域填充"对话框

（2）要排除的注释

① 选择注释：用于选择要从剖面线图样中排除的注释。文本区将放在选定注释的周围。

② 自动排除注释：选择此选项时，将在剖面线边界中任意注释周围添加文本区（选择区域中的点后会显示）。

③ 单独设置边距：在希望单独指定两个或多个排除的注释周围的边距值时设置此选项。

④ 边距值：按文本高度百分比来设置剖面线图样中排除的注释周围空间的大小。

（3）设置

① 图样：从菜单提供区域填充图样，如图 6-93 所示。

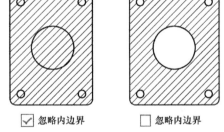

图 6-92 区域填充忽略内边界选项

② 比例：设置区域填充图样的比例。大于 0 但小于 1 的值可使图样比实际尺寸小。大于 1 的值可放大图样。

③ 角度：设置区域填充图样的旋转角度。该角度是从平行于图纸底部的一条直线开始沿逆时针方向测量的。

④ 颜色：指定区域填充图样的颜色。

⑤ 宽度：指定区域填充图样的线密度。

⑥ 边界曲线公差：控制如何逼近沿曲线的区域填充边界，如样条和二次曲线。值越小，就越逼近。但是值越小，构造区域填充图样所需的时间就越长。

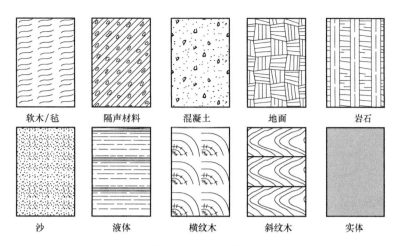

软木/毡　　隔声材料　　混凝土　　地面　　岩石

沙　　液体　　横纹木　　斜纹木　　实体

图 6-93　填充图样

创建区域填充图样的主要步骤：

1）选择"主页"选项卡→"区域填充"。

2）在"边界"组中，选择"区域中的点"。

3）在"设置"组中，按照需要更改设置。

4）单击以选择要填充的区域。

5）单击"确定"。

【案例 6-20】　创建剖面线图样

创建如图 6-94 所示剖面线图样，具体步骤见表 6-30。

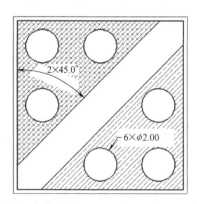

2×45.0°

6×φ2.00

图 6-94　文件 drf5_ centerlines_dwg. prt 图形

表 6-30　创建剖面线图样步骤

操作步骤	操作图示
打开文件 drf5_centerlines_dwg. prt,选择"主页"选项卡→"注释"→"剖面线"	A √ 注释 注释

（续）

操作步骤	操作图示
将选择模式设为"边界曲线"	 边界　　　　　　　　　∧ 选择模式　边界曲线　▼
选择边界区域的外边	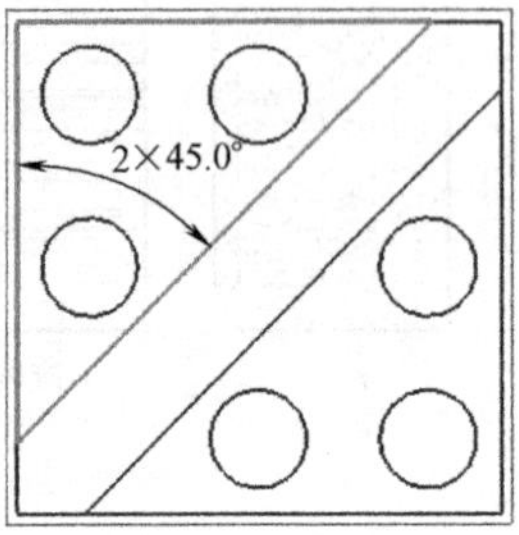
在"要排除的注释"组中，单击![]选择剖面线边界内的角度尺寸	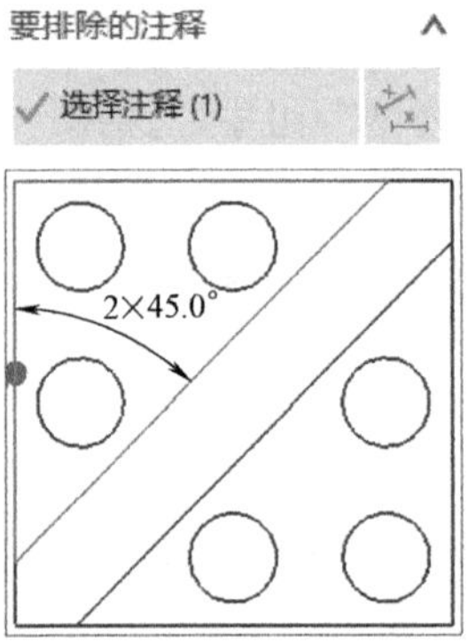 要排除的注释　　　　∧ ✓ 选择注释 (1)　　![]
单击"确定"创建剖面线图样 在此示例中，其他内部边界省略了曲线	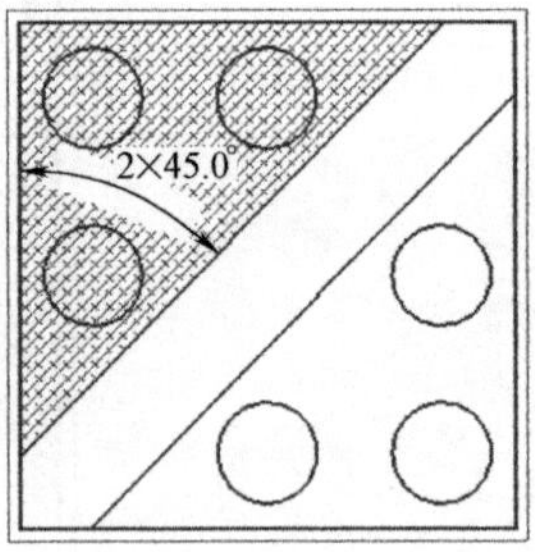
双击剖面线图样，或右击剖面线图样并选择"编辑"![]，单击"选择曲线"，选择三条内圆形边，单击"确定"将内部边添加到剖面线边界	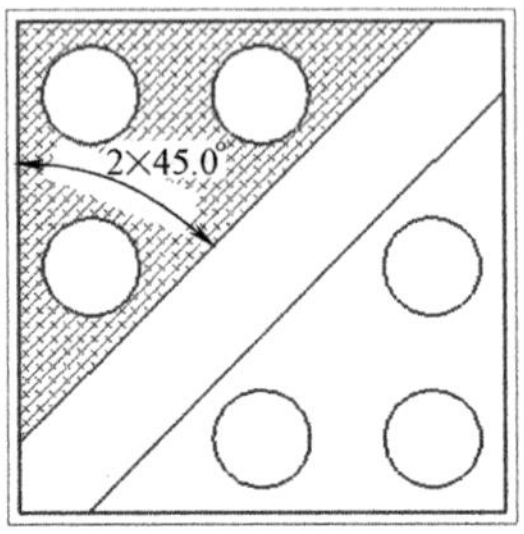

（续）

操作步骤	操作图示
选择模式使用"区域中的点"，为右下区域设置不同材料剖面线 边界 ∧ 选择模式 区域中的点 ▼	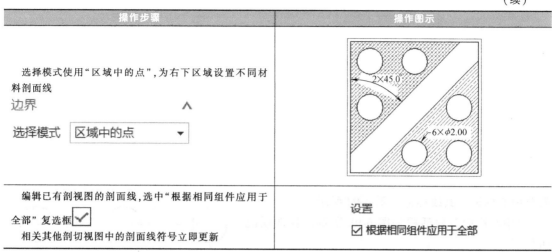
编辑已有剖视图的剖面线，选中"根据相同组件应用于全部"复选框 ☑ 相关其他剖切视图中的剖面线符号立即更新	设置 ☑ 根据相同组件应用于全部

6.5.6 中心标记

各种类型的中心线见表6-31。

表6-31 各种类型中心线

⊕ 中心标记	✦ 螺栓圆	◯ 圆形	‖∦ 对称
⊡ 2D 中心线	🔋 3D 中心线	⊕ 自动中心线	

中心线符号配有手柄，如图6-95b所示，使用这些手柄可以交互方式控制符号的显示①和关联②。创建或编辑中心线符号时将显示手柄。可以通过拖动手柄来更改中心线大小，也可以在场景对话框中输入值或选择值或公式。

要在创建中心线符号的同时自动显示所有手柄，设置显示所有延伸手柄用户默认设置。除自动中心线外，所有类型的中心线均支持显示所有延伸手柄用户默认设置。

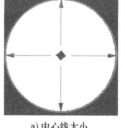 

a) 中心线大小 b) 中心线手柄

图6-95 中心线手柄

删除中心线符号

右击中心线符号并选择"删除"，或单击"快速访问"工具栏上的"删除" ✕ 。

重新关联保留的中心标记

如果删除一中心线或符号，任一关联的对象如尺寸也将被删除，除非在"首选项"→"保留注释"中勾选"显示保留的注释"，如图6-96所示。

1. 中心标记 ⊕

使用中心标记命令可创建通过点或圆弧的中心标记。通过单个点或圆弧的中心标记称为

图 6-96 保留注释首选项

简单中心标记。共线标记如图 6-97 所示。

"中心标记"对话框如图 6-98 所示，各选项说明如下：

1）位置：在图形窗口中，选择要创建中心标记的一个或多个对象。

选择多个对象而非共线的孔或圆弧，选中"创建多个中心标记"复选框。

2）继承：选择要继承的中心标记。

3）在"设置"组中，执行以下操作之一：

① 图例：

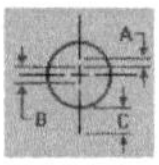

② 使用下列参数控制实用符号的显示：

（A）缝隙：为缝隙大小指定值。

（B）中心十字：为中心十字的大小指定值。

（C）延伸：清除"单独设置延伸"复选框□时可用。为支线延伸长度指定值。

单独设置延伸：用于通过拖动手柄来指定各延伸支线的长度。

显示为中心点：中心标记符号显示为一点。

③ 角度：

从视图继承角度：创建单个关联中心标记时从辅助视图、剖视图或局部放大图继承角度。系统忽略按值设置的角度，而使用辅助视图、剖视图或局部放大图的中心标记的铰链线角度，如图 6-99 所示。

值：可指定旋转角度。旋转采用逆时针方向。

关联：清除"从视图继承角度"复选框□时可用。

4）样式：

颜色：设置中心标记的颜色。

宽度：设置中心标记的线宽。

图 6-97 共线标记

图 6-98 "中心标记"对话框

创建中心标记符号步骤：

1）选择"主页"选项卡→"注释"组→"中心标记" 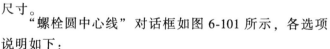。

2）在图形窗口中，选择要创建中心标记的一个或多个对象。

3）在"设置"组中，执行以下操作之一：

① 在"尺寸"子组中，调整中心标记的显示。

② 在"角度"子组中，指定从视图继承角度、设置角度值或将角度与选定几何体关联。

③ 在"样式"子组中，调整中心标记的显示。

4）单击"确定"。

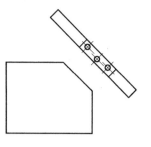 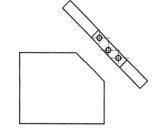

☑ 从视图继承角度　　　　　□ 从视图继承角度

图 6-99　"从视图继承角度"选项

2. 螺栓圆中心线

使用"螺栓圆中心线"命令创建通过点或圆弧的完整或不完整螺栓圆中心线。螺栓圆的半径始终等于从螺栓圆中心到选择的第一个点的距离。

不完整螺栓圆中心线是通过以逆时针方向选择圆弧来定义的，如图 6-100 所示。可以对任何螺栓圆中心线几何体标注尺寸。

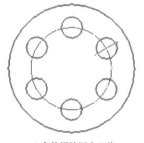

a）完整螺栓圆中心线　　b）不完整螺栓圆中心线

图 6-100　完整与不完整螺栓圆中心线

"螺栓圆中心线"对话框如图 6-101 所示，各选项说明如下：

（1）类型列表

通过 3 个或多个点：用于指定中心线要通过的三个或多个点。使用此选项可创建圆形中心线而无需指定中心。

中心点：用于指定中心线的中心，半径由所选的前两个放置对象决定。

不完整螺栓圆中心线始终从中心线的第一个点开始沿逆时针方向创建。因此，当未勾选"整圆"选项时，将根据中心线点的选择顺序不同而得到不同的结果。

（2）放置

选择对象 ⊕：用于选择对象以确定中心点，或中心线必须穿过的点。

整圆：创建完整螺栓圆中心线，在未选中复选框时创建不完整螺栓圆中心线。

图 6-101　"螺栓圆中心线"对话框

（3）继承　用于选择中心线，其参数和显示特性继承至正在创建的中心线。

（4）设置

1）图例：

2）尺寸：通过以下选项控制中心线的显示。

（A）缝隙：指定缝隙大小。

（B）中心十字：指定中心十字的大小。

（C）延伸：指定延伸支线的长度。

单独设置延伸：使（C）延伸框不可用，并为每个延伸支线指定不同长度。

3）样式：

颜色：打开颜色对话框，用于选择应用于中心线的颜色。

宽度：指定中心线的密度。

创建螺栓圆中心线步骤：

1）选择"主页"选项卡→"注释"组→"螺栓圆中心线" ⟳ 。

2）在"螺栓圆中心线"对话框的"类型"组中，从列表中选择"中心点"。

3）在"放置"组中，清除"整圆"。

4）选择圆弧或圆以确立中心线的中心，并选择另一圆弧或圆以定义中心线的位置。

5）继续以逆时针方向选择其他圆弧或圆，直到所有孔均已选中为止。

6）单击"确定"。

3. 圆形中心线 ⬡

使用"圆形中心线"命令可创建通过点或圆弧的完整或不完整圆形中心线，如图 6-102 所示。圆形中心线的半径始终等于从圆形中心线中心到选取的第一个点的距离。

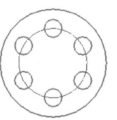

a）完整圆形中心线　　b）不完整圆形中心线

图 6-102　完整与不完整图形中心线

"圆形中心线"对话框如图 6-103 所示，各选项说明如下：

（1）类型列表

通过 3 个或多个点：用于指定中心线要通过的 3 个或多个点。使用此选项可创建圆形中心线而无需指定中心。

中心点：用于指定中心线的中心。中心线的半径由所选的前两个放置对象决定。

不完整螺栓圆中心线始终从中心线的第一个点开始沿逆时针方向创建。因此，当未勾选"整圆"选项时，将根据中心线点的选择顺序不同而得到不同的结果。

（2）放置

图 6-103　"圆形中心线"对话框

选择对象 ⊕：用于选择对象以确定中心点，或中心线必须穿过的点。

整圆：选择此选项可创建完整圆形中心线。清除此选项可创建不完整圆形中心线。

（3）继承　用于选择中心线，其参数和显示特性继承至正在创建的中心线。

（4）设置　参见"螺栓圆中心线"设置。

选择顺序：

圆形中心线符号是通过以逆时针方向选择圆弧来定义的，如图6-104所示。

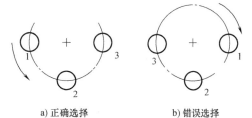

a) 正确选择　　　　b) 错误选择

图 6-104　圆形中心线选择顺序

创建圆形中心线步骤：

1）选择"主页"选项卡→"注释"组→"圆形中心线" ▢。

2）在"圆形中心线"对话框的"类型"组中，从列表中选择"中心点"。

3）在"放置"组中，选择"整圆"。

4）选择一个圆弧中心和一条圆弧。

5）单击"确定"。

4. 对称中心线 ╫

使用"对称中心线"命令可以在图纸上创建对称中心线，以指明几何体中的对称位置。这样便节省了必须绘制对称几何体另一半的时间，如图6-105所示。可以为任何对称中心线标注尺寸。尺寸值为尺寸距离的两倍。默认行为是尺寸是尺寸距离的两倍，实际的距离加上对称中心线另一侧的同等距离。

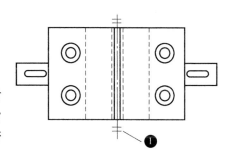

图 6-105　对称几何体

"对称中心线"对话框如图6-106所示，各选项说明如下：

（1）类型列表

1）起始面：可为中心线放置选择的圆柱面。选择对象为一个圆柱面。

2）起点和终点：可指定点以定义中心线。选择对象为可指定中心线的起点和终点。

（2）继承　用于选择中心线，其参数和显示特性继承至正在创建的中心线。

（3）设置　参见"螺栓圆中心线"设置。

创建对称中心线步骤：

1）选择"主页"选项卡→"注释"组→ 对称中心线" ╫。

2）在"对称中心线"对话框的"类型"组中，选择"起点和终点"或"从面"。

3）选择起点和终点或者选择一个面。

图 6-106　"对称中心线"对话框

4）单击"确定"。

5. 2D 中心线

使用"2D 中心线"命令可在两条边、两条曲线或两个点之间创建中心线。可以使用曲线或控制点来限制中心线的长度，从而创建 2D 中心线，如图 6-107 所示。例如，如果使用控制点来定义中心线（从圆弧中心到圆弧中心），则产生线性中心线。

a) 从两条曲线创建的2D中心线   b) 从控制点创建的2D中心线

图 6-107 用曲线或控制点创建 2D 中心线

"2D 中心线"对话框如图 6-108 所示，各选项说明如下：

（1）类型列表

1）从曲线：可从选定的曲线创建中心线。

第 1 侧：可选择第一条曲线。

第 2 侧：可选择第二条曲线。

2）根据点：可根据选定的点创建中心线。

点 1：可选择第一点。

点 2：可选择第二点。

（2）偏置 只有在"类型"设置为"根据点"时才可用。

无：不偏置中心线。

距离：在"偏置距离"框中输入一个偏置值，创建与绘制中心线处有一定距离的中心线。

对象：在图纸或模型上标出一个偏置位置，在某一偏置距离处创建中心线。此偏置距离是已标出偏置位置与圆柱中心线之间的垂直距离。标出圆柱中心线的端点后，系统将提示用户定义偏置位置。为此，使用适当的点定位选项标出点位置。

（3）继承 用于选择中心线，其参数和显示特性继承至正在创建的中心线。

（4）设置 参见"螺栓圆中心线"设置。

图 6-108 "2D 中心线"对话框

创建 2D 中心线步骤：

1）选择"主页"选项卡→"注释"组→"2D 中心线" 。

2）从"类型"组的列表中，选择"从曲线"。

3）在"第 1 侧"组中，"选择对象" ⊕ 应为活动状态，选择曲线。

4）在"第 2 侧"组中，"选择对象" ⊕ 应为活动状态，选择曲线。

5）单击"确定"。

6. 3D 中心线

使用"3D 中心线"命令可根据圆柱面或圆锥面的轮廓创建中心线符号。该面可以是任意形式的旋转或扫掠面，其遵循线性或非线性路径，如图 6-109 所示。例如圆柱面、圆锥面、条纹面、拉伸面、旋转面、环面以及扫掠类型面。

"3D 中心线"对话框如图 6-110 所示，各选项说明如下：

图 6-109　创建 3D 中心线

图 6-110　"3D 中心线"对话框

（1）面

选择对象：可选择有效的几何对象。

对齐中心线：选中时，第一条中心线的端点投射到其他面的轴上，并创建对齐的中心线。取消选中时，可以独立创建具有各种长度的中心线。

（2）偏置　设置偏置选项，如图 6-111 所示：

【注意】创建中心线后，其外观与不使用偏置对象所创建的中心线没有任何差别。但是，当创建中心线尺寸时，线性尺寸通过在线性测量中添加偏置距离值来反映此距离。圆柱尺寸对偏置值有特殊表现。

（3）继承　用于选择中心线，其参数和显示特性继承至正在创建的中心线。

（4）设置　参见"螺栓圆中心线"设置。

创建 3D 中心线的主要步骤：

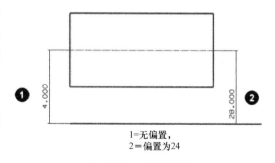

1=无偏置，
2=偏置为24

图 6-111　偏置选项

1) 选择"主页"选项卡→"注释"组→"3D 中心线" 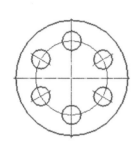。

2) 在"3D 中心线"对话框中的"偏置"组中,"方法"列表中选择合适方法。

3) 需要时修改任一"尺寸"和"样式"选项。

4) 选择一个圆柱面。

5) 将创建 3D 中心线。

6) 单击"确定"。

7. 自动中心线

使用"自动中心线"命令可自动在任何现有的视图(其中孔或销轴与制图视图的平面垂直或平行)中创建中心线,如图 6-112 所示。

如果螺栓圆孔不是圆形阵列实例集,则为每个孔创建一条线性中心线。"自动中心线"命令将在共轴孔之间绘制一条中心线,不支持以下视图:小平面表示、展开剖视图和旋转剖视图。

"自动中心线"对话框如图 6-113 所示,各选项说明如下:

图 6-112　创建自动中心线　　　图 6-113　"自动中心线"对话框

(1) 在视图中创建中心线

选择视图:选择一个或多个视图以在其中创建中心线。

(2) 设置

① 尺寸:

圆柱延伸:为圆柱中心线的延伸支线输入值。

② 角度:

从视图继承角度:在创建中心线时从辅助视图继承角度。选择此选项时,系统将忽略中心线角度字段中的角度,并使用铰链线的角度作为辅助视图的中心线。此角度不是关联的,所以,如果更改铰链线角度,中心线也不会反映这个新角度。

③ 样式:

颜色:打开"颜色"对话框,选择应用于中心线的颜色。

宽度:指定中心线的密度。

④ 预览：显示中心线的预览效果，如图 6-114 所示。

创建自动中心线的主要步骤：

1）选择"主页"选项卡→"注释"组→"自动中心线" 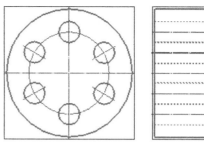。

2）（可选）在"预览"组中，选中"预览"复选框。

3）选择要在其中创建中心线的视图。

4）单击"确定"。

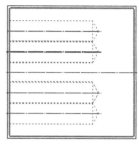

图 6-114　预览创建的自动中心线

【案例 6-21】　创建不完整螺栓圆中心线

创建不完整螺栓圆中心线步骤见表 6-32。

表 6-32　创建不完整螺栓圆中心线步骤

操作步骤	操作图示
打开文件 centerlines. prt，选择"主页"选项卡→"注释"→"螺栓圆中心线"	
在"螺栓圆中心线"对话框的"类型"组中，从列表中选择"中心点"	⊙中心点
在"放置"组中，取消勾选"整圆"	□整圆
选择圆弧或圆以确立中心线的中心，并选择另一圆弧或圆以定义中心线的位置	
继续以逆时针方向选择其他圆弧或圆，直到所有孔均被选中为止	

（续）

操作步骤	操作图示
单击"确定"	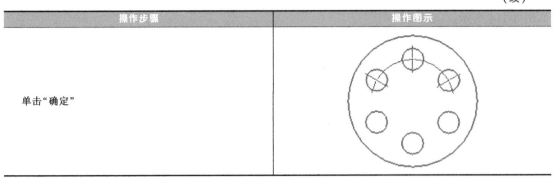

6.6 装配工程图

装配图是表示机器或部件的结构形状、装配关系和工作原理的图样，是设计和生产机器和部件的重要技术文件，也是调试、操作和检修机器或部件的重要参考资料。在设计过程中，首先要画出装配图，然后根据装配图拆画出零件图。根据零件图生产和制造零件，根据装配图将各零件装配成机器或部件。装配图内容见表6-33。

表6-33　装配图内容

	装配图内容
一组图形	根据机械制图国家标准，采用视图、剖视图、断面图等方法表达部件工作原理、装配关系、主要零件结构形式等
尺寸	表达部件性能或规格尺寸、装配尺寸和安装尺寸等
技术要求	注明部件进行装配和调试的方法、技术指标和使用要求等
零件编号	对每一个零件顺序编号
标题栏和明细栏	标题栏：填写机器或部件的名称、比例、图号和签名等 明细栏：填写各零件的名称、数量、材料和规格等

与单个部件文件相同，可以直接在装配文件中创建图纸，也可以将装配作为主模型部件添加到非主图纸部件中。创建图纸之后，可以使用制图工具在单独的图纸页中创建视图，并在视图中添加注释。

零件明细栏将直接从该装配的组件中派生得出，无论是在主模型中新建图纸或新建主模型图纸均是如此。尺寸、标签、符号以及其他辅助制图工具均完全与其所附组件中的几何体关联。因此，无论何时只要修改引用的组件，装配图均会更新。类似地，当编辑组件几何体时会保留依赖视图的图纸级修改。

与零件工程图类似，前面介绍的 NX 基本视图、投影视图、局部放大图、剖视图等知识同样适用于装配图。本节不再重述，下面重点介绍装配图纸特有的爆炸视图。

6.6.1　装配爆炸视图及标注

创建爆炸视图首先需要在装配应用模块中创建爆炸图，参见5.7节。在正三轴测图的工作视图中创建图 6-115 所示爆炸图。

【注意】图 6-116 所示，把要创建爆炸视图的模型视图双击作为工作视图。

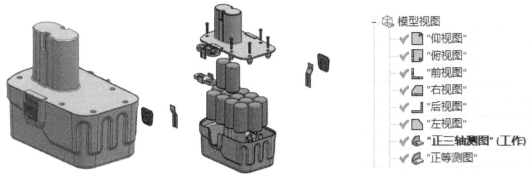

图 6-115　爆炸视图　　　　　　　　图 6-116　模型视图

创建爆炸视图的主要步骤：

1) 选择 "主页" 选项卡→"视图" 组→"基本视图"　。

2) 如果将爆炸图放置在非主模型图纸部件中，确保在 "基本视图" 对话框中部件组中的已加载的部件列表中选定该图纸部件。

3) 在 "模型视图" 组中，从 "要使用的模型视图" 列表选择包含爆炸图的视图。

4) 单击以放置视图。

6.6.2　装配明细栏

使用 "零件明细栏"　命令可以为装配创建物料清单。零件明细栏是一种形式独特的表格，用于管理表格内容的所有交互操作，也可用于管理零件明细栏的内容。

要放置零件明细栏，必须完全加载装配。为此，在 "装配导航器" 中，右击 "顶部模型装配" 并选择 "选择装配"；然后，右击 "顶部模型装配" 并选择 "打开"→"完全组件"，创建明细栏的装配图，如图 6-117 所示。

创建装配明细栏的主要步骤：

1) 选择 "主页" 选项卡→"表" 组→"零件明细栏"　。

2) 在 "内容" 组中，进行以下操作：

① 从 "范围" 列表中，选择 "所有层级"　。

② 从 "顶层装配" 列表中，选择 "子部件" 以在零件明细栏中显示所有组件。

• 选择 "仅顶层" 以在零件明细栏中显示顶层装配。

• 选择 "仅叶节点" 以仅包含没有子项的装配组件。

3) 在 "符号标注" 组中，选择 "显示" 复选框，然后从视图列表中选择一个要添加符号标注的视图。选定视图的边界在图形窗口中高亮显示。

4) 在 "原点" 组中，选择指定位置，然后在图形窗口中单击以定义零件明细栏在图纸页中的位置。

要更新零件明细栏，可以执行下列操作之一：

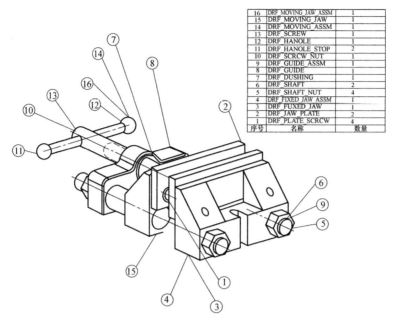

16	DRF MOVING JAW ASSM	1
15	DRF MOVING JAW	1
14	DRF MOVING_ASSM	1
13	DRF SCREW	1
12	DRF HANOLE	1
11	DRF HANOLE STOP	2
10	DRF SCRCW NUT	1
9	DRF GUIDE ASSM	1
8	DRF GUIDE	1
7	DRF DUSHING	1
6	DRF SHAFT	2
5	DRF SHAFT NUT	4
4	DRF FIXED JAW ASSM	1
3	DRF FUXED JAW	1
2	DRF JAW PLATE	2
1	DRF PLATE SCRCW	4
序号	名称	数量

图 6-117　具有明细栏的装配图

1）从 "部件导航器" 中，右击 "零件明细栏" 节点并选择 "更新零件明细栏"。

2）从 "部件导航器" 中，刷新并完全展开 "过时文件夹" 和其下方的 "零件明细栏" 文件夹。右击过时的 "零件明细栏" 节点，然后选择 "更新"。

3）右击 "零件明细栏" 区域并选择 "更新零件明细栏"。

4）选择 "菜单"→"编辑"→"表格"→"更新零件明细栏"。

【案例 6-22】　添加爆炸视图和装配明细栏

添加如图 6-118 所示图形，具体过程见表 6-34。

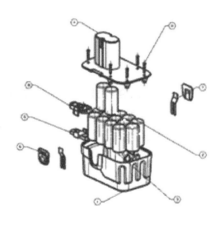

图 6-118　文件 drf7_85_pkg_battery_pack. prt 图形

表 6-34　添加爆炸视图和装配明细栏步骤

操作步骤	操作图示
打开文件 drf7_85_pkg_battery_pack.prt,启动"制图"应用模块,如有必要则添加图纸页	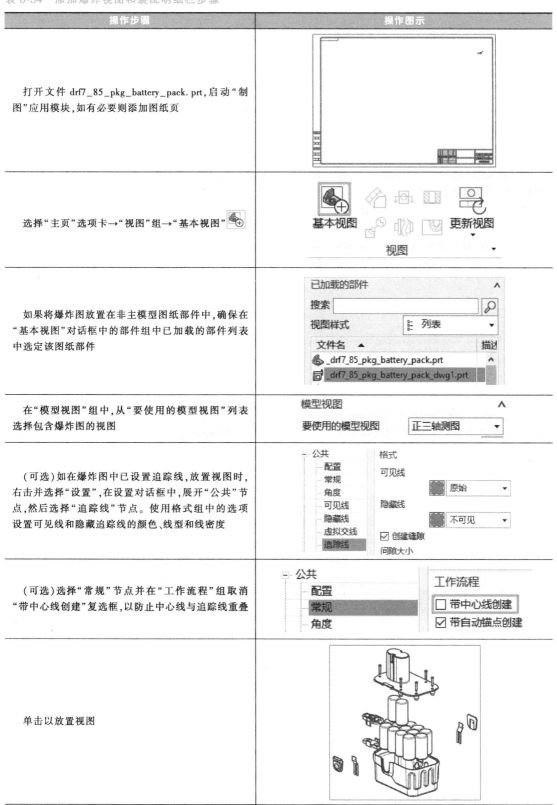
选择"主页"选项卡→"视图"组→"基本视图" 基本视图　　　　　更新视图 视图	
如果将爆炸图放置在非主模型图纸部件中,确保在"基本视图"对话框中的部件组中已加载的部件列表中选定该图纸部件	已加载的部件 搜索 视图样式　　　列表 文件名　　　　　描述 _drf7_85_pkg_battery_pack.prt _drf7_85_pkg_battery_pack_dwg1.prt
在"模型视图"组中,从"要使用的模型视图"列表选择包含爆炸图的视图	模型视图 要使用的模型视图　　正三轴测图
(可选)如在爆炸图中已设置追踪线,放置视图时,右击并选择"设置",在设置对话框中,展开"公共"节点,然后选择"追踪线"节点。使用格式组中的选项设置可见线和隐藏追踪线的颜色、线型和线密度	公共　格式 配置　可见线 常规　　　　　原始 角度 可见线　隐藏线 隐藏线　　　　　不可见 虚拟交线　☑创建缝隙 追踪线　间隙大小
(可选)选择"常规"节点并在"工作流程"组取消"带中心线创建"复选框,以防止中心线与追踪线重叠	公共　　　工作流程 配置 常规　□带中心线创建 角度　☑带自动描点创建
单击以放置视图	

（续）

操作步骤	操作图示
选择"主页"选项卡→"表"组→"零件明细栏" ⊞	表格注释　零件明细表
在"内容"组中，进行以下操作： 从"范围"列表中，选择"所有层级" ⬚ 从"顶层装配"列表中，选择"子部件"以在零件明细栏中显示所有组件	范围　⬚ 所有层级 ▼ 顶层装配　子部件 ▼
在"符号标注"组中，选择"显示"复选框，然后从视图列表中选择一个要添加符号标注的视图。选定视图的边界在图形窗口中高亮显示	☑ 显示 ✓ 选择视图 (1)　⊞ 视图列表　∧ 1. Trimetric@3
在"原点"组中，选择"指定位置"，然后在图形窗口中单击以定义零件明细栏在图纸页中的位置	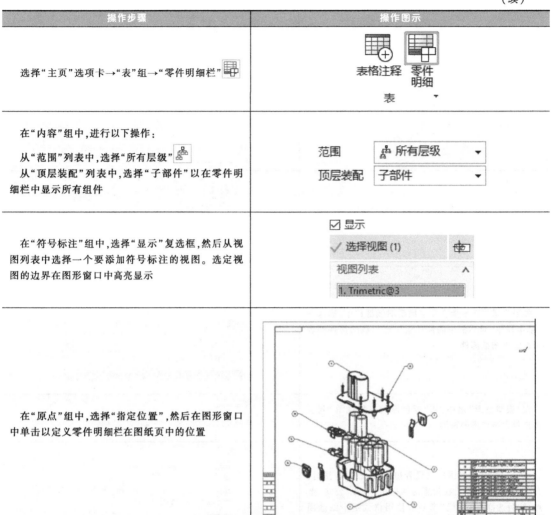

6.7　工程图设置

在创建图纸前，应先设置新图纸的制图标准、制图视图首选项和注释首选项。设置之后，所有视图和注释都将以适当的可视特性和符号一致创建。

6.7.1　用户默认设置

"用户默认设置"是指 NX 默认配置环境，包括建模、制图和加工等默认设置的环境。其只是针对于用户本机的设置有效，每个用户之间的默认配置是由用户所设置的。即每台计算机里所装的 NX 软件的默认设置都是由用户设置的，它们之间可以不一样。修改的设置需要重启 NX 软件才会生效。

通过选择"文件"→"实用工具"→"用户默认设置"进入设置页面，如图 6-119 所示。

图 6-119 "用户默认设置"对话框

6.7.2 首选项设置

首选项中可以设置建模或者制图模块中的一些线型、制图样式和颜色等，但是要注意的是这里的设置只是针对于当前的零件，也可以理解为一个图档自带着一个 NX 的环境，对这个图档的继续操作都会去继承该图档之前的首选项设置，如果把该图档拷贝到其他计算机中也是如此。

通过选择"菜单"→"首选项"→"制图"进入设置界面。"首选项"设置修改后立刻生效。

"制图首选项"对话框如图 6-120 所示，其中的选项可完成以下工作：

1）设置工作流、图纸和视图选项，以定制与"制图"环境的交互。

2）控制制图视图的外观、更新方法、组件加载行为以及视觉特性。

3）控制制图注释和尺寸的格式以及保留的注释和尺寸的行为和外观。

4）控制表和零件明细栏的格式。

5）设置制图自动化规则和自动图纸默认条件。

多数首选项的初始设置是默认设置的，各部分的功能如下：

① 所有对象的首选项设置集合成逻辑选项组，展示在含有多个嵌套节点的层叠结构中。

② 如果选择了某个节点，则特定于该节点的选项显示在"组"对话框中。

③ 可以使用搜索工具快速查找特定注释单元或制图对象的选项。

④"继承"组中的选项，每单击一次图标，就根据现有设置配置所有首选项。

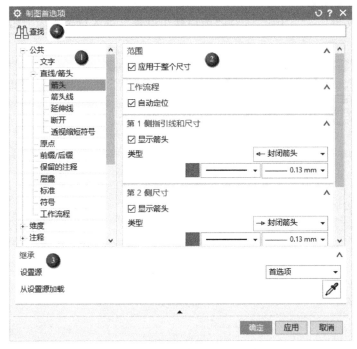

图 6-120 "制图首选项"对话框

6.7.3 视图设置

可通过以下方式进入视图设置页面 ，视图设置界面如图 6-121 所示。

图 6-121 视图设置界面

1）"主页" 选项卡→"编辑设置"。

2）"菜单"→"编辑"→"设置"。

3）高亮显示视图边界，右击选择 "设置"。

4）选择一个或多个视图边界，右击选择 "设置"。

5）双击视图边界。

6）在 "部件导航器" 中，双击 "视图" 节点。

7）在 "部件导航器" 中，右击选择 "视图" 节点→"设置"。

常用设置功能介绍：

1）隐藏线：通过修改隐藏线线型来改变显示效果，如图 6-122 所示。

图 6-122　隐藏线设置界面

2）光顺边：勾选 "显示光顺边"，可调整显示线型，如图 6-123 所示。

图 6-123　显示光顺边设置界面

3）视图比例：视图名称可在视图标签下修改，如图 6-124 所示。

图 6-124　标签设置界面

4）剖切线线型修改，如图 6-125 所示。

图 6-125　剖切线设置界面

6.7.4　标注设置

选择标注尺寸，右击进入标注设置，可对各类标注进行设置修改，如图 6-126 所示。

6.7.5　符号设置

各种符号注释都可在使用"符号标注"对话框时，进入设置界面对符号进行设置。对已创建的符号，右击选择进入设置界面，如图 6-127 所示。

图 6-126　标注设置界面

图 6-127　符号标注设置界面

6.8　工程制图案例

【案例 6-23】　创建零件图

使用 drafting.prt 作为主模型文件，创建 drafting_ dwg.prt 文件，选择图纸模板，进入制图模块，建立图 6-128 所示图样，具体步骤见表 6-35。

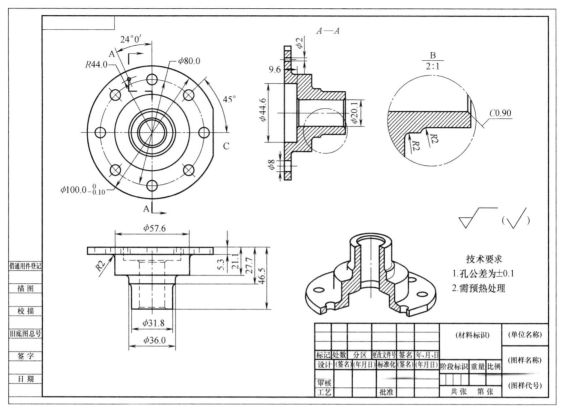

图 6-128　工程图

表 6-35　零件图绘图步骤

操作步骤	操作图示
新建图纸文件,关系为"引用现有部件",选择"A3-无视图"图纸模板	过滤器 关系 [引用现有部件 ▼] 名称　　　　类型　　单位　　关系 A3 - 无视图　图纸　　毫米　　引用现有的
使用"基本视图"添加俯视图和前视图 1)在"基本视图设置"→"常规"中设置"比例"1：1,不勾选"带中心线创建" 2)视图标签下不勾选"显示视图标签"	设置　　　　　　　　　　　　　∧ 比例　[1:1　　　　　　▼] 工作流程　　　显示 □ 带中心线创建　□ 显示视图标签
单击"图纸"节点,右击关闭"栅格"和"单色"显示	名称 ▲ ─✓ 图纸 　─✓ 工　　　栅格 　　✓ ─　　　单色 　　✓ ─ ─ ? 过　　　更新 　　　　　　插入图纸页

(续)

操作步骤	操作图示
"菜单"→"首选项"→"制图"→"图纸视图"→"工作流程","边界"不勾选"显示",关闭视图边界	边界 □ 显示
将背景色改为白色:选择"菜单"→"首选项"→"背景",选择"白色",单击"确定"	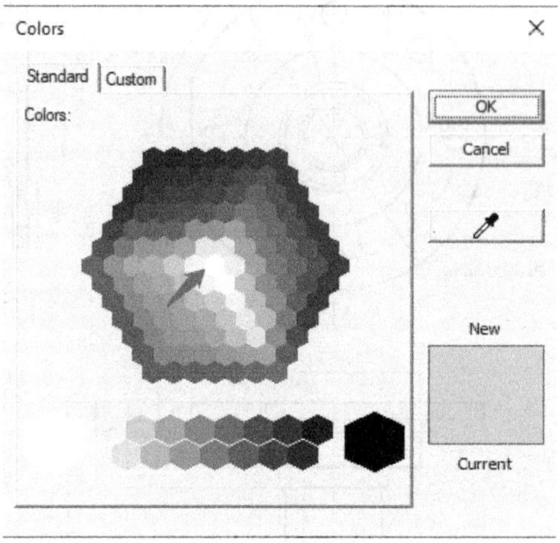
添加俯视图和其投影视图 1)关闭俯视图的光滑边界显示,并显示投影视图隐藏线 2)选择"设置"→"常规": 工作流程 □带中心线创建 3)选择"设置"→"光顺边": 格式 □显示光顺边 4)选择"设置"→"隐藏线",选择线型: ☑ 处理隐藏线 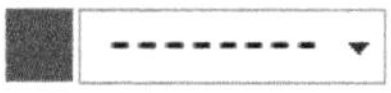 ━ ▼	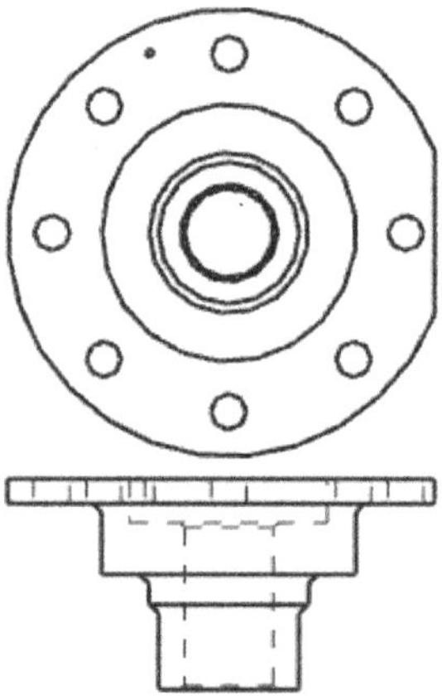
添加阶梯剖视图,使用"剖视图"命令,创建过模型小孔和大圆中心的"阶梯剖" 选择"设置"→"截面"→"标签",显示视图标签 标签 ☑ 显示视图标签	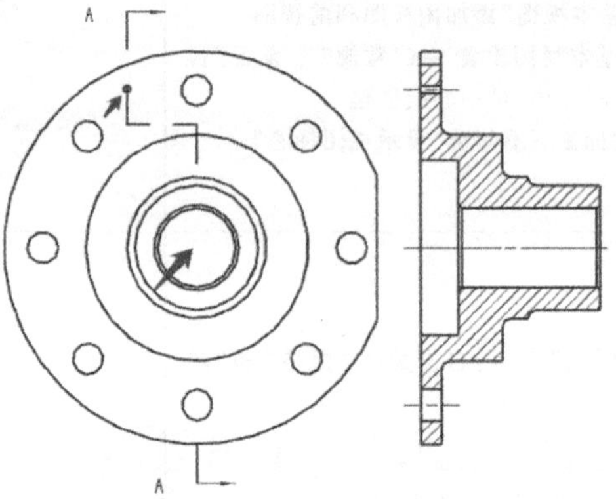

（续）

操作步骤	操作图示
在投影视图右侧添加正三轴测图,比例为1∶1	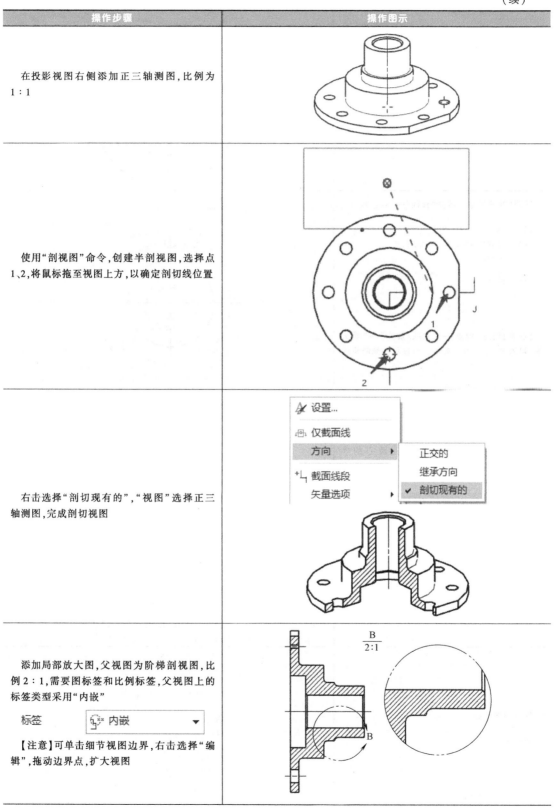
使用"剖视图"命令,创建半剖视图,选择点1、2,将鼠标拖至视图上方,以确定剖切线位置	
右击选择"剖切现有的","视图"选择正三轴测图,完成剖切视图	
添加局部放大图,父视图为阶梯剖视图,比例2∶1,需要图标签和比例标签,父视图上的标签类型采用"内嵌" 标签 内嵌 【注意】可单击细节视图边界,右击选择"编辑",拖动边界点,扩大视图	

（续）

操作步骤	操作图示
选择"螺栓圆中心线"→"通过 3 个或多个点"→"整圆"的方式标注八个孔的中心线 小孔选择"螺栓圆中心线"→"中心点"，采用非整圆的方式标注	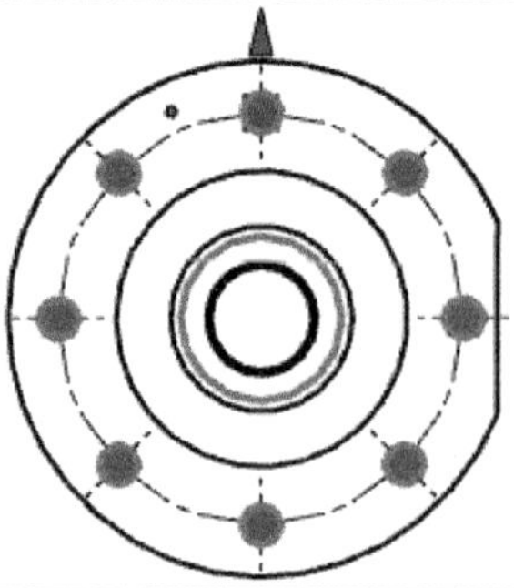
使用"快速尺寸"，选择"直径"→"标注尺寸" 水平文本 ⚿ ▾ 选择"设置"→"文本"→"单位" ☑ 显示后置零 选择"设置"→"直线/箭头"→"箭头线" 短划线　∧ 方位　　 ╱ 指引线从左侧拖 ▾ 长度　　 5.0000t 【注意】通过"设置"→"直线/箭头"→"箭头线"可取消"第 2 侧箭头线"，只显示一侧箭头线 范围　　　　第 1 侧箭头线 □ 应用于整个尺寸　☑ 显示箭头线	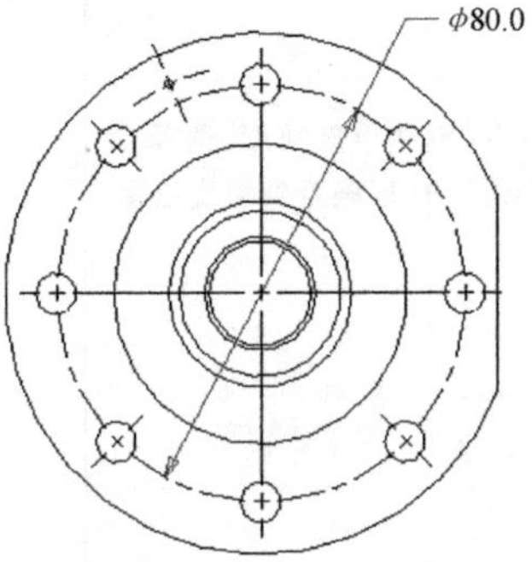
标注半径 设置方法为"径向"，单击"过圆心的半径" ⚿	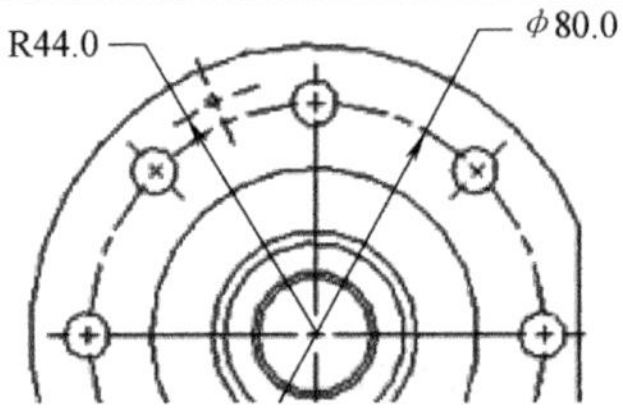
标注角度 设置文本与尺寸线对齐 ⚿ ▾ 选择"设置"→"文本"→"单位"→"角度尺寸" 公称尺寸显示　45° 30′ ▾ 显示零　　　　 0° 30′ 0″ ▾	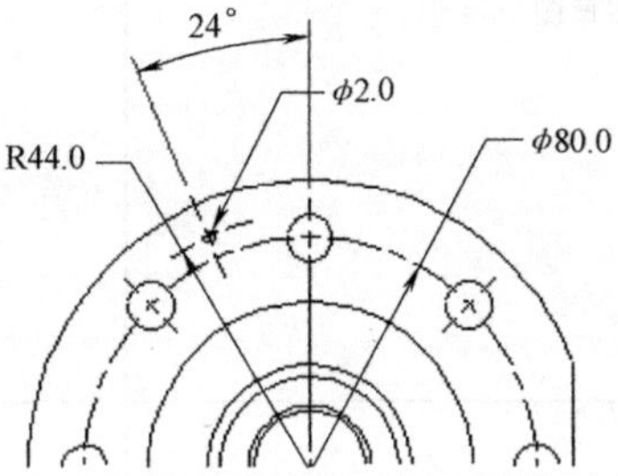
标注角度 设置水平文本 ⚿ ▾	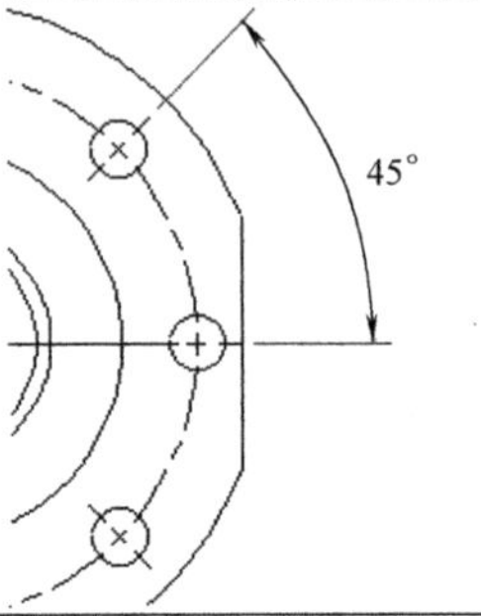

（续）

操作步骤	操作图示
将上一步中角度改为如右图所示,添加附加文本 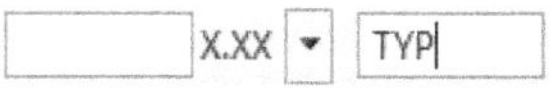 [　　] X.XX [▼] [TYP] 选择"设置"→"文本"→"单位"→"角度尺寸"  公称尺寸显示 [45°30′ ▼] 显示零 [0°30′ ▼]	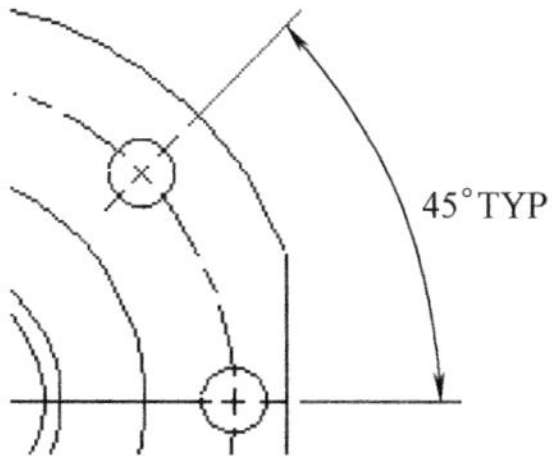 45°TYP
标注孔的直径 设置单向正公差 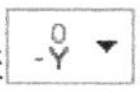 [$^0_{-Y}$ ▼],单位精度位数为2 设置公差"零显示",选择"为0" 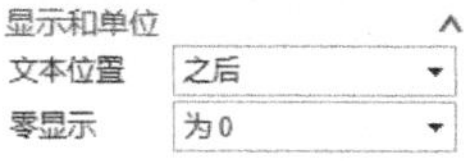 显示和单位 ∧ 文本位置 [之后 ▼] 零显示 [为0 ▼]	$\phi100.0^{\ 0}_{-0.10}$
标注长度 设置水平文本 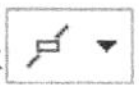 [⬜ ▼]	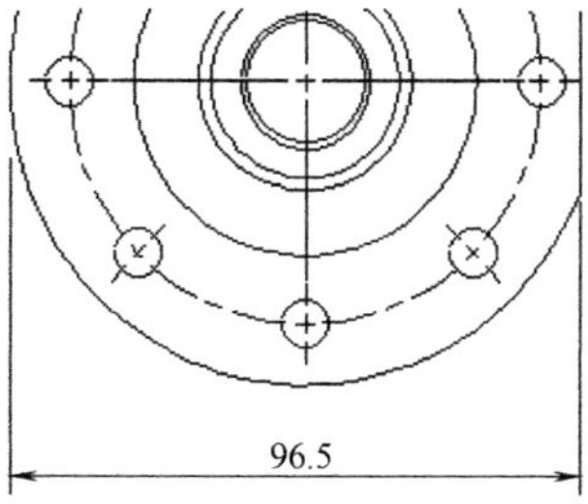 96.5
完成俯视图标注	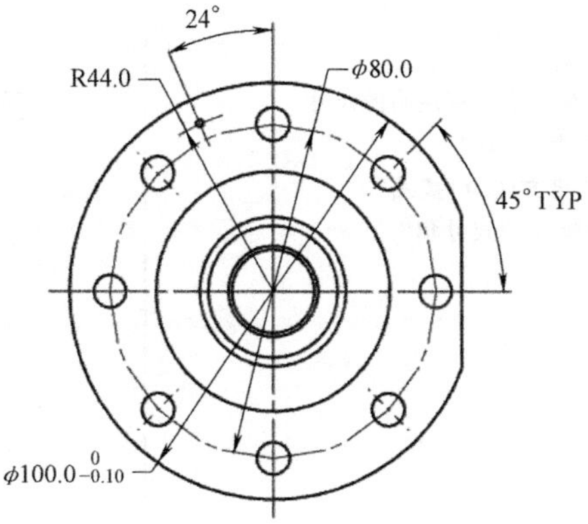 24° R44.0 ϕ80.0 45°TYP $\phi100.0^{\ 0}_{-0.10}$

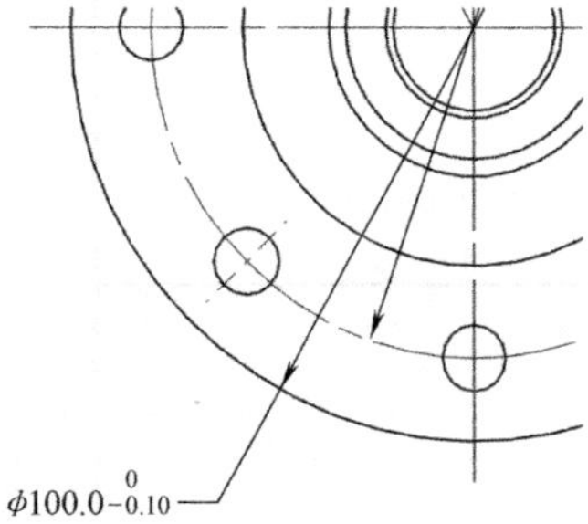

— 321 —

（续）

操作步骤	操作图示
使用"线性尺寸"标注阶梯剖视图尺寸	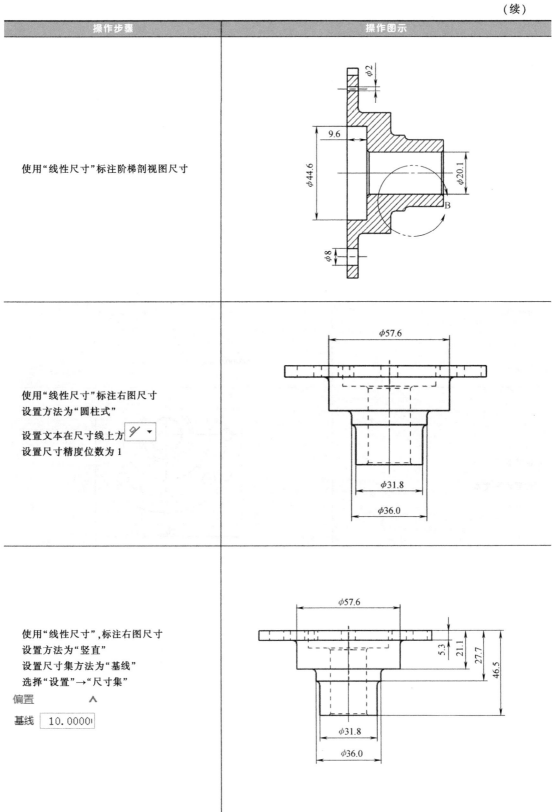
使用"线性尺寸"标注右图尺寸 设置方法为"圆柱式" 设置文本在尺寸线上方 设置尺寸精度位数为1	
使用"线性尺寸"，标注右图尺寸 设置方法为"竖直" 设置尺寸集方法为"基线" 选择"设置"→"尺寸集" 偏置　　　　　∧ 基线　10.0000|	

（续）

操作步骤	操作图示
使用"径向尺寸"标注投影视图及局部放大图中的倒圆角 R2	
标注孔口倒角 选择"设置"→"倒斜角" 倒斜角格式 ∧ 样式　角度和大小 ▼ 分隔线　◉ X ○ x 间距　　1.0000 指引线格式 ∧ 样式 文本对齐 设置附加文本 C　C　X.XX ▼	
使用"注释文本"，添加技术要求	技术要求： 1.孔公差为＋0.1 2.需预热处理
完成视图	

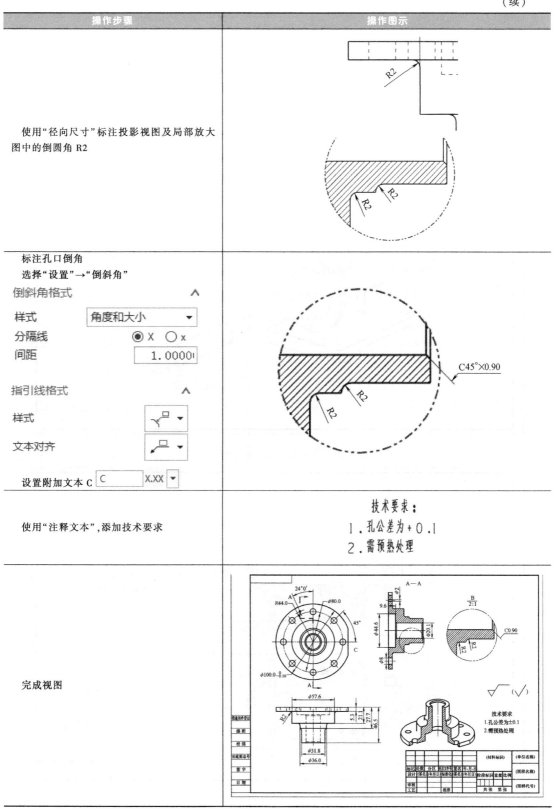

【案例 6-24】 创建装配图

完成图 6-129 所示的爆炸视图，并完成图 6-130 所示图纸内容。具体步骤见表 6-36。

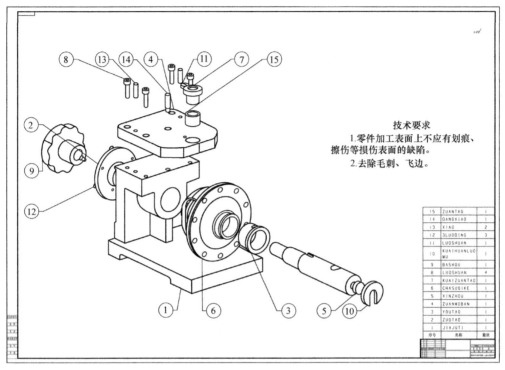

技术要求
1.零件加工表面上不应有划痕、擦伤等损伤表面的缺陷。
2.去除毛刺、飞边。

15	ZUANTAO	1
14	DANGXIAO	1
13	XIAO	2
12	3LUODING	3
11	LUOSHUAN	1
10	KUAIHUANLUO MU	1
9	BASHOU	1
8	LUOSHUAN	4
7	KUAIZUANTAO	1
6	CHASUQIKE	1
5	XINZHOU	1
4	ZUANMOBAN	1
3	YOUTAO	1
2	ZUOTAO	1
1	JIAJUTI	1
序号	名称	数量

图 6-129 装配图爆炸视图

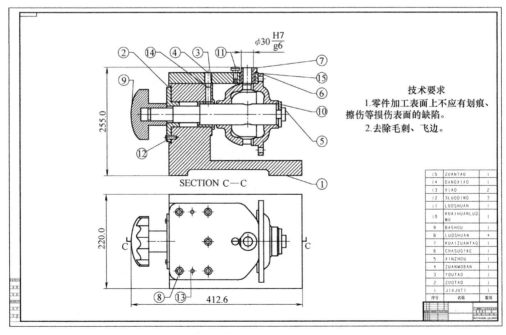

$\phi 30 \frac{H7}{g6}$

SECTION C—C

技术要求
1.零件加工表面上不应有划痕、擦伤等损伤表面的缺陷。
2.去除毛刺、飞边。

15	ZUANTAO	1
14	DANGXIAO	1
13	XIAO	2
12	3LUODING	3
11	LUOSHUAN	1
10	KUAIHUANLUO MU	1
9	BASHOU	1
8	LUOSHUAN	4
7	KUAIZUANTAO	1
6	CHASUQIKE	1
5	XINZHOU	1
4	ZUANMOBAN	1
3	YOUTAO	1
2	ZUOTAO	1
1	JIAJUTI	1
序号	名称	数量

图 6-130 完整装配图

表 6-36　装配图的绘制过程

操作步骤	操作图示
打开文件 ass.prt,切换到"制图"应用模块	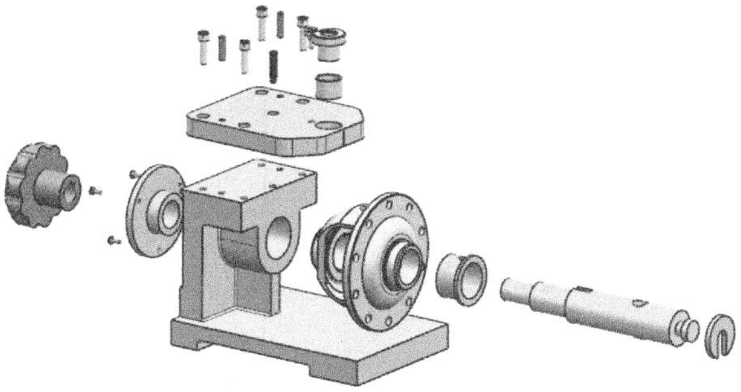
新建一张图纸,选择"A0-无视图" 【注意】新建图纸不显示图框时,通过选择"视图"→"图层设置"显示 170、173 层	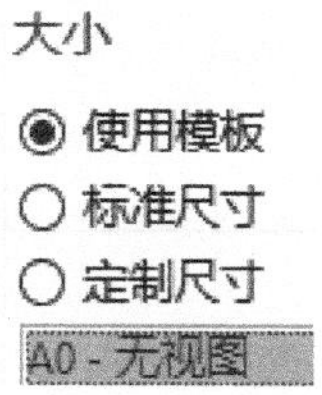 大小 ◉ 使用模板 ○ 标准尺寸 ○ 定制尺寸 A0 - 无视图
在"基本视图"对话框中,选择"模型视图"为"正三轴测图"	 模型视图　　　　　　　　　　　　∧ 要使用的模型视图　　正三轴测图　▼
在图纸上单击放置正三轴测图	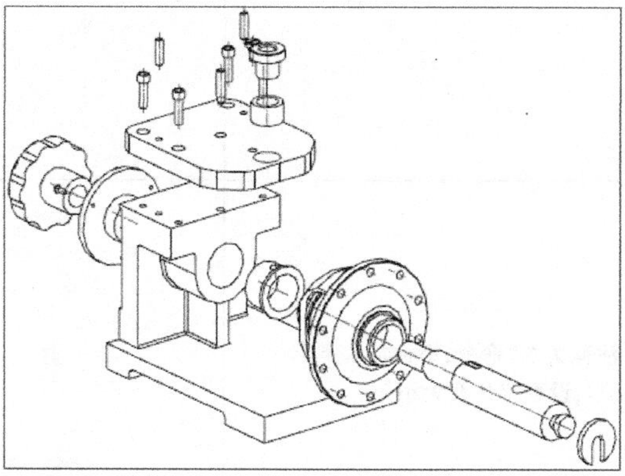
在"主页"选项卡中,选择"零件明细栏" 设置"范围"为"所有层级" 设置"顶层装配"为"子部件"	 范围　　　　　鶲 所有层级　▼ 顶层装配　　　子部件　　　▼

（续）

<table>
<tr><th>操作步骤</th><th>操作图示</th></tr>
<tr><td>在图纸上单击放置明细栏</td><td>
<table>
<tr><td>15</td><td>ZUANTAO</td><td>1</td></tr>
<tr><td>14</td><td>DANGXIAO</td><td>1</td></tr>
<tr><td>13</td><td>XIAO</td><td>2</td></tr>
<tr><td>12</td><td>3LUODING</td><td>3</td></tr>
<tr><td>11</td><td>LUOSHUAN</td><td>1</td></tr>
<tr><td>10</td><td>KUAIHUANLUOMU</td><td>1</td></tr>
<tr><td>9</td><td>BASHOU</td><td>1</td></tr>
<tr><td>8</td><td>LUOSHUAN</td><td>4</td></tr>
<tr><td>7</td><td>KUAIZUANTAO</td><td>1</td></tr>
<tr><td>6</td><td>CHASUOIKE</td><td>1</td></tr>
<tr><td>5</td><td>XINZHOU</td><td>1</td></tr>
<tr><td>4</td><td>ZUANMOBAN</td><td>1</td></tr>
<tr><td>3</td><td>YOUTAO</td><td>1</td></tr>
<tr><td>2</td><td>ZUOTAO</td><td>1</td></tr>
<tr><td>1</td><td>JIAJUTI</td><td>1</td></tr>
<tr><td>序号</td><td>名称</td><td>数量</td></tr>
</table>
</td></tr>
<tr><td>选择正三轴测图，在右键菜单中选择“显示符号标注”，拖动符号标注至合适位置
【注意】如需使用 GB 标准中的组件引出符号“下划线”，建议手动使用“符号标注”命令中的“下划线”类型来创建</td><td>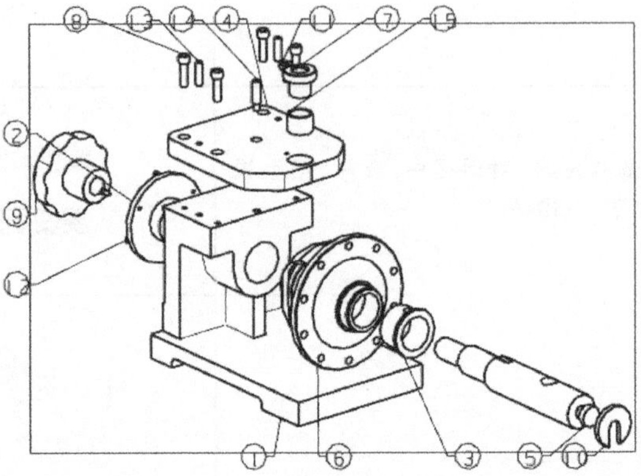
</td></tr>
<tr><td>使用“注释文本”命令，添加技术要求
输入文本，设置字体及大小</td><td>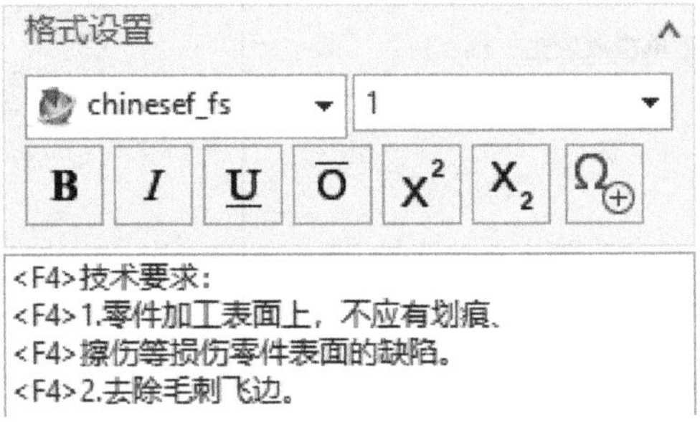
</td></tr>
<tr><td>选择“菜单”→“首选项”→“制图”→“图纸视图”→“工作流程”，取消勾选“显示”边界</td><td>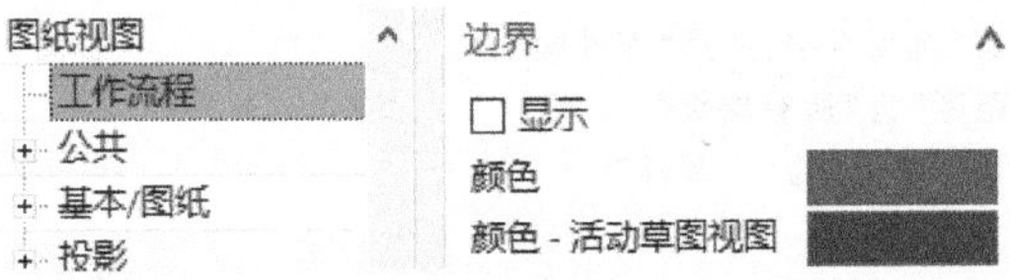
</td></tr>
</table>

（续）

操作步骤	操作图示
完成爆炸视图	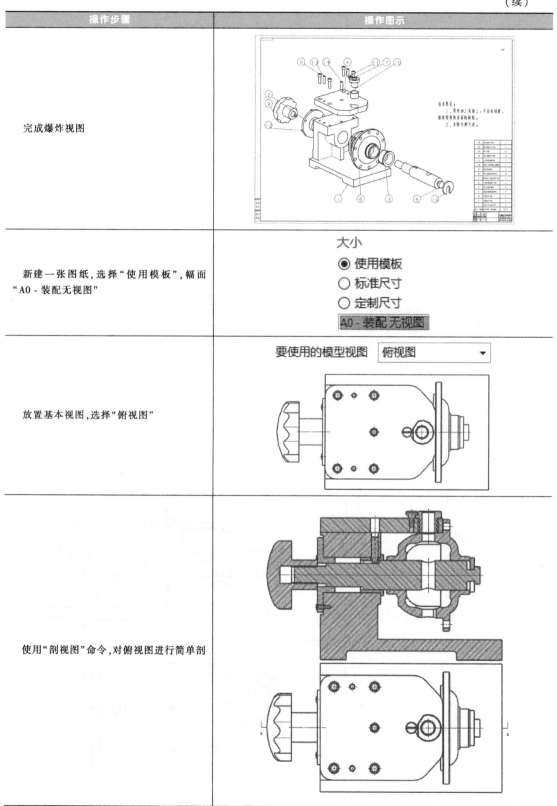
新建一张图纸，选择"使用模板"，幅面"A0 - 装配无视图"	大小 ◉ 使用模板 ○ 标准尺寸 ○ 定制尺寸 A0 - 装配 无视图
放置基本视图，选择"俯视图"	要使用的模型视图　俯视图
使用"剖视图"命令，对俯视图进行简单剖	

（续）

操作步骤	操作图示
右击剖切视图,选择"编辑",定义螺栓、销钉等作为"非剖切"对象	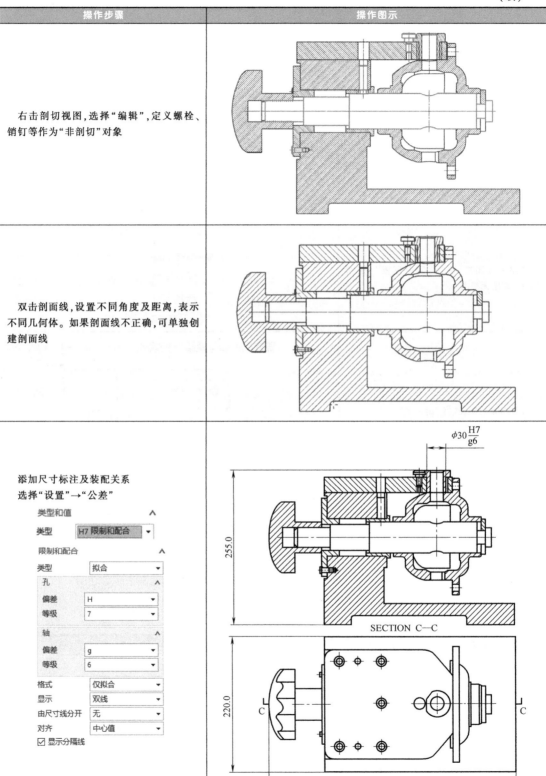
双击剖面线,设置不同角度及距离,表示不同几何体。如果剖面线不正确,可单独创建剖面线	
添加尺寸标注及装配关系 选择"设置"→"公差"	

$\phi 30 \dfrac{\text{H7}}{\text{g6}}$

255.0

SECTION C—C

220.0

C C

412.6

类型和值

类型　H7 限制和配合

限制和配合

类型　拟合

孔

偏差　H

等级　7

轴

偏差　g

等级　6

格式　仅拟合

显示　双线

由尺寸线分开　无

对齐　中心值

☑ 显示分隔线

（续）

操作步骤	操作图示
添加"零件明细栏"，并显示"符号标注"，创建"文本注释"，完成视图	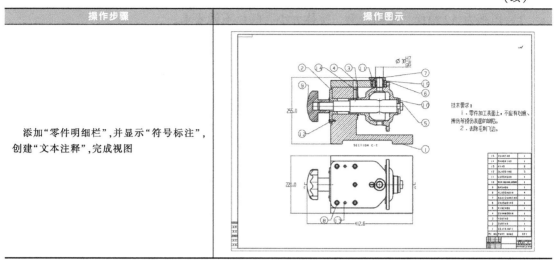

6.9 习题

6-1 在教学资源包选择零件 drf_ sect3_ metric.prt，新建主模型图纸，创建如下图所示

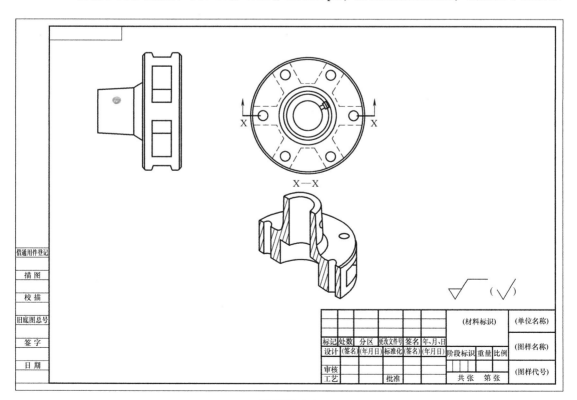

练习图（1）

图样。要求：

1）图纸为 A2 幅面，视图比例、字体大小、颜色不做要求；

2）去除网格、视图边框，图纸为黑白显示模式，视图布局、注释格式、视图标签等必须与图示完全一致；

3）必须使用主模型出图规范。

6-2 在教学资源包选择零件 project.prt，新建主模型图纸，创建如下图所示图样。要求：

1）图纸为 A3 幅面，视图比例为 1∶1，局部放大图比例为 2∶1，字体大小、颜色不做要求；

2）去除网格、视图边框，图纸为黑白显示模式，视图布局、尺寸标注、注释格式、视图标签等必须与图示完全一致；

3）必须使用主模型出图规范。

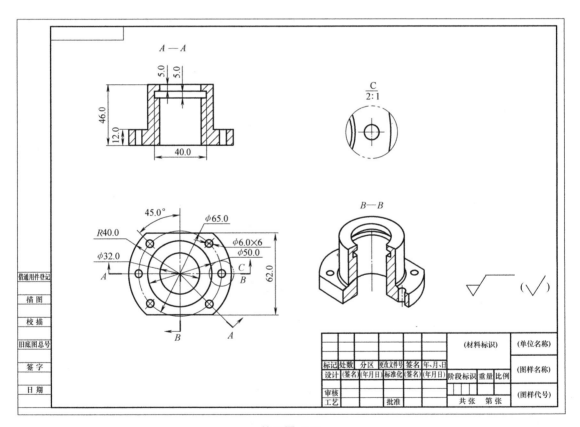

练习图（2）

6-3 在教学资源包选择零件 a2.prt，新建主模型图纸，创建如下图所示图纸。要求：

1）图纸为 A2 幅面，除了正二测与正二测阶梯剖视图视图比例为 1∶1.5，其余视图比例均为 1∶1，字体大小、颜色不做要求；

2）去除网格、视图边框，图纸为黑白显示模式，视图布局、尺寸标注、注释格式、视图标签等必须与图示完全一致；

3）必须使用主模型出图规范。

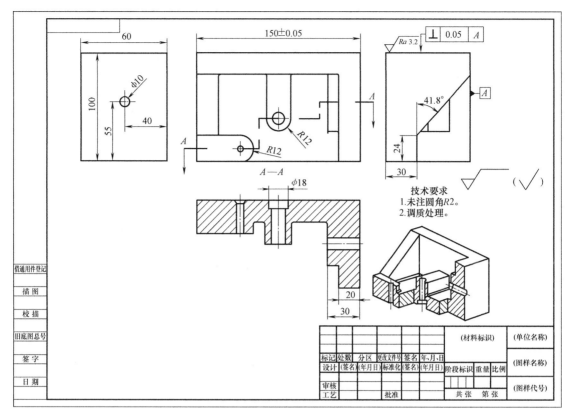

练习图（3）

图纸模板

NX 制图工具选项卡的图纸格式组中的命令集可创建和编辑定制的图纸模板。

使用"边界和区域" <kbd>▥</kbd> 命令对模板文件中所需的各图纸页创建并编辑相关边界和区域。

使用"定义标题块" <kbd>▦</kbd> 命令从一个或多个表格注释构建并修改图纸模板的定制标题块。

在模板中添加对象、部件和系统属性，当该模板应用到部件时，其将自动更新相应的部件信息。

完成图纸模板的设计后，即可使用"标记为模板" <kbd>▤</kbd> 命令将当前制图部件标记为可重用的图纸模板或图纸页模板。可以将定制模板添加到新建对话框中，也可以自行创建定制图纸模板的资源板，然后将其添加到资源条，以在需要时重用图纸模板。

一、制作图纸模板

1. 边界和区域

"边界和区域"命令可将关联的边界和区域添加到部件中活动的图纸页。图纸的边界是定义图纸页的外边界的线。图纸区域是图纸页上单独的矩形单元格，图纸页的竖直方向上显示字母，而水平方向上显示数字，如附图 1 所示。

边界和区域对象的显示由"制图首选项"对话框中的首选项来设置。该部件关联的制图标准将设置首选项的初始值。

【注意】可以在原有部件中编辑边界或区域。但当部件的制图标准更改时，原有边界和区域不会自动更改。如果重置制图标准，且需要边界和区域反映该标准，则必须删除现有的边界和区域对象，并稍后使用边界和区域命令创建新的边界和区域。

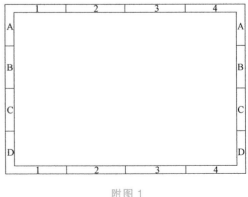

附图 1

（1）边界（附图 2）

1）控制它们的外观和宽度①。

2）控制水平和竖直中心标记的外观和延伸尺寸②。

3）控制修剪标记的外观和大小③。

4）控制图纸边界在已修剪或未修剪的图纸页内的位置④。

5）将图纸大小包括在图纸边界中⑤。

（2）区域（附图3）

1）控制区域标签的外观、大小和字体⑥。

2）控制区域分割线的外观和大小⑦。

3）指定可以跳过的区域字母。

4）在多张图纸页中启用"连续区域数字"⑧（附图4）。

5）显示区域栅格（附图5）。

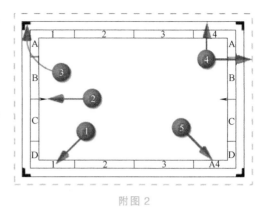

附图2

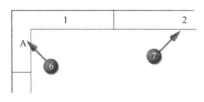

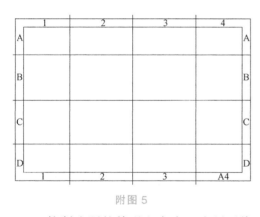

附图3

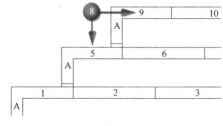

附图4

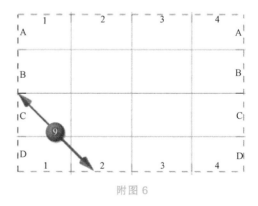

附图5

6）控制边距的外观和大小，边距可将区域限制为图纸页的特定部分。如果已指定边距并且图纸页区域栅格已显示，则会显示表示图纸页区域的虚线框⑨（附图6）。

7）显示视图标签和剖切线符号中关联的图纸页区域参考信息。

【注意】对于"制图标签1　首选项"对话框中的每个视图类型，均必须选中"显示视图标签选项"，才能在视图和剖切线符号中显示关联的图纸页区域参考信息。

（3）边界和区域对话框（附图7）

1）显示。

方法：用于控制如何设置边界和区域选项的值。

① 标准：选项值以部件的制图标准集为基础。此标准最初由"用户默认设置"对话框中的"制图"→"常规/设置"→"标准"选项控制。可以在创建边界和区域之前修改值。

通过使用"菜单"→"工具"→"制图标准"命令，可以设置或重置部件的制图标准。或者通过在"制图首选项"对话框中设置"公共"→"标准"节点→"标准"组→"图纸页边界"选项，可以更改新边界和区域的默认标准。

② 定制：用于设置和保存边界和区域设置的唯一值。即使更改部件的制图标准，这些设置也不会更改。

2）边界。

① 创建边界：创建与图纸页的边平行的边界。

② 宽度：设置边界和图纸页的边之间的偏置距离。

③ 中心标记和方位标记：将中心标记置于与图纸页的水平或竖直中心线对齐的边界上。

a. 水平：用于选择水平中心标记的显示选项（附图8）。

无：边界上不显示水平中心标记。

左箭头：箭头符号显示在左边界的图纸页的水平中心线上。对应的延伸线将显示在边界的对侧。

右箭头：箭头符号显示在图纸页的水平中心线上，位于右边界。对应的延伸线将显示在边界的对侧。

左箭头与右箭头：箭头显示在图纸页的水平中心线上，位于两侧边界。

左线与右线：延伸线显示在图纸页的水平中心线上，位于两侧边界。

附图 7

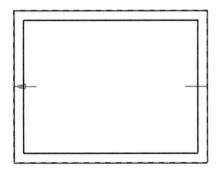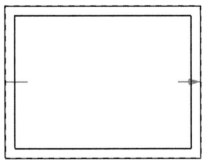

附图 8

b. 竖直：用于选择竖直中心标记的显示选项（附图9）。

无：边界上不显示竖直中心标记。

底部箭头：箭头符号显示在图纸页的竖直中心线上，位于底部边界。对应的延伸线将显示在顶部边界。

顶部箭头：箭头符号显示在图纸页的竖直中心线上，位于顶部边界。对应的延伸线将显示在底部边界。

　　底部箭头与顶部箭头：箭头显示在图纸页的竖直中心线上，位于顶部和底部边界。

　　底线与顶线：延伸线显示在图纸页的竖直中心线上，位于顶部和底部边界。

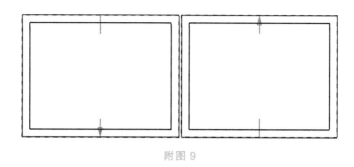

附图 9

　　c. 延伸：设置中心标记的延伸长度（附图 10）。

　　④ 创建修剪标记：确定是否显示三角形或拐角修剪标记（附图 11）。

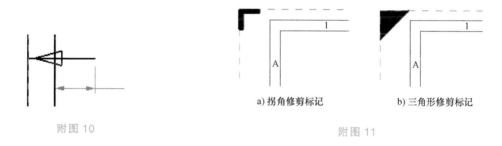

附图 10

a) 拐角修剪标记　　　　b) 三角形修剪标记

附图 11

　　⑤ 多个尺寸创建

　　允许重复：当使用矩形选择时，创建相同值的多个坐标尺寸。

　　重定位现有尺寸：当使用矩形选择时，通过坐标尺寸设置重定位现有尺寸。

　　3）区域。

　　① 创建区域：在图纸页边界中创建图纸页区域。

　　② 水平尺寸：设置水平区域的大小（附图 12）。

　　③ 竖直尺寸：设置竖直区域的大小（附图 13）。

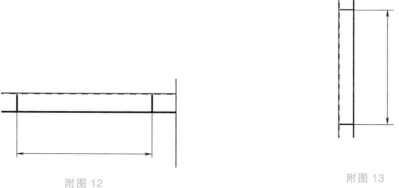

附图 12　　　　　　　　　　　附图 13

④ 创建标记：显示相邻区域之间的区域标记（附图 14）。

⑤ 创建标签：显示区域标签（附图 15）。

附图 14 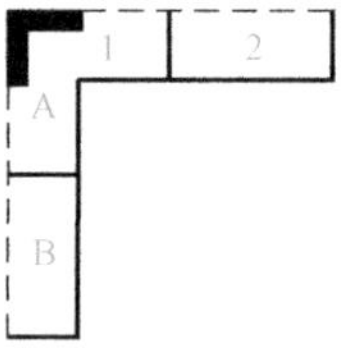 附图 15

4）留边（附表 1）。

附表 1

上：设置从边界的顶边到图纸页边界的距离	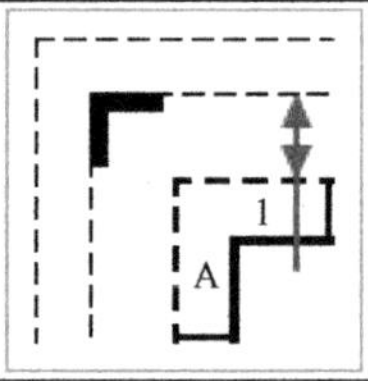
下：设置从边界的底边到图纸页边界的距离	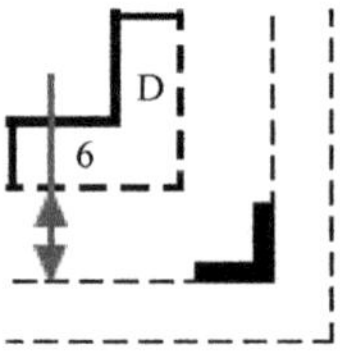
左：设置从边界的左边到图纸页边界的距离	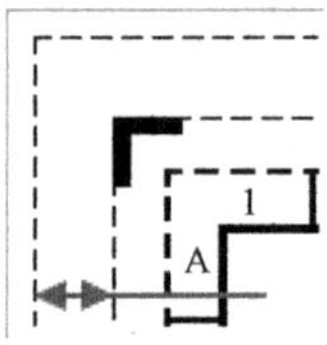
右：设置从边界的右边到图纸页边界的距离	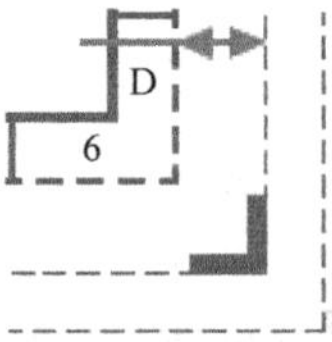
创建未修剪边距：围绕图纸页的边创建一个未修剪边距 【注意】默认情况下未修剪边距将设置为 0，等同于图纸页的边。要查看未修剪的边界，则必须为设置对话框的边界边距节点中的未修剪边距选项设置值	

5）设置。

打开"设置"对话框，并支持更改所创建的边界和区域的显示方式。这仅会影响在边界和区域对话框打开时所创建的边界和区域的设置。如果关闭该对话框或启动其他命令，设置会还原为其默认值。

2. 定义标题块

使用"定义标题块" 命令从一个或多个表格注释构建并修改图纸模板的定制标题块。在模板中添加对象、部件和系统属性，当该模板应用到部件时，其将自动更新相应的部件信息。

国家标准 GB/T 10609.1—2008 中规定的标题栏如附图 16 所示。

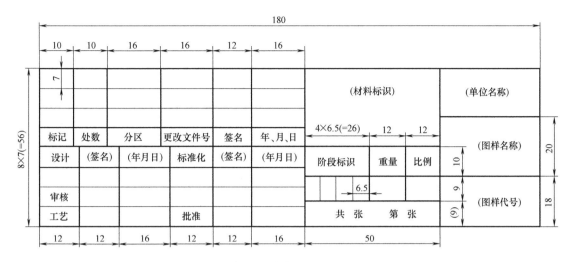

附图 16

"定义标题块"对话框如附图 17 所示。

1）表格。

⊕选择表：用于选择要包含在标题块定义中的各个表格注释。

▦编辑表：打开包含特殊命令的编辑表任务环境用于编辑表、行、列和单元格。

2）单元格属性。

① 锁定：锁定从列表中选择的单元格行的内容。

② 单元格标签：用于编辑从列表中选择的单元格行的名称。

③ 列表：列出标题块表格中各个单元格的锁定状态、内容类型、文本内容和标签名称。

a. 锁定状态

附图 17

🔒：显示出单元格是手工锁定的。

🔑：显示出单元格具有符号内容类型并且是自动锁定的，无法解锁。

b. 内容类型。当表添加至标题块时，根据单元格内容，自动指派文本或符号。

c. 值。列出字符内容、表达式或属性值。

d. 标签。列出单元格标签名称。默认情况下，单元格用数字标记，从标签 1 开始。

创建一个由一个或多个表格注释组成的标题块实体，预先布置在要放置在图纸页上的位置。表格注释的单元格可以具有指定的注释类型或者混合注释类型（附图 18）。注释类型限于简单文本、符号、图像或关联文本（如表达式或属性）。

使用"编辑表"任务环境定制表中每个单元格的内容（附图 19）。

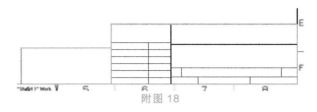

附图 18

附图 19

将单元格指定为已锁定单元格或未锁定单元格，将标题块作为模板一部分导入时，锁定单元格上的内容便无法编辑。为标题块中每个单元格提供标签，以便在编辑过程中易于识别。指定一个对齐位置来移动和查找标题块。为标题块选择所有表后，会围绕标题块区域创建边框。表的对齐位置源自于边框四个角中的某一个（附图 20）。

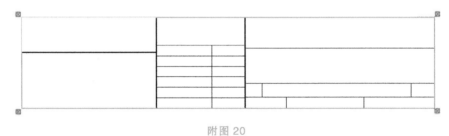

附图 20

3. 标记为模板

完成图纸模板的设计后，即可使用"标记为模板" 将当前制图部件标记为可重用的图纸模板或图纸页模板。模板可以包括关联边界和区域、视图、注释、模板区域、符号和定制标题块（附图 21）。

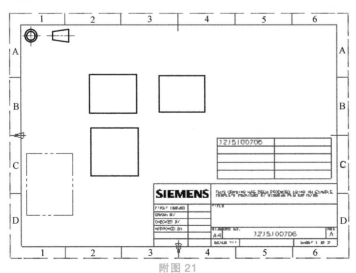

附图 21

如果选择将模板保存至模板目录，则必须指定演示名称、描述、模板类型和".pax"文件位置。

"标记为模板"对话框如附图22所示。

1）操作

仅标记为模板：将当前图纸页指定为模板。如果要将部件添加到模板集合中，则必须手动将部件信息添加到".pax"文件中。

标记为模板并更新PAX文件：根据在PAX文件组中输入的设置，将当前图纸页指定为模板，并自动创建或更新".pax"文件。

2）PAX文件设置

【注意】选择标记为模板并更新PAX文件后，可以使用这些选项。

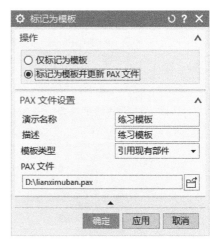

附图22

① 演示名称：加载".pax"文件时显示的模板名称。

② 描述：模板的详细描述。

③ 模板类型：

图纸页：根据当前制图部件创建一个图纸页模板。图纸页模板用于将新图纸页添加到现有图纸。

引用现有部件：根据当前制图部件创建一个主模型图纸模板。主模型图纸模板用于创建单独的制图部件，该部件将当前模型作为组件包括在内。

独立：创建一个2D图纸模板。2D模板用于创建不引用主模型部件的独立图纸。

④ PAX文件：

浏览...：允许浏览至操作系统中该".pax"文件的位置，或在要创建新的".pax"文件时输入名称。

【注意】必须对.pax文件和文件目录具有写权限，才能添加新模板或更新现有模板。

二、添加图纸模板

将图纸模板添加到部件的具体操作：

1）在NX中打开任意模型部件。

2）执行以下操作之一：

① 如果图纸模板已添加到新部件的".pax"文件中，可使用"文件"→"新建"命令将图纸模板添加到部件中（附图23）。

此时，将创建主模型图纸部件，并且会生成包含模板视图、边界、标题块的图纸页（附图24）。

打开填充标题块对话框，可以从首先解锁的单元格开始，对标题块的内容进行所需编辑（附图25）。

② 将定制".pax"文件添加到资源条中，然后将模板拖放到部件上以创建图纸。

a. 选择"首选项"→"资源板"。

附图 23

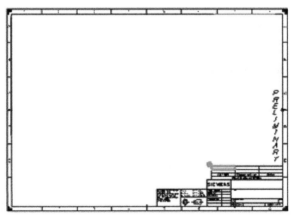

附图 24

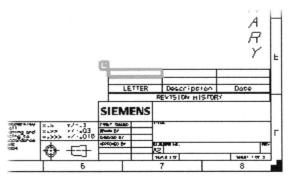

附图 25

b. 在资源板对话框中，单击"资源板" 。

c. 单击"浏览"，然后导航至所创建的定制".pax"文件，将其选中。

d. 单击"确定"→"关闭"。

资源条中为安装的".pax"文件显示"定制"  选项卡。单击该选项卡即可打开定制资源板，然后将一个模板拖到建模视图中，从而将定制模板导入工作部件中（附图26）。

附图 26

【附案例】　制作并添加图纸模板

制作并添加图纸模板见附表 2。

附表 2

操作步骤	操作图示
打开已有主模型文件，并选择"新建图纸页"	新建图纸页
在"图纸页"对话框的大小组中，单击"标准尺寸" 设置"大小"为"A1-594×841" 设置"比例"为：1：2	大小　∧ ○ 使用模板 ◉ 标准尺寸 ○ 定制尺寸 大小　A1 - 594 x 841 比例　1:2
单击"确定"以创建空的图纸页	

（续）

操作步骤	操作图示
选择"制图工具"→"图纸格式"→"边界和区域" 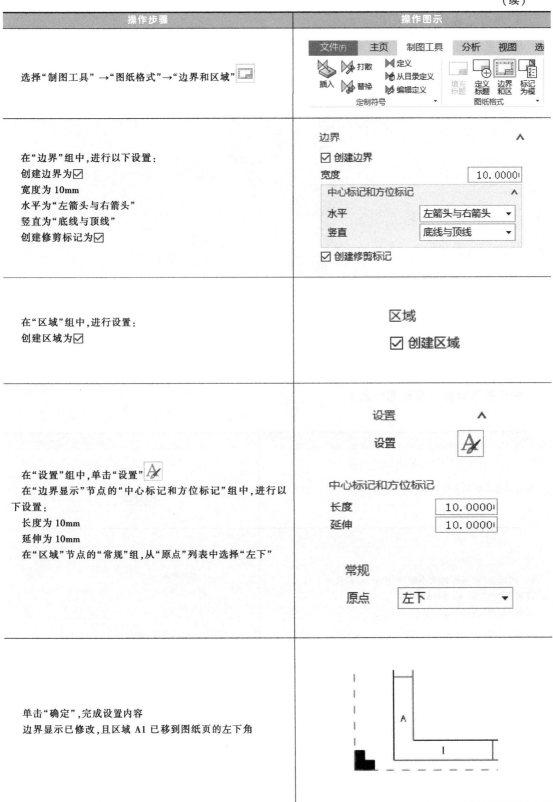	文件(F)　主页　制图工具　分析　视图　选 插入　打散　定义　从目录定义　编辑定义 定制符号　填写标题　定义边界和区标记为模 图纸格式
在"边界"组中,进行以下设置: 创建边界为☑ 宽度为10mm 水平为"左箭头与右箭头" 竖直为"底线与顶线" 创建修剪标记为☑	边界　∧ ☑创建边界 宽度　10.0000 中心标记和方位标记　∧ 水平　左箭头与右箭头　▼ 竖直　底线与顶线　▼ ☑创建修剪标记
在"区域"组中,进行设置: 创建区域为☑	区域 ☑创建区域
在"设置"组中,单击"设置" 在"边界显示"节点的"中心标记和方位标记"组中,进行以下设置: 长度为10mm 延伸为10mm 在"区域"节点的"常规"组,从"原点"列表中选择"左下"	设置　∧ 设置 中心标记和方位标记 长度　10.0000 延伸　10.0000 常规 原点　左下　▼
单击"确定",完成设置内容 边界显示已修改,且区域 A1 已移到图纸页的左下角	A　l

（续）

操作步骤	操作图示
在图纸页用"表格注释"命令制作一个定制标题块	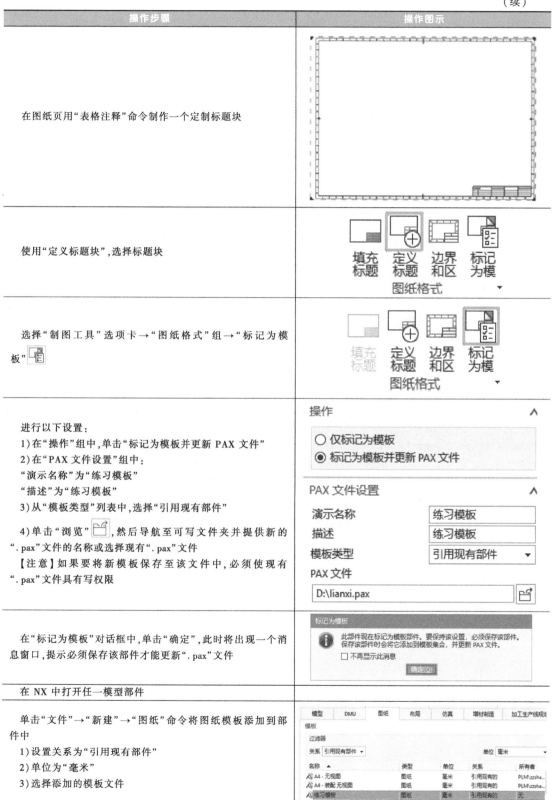
使用"定义标题块"，选择标题块	
选择"制图工具"选项卡→"图纸格式"组→"标记为模板"	
进行以下设置： 1）在"操作"组中，单击"标记为模板并更新 PAX 文件" 2）在"PAX 文件设置"组中： "演示名称"为"练习模板" "描述"为"练习模板" 3）从"模板类型"列表中，选择"引用现有部件" 4）单击"浏览"，然后导航至可写文件夹并提供新的".pax"文件的名称或选择现有".pax"文件 【注意】如果要将新模板保存至该文件中，必须使现有".pax"文件具有写权限	
在"标记为模板"对话框中，单击"确定"，此时将出现一个消息窗口，提示必须保存该部件才能更新".pax"文件	
在 NX 中打开任一模型部件	
单击"文件"→"新建"→"图纸"命令将图纸模板添加到部件中 1）设置关系为"引用现有部件" 2）单位为"毫米" 3）选择添加的模板文件	